阳澄淀泖区河网水体有序流动监测与分析研究

杨金艳　许仁康　主编

河海大学出版社
HOHAI UNIVERSITY PRESS

内容简介

本书介绍了阳澄淀泖区河网水体有序流动项目的背景，详细论述了非汛期调水试验和汛期水量水质监测实施方案和实施过程，在收集大量的气象、水文、环境、工程、经济社会等资料的基础上，开展了阳澄淀泖区原型观测试验，初步揭示了阳澄淀泖区水体流动规律，验证了该区域水体流动与水环境变化的响应机制，提出了阳澄淀泖区水体有序流动优化调度建议，并在调度实践中得到了应用，为其他区域水体有序流动调度提供了示范。

本书内容丰富、资料翔实，数据准确可靠，分析合理科学，定性定量准确，具有较强的科学性、实用性，对维护河湖健康、开展区域内水量调度、改善河湖水环境等方面具有十分重要的参考价值。本书可供从事水利工作管理、规划设计、科研人员以及广大关心阳澄淀泖区综合管理和治理的各界人士阅读参考。

图书在版编目(CIP)数据

阳澄淀泖区河网水体有序流动监测与分析研究 / 杨金艳，许仁康主编. —南京：河海大学出版社，2018.6

ISBN 978-7-5630-5520-3

Ⅰ. ①阳… Ⅱ. ①杨… ②许… Ⅲ. ①水质监测②水质分析 Ⅳ. ①X832②TU991.21

中国版本图书馆 CIP 数据核字(2018)第 102510 号

书　　名 阳澄淀泖区河网水体有序流动监测与分析研究
书　　号 ISBN 978-7-5630-5520-3
责任编辑 成　微
封面设计 黄　煜
出版发行 河海大学出版社
地　　址 南京市西康路 1 号(邮编:210098)
电　　话 (025)83737852(总编室)
(025)83787769(编辑室)
(025)83722833(营销部)
经　　销 江苏省新华发行集团有限公司
排　　版 南京布克文化发展有限公司
印　　刷 虎彩印艺股份有限公司
开　　本 787 毫米×1092 毫米　1/16
字　　数 420 千字
印　　张 15.25
版　　次 2018 年 6 月第 1 版　2018 年 6 月第 1 次印刷
定　　价 68.00 元

本书编写委员会

Editorial Committee

主　编　杨金艳　许仁康

主要编写人员：

第 1 章　杨金艳　许仁康

第 2 章　杨金艳　许仁康　钱伟忠　白瑞泉

第 3 章　杨金艳　白瑞泉　蔡晓钰　杨文晶　姜　宇

第 4 章　蔡晓钰　杨金艳　杨文晶　白瑞泉

第 5 章　杨文晶　杨金艳　蔡晓钰　白瑞泉

第 6 章　杨金艳　许仁康

主要参加人员：

庄志伟　钮锋敏　陆建伟　李　明　钱伟忠

唐晓春　谈剑宏　姜　宇　杨　惠　周红兵

顾林森　王　谦　徐　勇　高文婕　唐锡宁

任晓东　吴　昊　高晓平　周子江　沈建强

张舒雯　俞　茜　朱文英　郑芸洁　周宇峰

前言

Preface

太湖流域是以太湖为中心的一个相对独立的封闭区域，是典型的平原河网区，流域内河流纵横交错，湖泊星罗棋布，地势低平，河道坡降小，且受潮汐顶托，水流往返、流速缓慢。近年来随着太湖流域治理不断推进，水利工程调度理念逐步升华，流域水利工程调控作用也越来越明显。河湖有序流动对于合理蓄泄洪涝水、调控水资源、改善水生态环境意义重大。通过适当的人工控制、调度连通对象中的水资源，可促进自然一人工复合水网体系的运转和维持。

陈雷部长多次在全国重要会议上要求加强河湖水系连通，提高水利工程综合调度能力，构建布局合理、生态良好，引排得当、循环畅通，蓄泄兼筹、丰枯调剂，多源互补、调控自如的江河水系连通体系，着力提升水资源调蓄能力、水环境自净能力和水生态修复能力。近年来，太湖流域水利规划体系基本形成，流域治理全面加快，新一轮流域治理工程建设正在加速推进。在流域管理方面开展了以保障防洪与供水安全、兼顾水环境改善为目标的流域水量水质综合调度，取得了显著成效，构筑流域河网有序流动的格局就是开展综合调度的重要内容。

阳澄淀泖区是太湖流域八大水利分区之一，北以沿江控制线为界、西以环太湖控制线为界、西北侧以望虞河东岸控制线为界、南以太浦河北岸控制线为界，水流运动相对独立，且工程基础和工程可控性较强，调水试验经验丰富。因此，将其作为本次太湖流域河湖有序流动的典型区域进行分析研究。本书作者运用掌握的专业理论和实践体会，结合工程调度实际中遇到的问题，针对阳澄淀泖区河网水体有序流动的实际状况，尤其是沿江闸站引排水调度工作中提出的需求，撰写了本书。期望对业内同仁在工作或研究中有所启发和帮助。

本书共分六章。第一章区域基本概况，旨在介绍阳澄淀泖区自然概况、分析范围、水利分区和现状水利工程情况以及区域内部的水环境状况；第二章项目基本情况，阐述了有序流动的研究目标、研究内容和实施情况，将研究内容按照非汛期和汛期两个阶段进行划分，并对两个研究时间段调水方案及水利工程运行情况进行了介绍；第三章和第四章分别介绍了非汛期和汛期区域河网有序流动情况，定性定量地描述了开展有序流动调水试验下，区域内部河网水量、水质的变化情况，分析了阳澄淀泖区河湖水体流动规律；第五章有序流动规律探索，利用水量、水质实际监测成果进行相关性分析，并与模拟成果进行对比分析，验证了典型区域河湖水体有序流动与水环境调度的响应机制；第六章结论与建议，总结了本书所述的监测成果与研究结论，完善并提出了阳澄淀泖区河湖水体有序流动的综合调度建议。本书主要编写人员有杨金艳、许仁康、白瑞泉、蔡晓钰、杨文晶，杨金艳负责统稿，并修改定稿，许仁康、钱伟忠核稿。

本书在编写过程中，得到了太湖流域管理局水利发展研究中心、南京水利科学研究院和江苏省太湖水利规划设计研究院有限公司的大力支持和帮助，在水利工程调度中得到了地方水利部门的支持和帮助，在水量水质同步监测中得到苏州水文分局城区中心、站网科、水质科、办公室的支持和帮助，在此一并表示衷心感谢！

鉴于河湖水体有序流动调水试验问题比较复杂，同时我们面对的又是人类活动比较剧烈的平原水网区，且在调水过程中难免会遇到自然天气的影响，每次工程调度都会有不可预见的调整，也缺乏可以借鉴的经验和方法，尚有不少问题有待在后续实践中进行完善和探讨，但经过本次调水试验研究，发现试验思路和方法是正确的，也是有成效的。

因我们技术水平所限，本书编写中的缺点和错误在所难免，敬请领导、专家和同行批评指正。

编　者

2018年2月于苏州

目录

Contents

1 区域基本概况

1.1 水利分区

太湖流域是我国河流水系最为发达的地区之一，区域内河流水系纵横交错，湖泊星罗棋布。其中，河道总长约为 12 万 km，河道密度达 3.25 km/km^2；湖泊面积 3 159 km^2，蓄水总量约为 57.68 亿 m^3。

太湖流域是以太湖为中心的湖泊河网系统。太湖是流域最大调蓄湖泊，是流域洪水和水资源的调蓄中心，在流域防汛中起着至关重要的作用。通常以太湖北岸的直湖港和南岸的长兜港为分界点，分界点以西为太湖的上游来水区，以东为下游出流区。流域内河道水系以太湖为中心，分上游水系和下游水系两部分。上游主要为西部山丘区独立水系，有苕溪水系、南溪水系及洮滆水系等；下游主要为平原河网水系，有黄浦江水系（包括吴淞江）、沿长江水系、沿杭州湾水系，江南运河穿越流域腹地及下游诸水系，起着水量调节和承转作用。太湖水量主要来自西部山丘区苕溪和南溪水系，水流经沿湖几十条溇港注入太湖，然后通过太湖东部以太浦河、望虞河为主的两条排水河道以及沿湖几十条溇港出流，再汇集东部平原大部分水量经黄浦江及沿长江的各条河港流入长江。

根据流域河道水系分布、地形高差变化及洪涝特点等，将流域分成八个水利分区，分别为湖西区、浙西区、太湖湖区、武澄锡虞区、阳澄淀泖区、杭嘉湖区、浦西区和浦东区。其中湖西区、浙西区和太湖湖区为流域上游区，其他为下游区。详见图 1.1-1。

图 1.1-1 太湖流域水利分区示意图

1.2 分析范围

根据本项目任务书，监测分析范围为阳澄淀泖区，即长江、望虞河、江南运河（南至瓜泾口）、东太湖大堤、太浦河、苏沪边界所围区域，总面积 4 098 km²。区域内部沿着娄江向东后接至沪宁铁路一线为分界，以北为阳澄区，面积 2 558 km²；以南为淀泖区，面积 1 540 km²。阳澄淀泖区水流运动相对独立、可控性较强，且工程基础较强，调水试验经验丰富，选择阳澄淀泖区作为有序流动典型区域代表性较强。

根据区域河湖水质现状、水源地保护需求及水体有序流动需求，结合水利工程实际调水情况和实际监测成果，本报告对沿江闸站区域、望虞河东岸口门、东太湖引水口门、阳澄湖及周边地区、阳澄区骨干河道、淀泖区骨干河道、太浦河干流及北岸口门、省际边界等区域进行水量、水质评价。

阳澄淀泖区河湖有序流动试验范围及重点分析区域详见图 1.2-1。

图 1.2-1 阳澄淀泖区河湖有序流动试验范围及重点分析区域示意图

1.3 自然概况

1.3.1 地形地貌

阳澄淀泖区以平原为主，属流水地貌型，区域地势低平，地形呈西北高、东南低，沿江高、腹部低，在一个大的碟形盆地中又分布着许多小片碟形盆地。根据境内地形地貌特征，具体可划分为平原、水面和丘陵三种类型，地貌形态较为复杂。区域地面高程一般为3.0～5.0 m（镇江吴淞基面，下同），其中东北部沿江稍高，一般高程为4.0～5.5 m，腹部低洼，一般高程为2.8～3.5 m，最低点的高程在2.0 m以下，西南部多丘陵，最高点穹隆山主峰高341.7 m。

阳澄区地势东高西低，水面积东少西多，大体以盐铁塘为界，东部属沿江冲积平原，地面稍高，在4.0～5.5 m（该片的水利特点是感潮区，可以利用潮差自排，基本不受涝灾，但经常遭受台风、高潮的侵袭）；西部为湖、河淤积平原，除盐铁塘以西约1.5 km范围、沿望虞河东侧及内部零星夹杂半高田地面高程在4.0～5.0 m外，其余地区地势低洼，地面高程一般在3～4 m，局部地面高程低于3.0 m，基本属水网圩区，夹杂着半高地和平原，低洼地集中分布于阳澄湖以东区域。

淀泖区以洼地为主，地势自西向东微微倾斜，吴淞江北侧苏州工业园区及沿江南运河东侧地面稍高，一般在4.0～4.5 m；其余地区则地势低洼，一般在3.5～4.0 m，少数圩区地面高程在3 m以下，沿东太湖一带湖田圩区地面高程仅2.5 m左右，区域内大部分地区低于防汛警戒水位，是太湖流域三大洼地之一，也是流域内水面率最大的地区之一。区域地貌由平原、半高田和圩洼三者交错，主要为低洼圩区。

根据最新万分之一地形图测量，阳澄淀泖区总面积4 098 km^2（不含上海170 km^2），其中水域面积1 176 km^2，占比28.7%，陆域面积2 924 km^2，占比71.4%。对区域内陆域地面高程进行分类统计，区域内低于4.5 m的陆域面积约占总面积的37.5%，其中低于4.0 m的陆域面积占总面积的18.3%。阳澄淀泖区不同地形高程分布示意见图1.3-1。

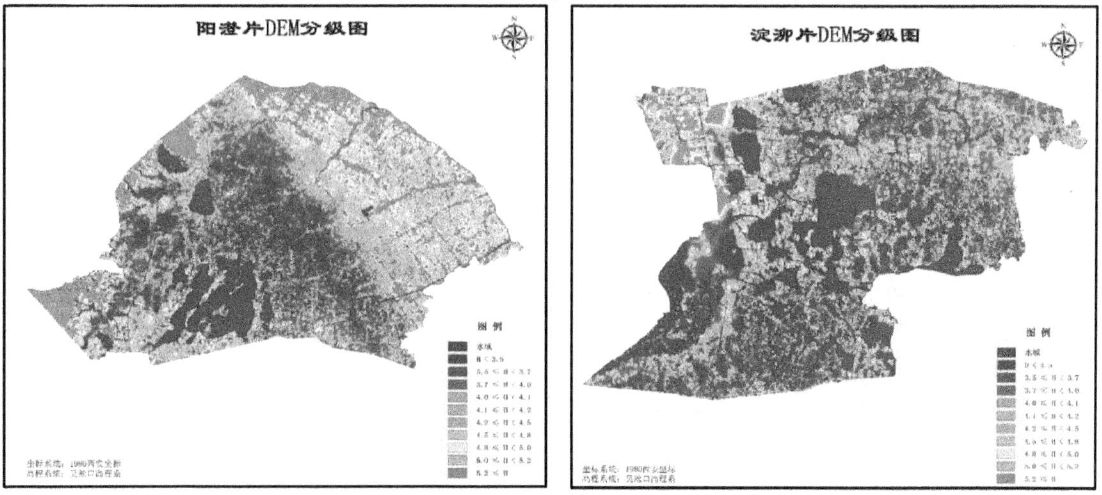

图1.3-1 阳澄区、淀泖区不同地形高程分布示意图

1.3.2 水文气象

（1）气温

阳澄淀泖区地处温润的亚热带向暖湿温带过渡的季风气候区，气候温和，四季分明，日照充足，雨水充沛。本地区多年平均气温15.7℃，平均气温的年际变化为2.1℃，历年最高气温38.5℃，历年最低气温－11.5℃，年最多雾日40 d。常年平均日照时数1 942.5 h，年平均无霜期长达 233 d。

(2) 降雨

阳澄淀泖区雨水充沛,多年平均降水量 1 095.2 mm(1956—2015 年)。降水量年际变化较大,最大年降水 1 600 mm(2016 年),最小年降水量 606 mm(1978 年)。受暖湿夏季风的影响,降水年内分配也不均。降水多而集中在每年汛期 5—9 月,一般占多年平均降水量的 60%左右。降水特点是春夏之交多梅雨,夏末秋初多台风,即汛期 5—7 月中旬易受梅雨侵袭,7 月下旬至 9 月多热带气旋暴雨。本区域洪水主要由梅雨、短历时强暴雨以及台风暴雨形成,5—7 月的梅雨历时长,总量大,范围广;7—9 月的台风雨历时短,雨强大。冰雹和龙卷风在本区域也有发生,两者都是破坏力很强的局部灾害性天气。

(3) 蒸发

阳澄淀泖区域及周围有枫桥、西山和瓜泾口等三个蒸发站,多年平均蒸发量(601 蒸发器)925.1 mm(1956—2015 年),其中汛期占全年蒸发量的 60%。

(4) 水(潮)位

河道水位:阳澄区湘城站多年平均水位 2.98 m,历史最高水位 4.31 m(1954 年 7 月 24 日),历史最低水位 2.22 m(1956 年 2 月 28 日),警戒水位 3.70 m;淀泖区陈墓站多年平均水位 2.83 m,历史最高水位 4.24 m(1999 年 7 月 1 日),历史最低水位 2.19 m(1970 年 2 月 20 日),警戒水位 3.60 m。

潮位:境内的长江河段距海口近,感潮强,全年绝大部分时间均处于潮流界内。潮型为非正规半日浅海潮,潮位每日两涨两落,并有日潮不等的现象,高高潮位与低高潮位相差较大,潮差大小在年内分布均匀,具有河口段的特征。历史上出现的高潮位一般发生在台风影响所造成的壅潮增水与天文大潮相遇时。浒浦闸闸下历史最高潮位 6.74 m(1997 年),最低潮位 0.57 m(1979 年),多年平均高潮位 3.78 m(1953—2013 年),多年平均低潮位 1.76 m(1953—2013 年),多年平均潮位 2.77 m(1953—2013 年)。

1.3.3 河湖水系

阳澄淀泖区水系发达,河湖众多。流域性河道有望虞河、太浦河,分别形成区域的西、南边界;流域内区域交往河道江南运河由西部入境并折向南部流出;区域内部分布有大小河道 2 万余条,汇合阳澄湖、淀山湖等诸多蓄水湖荡,形成一个西部引排太湖、东部泄流江(长江)浦(黄浦江)的自然水系。

阳澄区主要河流有白茆塘、常浒河、七浦塘、杨林塘、浏河、海洋泾、徐六泾、金泾、钱泾等 20 多条通长江河道。盐铁塘、张家港、元和塘 3 条为南北向的调节河道;主要湖泊有阳澄湖、昆承湖、盛泽荡、巴城湖、傀儡湖等,500 亩①以上湖荡 18 个,总称阳澄湖群,是阳澄区水量的调蓄中心。全区总面积为 2 558 km^2,其中水面积为 585.71 km^2(不包括长江水面),占总面积的 23.1%。江南运河的来水和望虞河东岸地区的产水通过一些东西向的三级河道东入阳澄湖群,经调蓄后由张家港以东的通江河道下泄长江。常浒河、白茆塘、七浦塘、杨林塘、浏河为该区的主要引排河道,80%的水量由这五大河道排入长江,其余通江河道主要为滨江平原自引自排服务。该区域水系经过多次大规模整治,已基本形

① 1 亩=1/15 公顷(hm^2)。

成规格的网状结构，在沿长江口均已建挡潮闸，遇长江洪潮能挡，遇涝能排，遇旱能引。如遇干旱年份的1978 年，五大通江河道引水量达 22.26 亿 m^3，遇太湖流域 1999 年的洪水年份，五大通江河道排水达 40.20 亿 m^3，充分发挥了水利工程的防洪抗旱作用，确保了防洪保安和用水安全。

淀泖区是太湖流域水面率较大的地区之一，大小湖泊众多，有澄湖、金鸡湖、独墅湖、元荡、白莲湖、淀山湖等，河湖串连，相互贯通，但缺乏骨干的引排河道，河网有网无纲。吴淞江横贯东西，其下游在实施青淞大包围以后，河网排水主要汇入淀山湖经拦路港东出黄浦江。区域骨干河、湖水系分布示意见图 1.3-2，基本情况见表 1.3-1 和表 1.3-2。

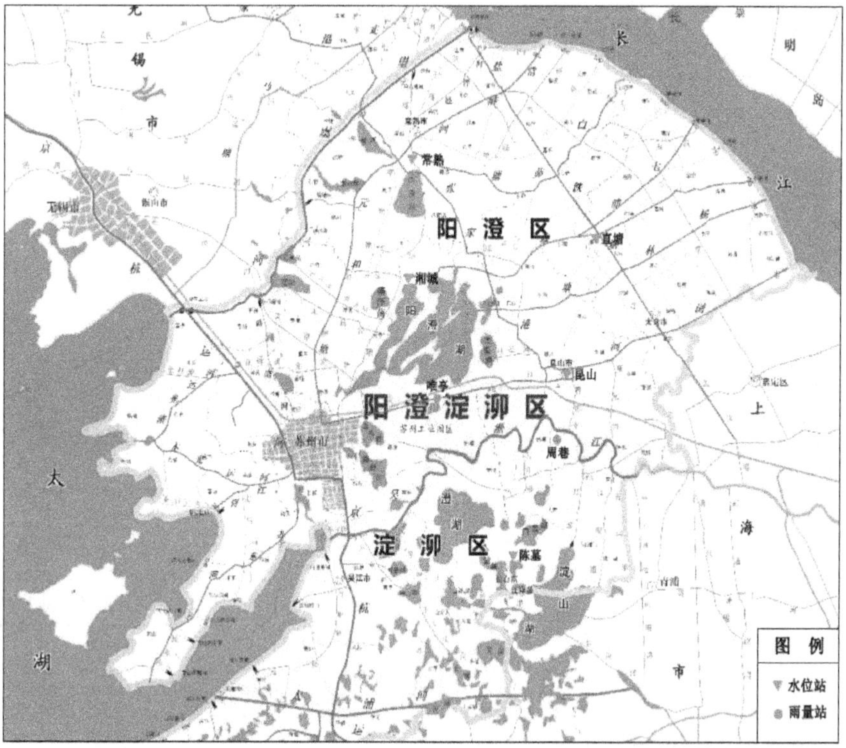

图 1.3-2 阳澄淀泖区骨干水系分布示意图

表 1.3-1 阳澄淀泖区骨干河道基本情况表

序号	河道名称	起讫点	长度(km)	底宽(m)	底高程(m)	边坡	所在行政分区
1	江南运河	望虞河—太浦河	61.2	45～70	0.9	1∶4～1∶5	相城、高新、姑苏、吴中、吴江
2	太浦河	太湖—苏沪界	40.8	106～248	−4.5～−1	1∶2.5～1∶4	吴江区
3	常浒河	环城河—长江	21.1	10～40	−1～0	1∶2～1∶3	常熟市
4	白茆塘	护城河—长江	40.6	30～75	−2～−0.5	1∶2.5～1∶4	常熟市
5	七浦塘	阳澄湖—长江	46.9	10～15	−1.5～0	1∶3～1∶5	昆山市、太仓市
6	杨林塘	鳗鲤湖—长江	44.1	12～20	−1～0	1∶1～1∶4	昆山市、太仓市

续 表

序号	河道名称	起讫点	长度(km)	底宽(m)	底高程(m)	边坡	所在行政分区
7	娄江—浏河	环城河—随塘河	69.4	16～110	−2～0	0～1∶3	工业园区、昆山市、太仓市
8	吴淞江	太湖—苏沪界	59.5	26～150	−1～0	1∶3～1∶6	吴中区、工业园区、昆山市
9	张家港	望虞河—北环城河	43.2	15～40	−0.5～0	1∶2～1∶4.5	常熟市、昆山市
10	盐铁塘	耿泾塘—浏河	52.3	8～15	1	0～1∶4	常熟市、太仓市
11	元和塘	护城河—界泾河	39.1	20～69	0～1.1	0～1∶4	常熟市、相城区
12	苏申外港	江南运河—则同港	25.5	30～120	−1.2～0.2	1∶1.5～1∶3	吴中区、吴江区、昆山市
13	海洋泾	耿泾塘—长江	15.2	25	0.5	1∶2	常熟市
14	徐六泾	金泾—长江	16.9	15	0.5	1∶3	常熟市
15	黄花泾	西塘河—江南运河	4.2	23	0.4	1∶1.5	姑苏区

表 1.3-2 阳澄淀泖区骨干湖泊基本情况表

序号	所在水利分区	湖泊名称	湖泊面积(km^2)	序号	所在水利分区	湖泊名称	湖泊面积(km^2)
1	阳澄区	阳澄湖	117.43	19	淀泖区	同里湖	2.96
2	淀泖区	淀山湖	63.70	20	淀泖区	石头潭	2.81
3	淀泖区	澄 湖	39.90	21	淀泖区	九里湖	2.27
4	阳澄区	昆承湖	18.40	22	淀泖区	商秧潭	2.22
5	淀泖区	元 荡	12.90	23	淀泖区	沐庄湖	2.11
6	淀泖区	独墅湖	9.19	24	淀泖区	长畸荡	1.89
7	淀泖区	白砚湖	7.76	25	淀泖区	张鸭荡	1.86
8	淀泖区	金鸡湖	6.77	26	淀泖区	汪洋湖	1.79
9	淀泖区	三白荡	6.68	27	淀泖区	杨氏田湖	1.70
10	阳澄区	尚 湖	6.62	28	淀泖区	陈墓荡	1.70
11	阳澄区	傀儡湖	6.60	29	淀泖区	万千湖	1.57
12	淀泖区	白莲湖	5.14	30	淀泖区	镬底潭	1.57
13	淀泖区	南星湖	4.82	31	淀泖区	长 荡	1.53
14	淀泖区	长白荡	4.29	32	阳澄区	鳗鲤湖	1.47
15	阳澄区	南湖荡	4.20	33	阳澄区	巴城湖	1.38
16	淀泖区	黄泥兜	4.09	34	淀泖区	南参漾	1.35
17	阳澄区	盛泽荡	3.77	35	淀泖区	孙家荡	1.21
18	淀泖区	明镜湖	2.99	36	阳澄区	六里塘	1.20

续 表

序号	所在水利分区	湖泊名称	湖泊面积（km^2）	序号	所在水利分区	湖泊名称	湖泊面积（km^2）
37	淀泖区	方家荡	0.95	47	阳澄区	陶塘面	0.61
38	淀泖区	急水荡	0.92	48	淀泖区	何家漾	0.60
39	阳澄区	春申湖	0.88	49	淀泖区	同字荡	0.58
40	淀泖区	天花荡	0.81	50	阳澄区	陈 塘	0.56
41	淀泖区	前村荡	0.81	51	淀泖区	众家荡	0.56
42	阳澄区	雉城湖	0.68	52	淀泖区	季家荡	0.55
43	淀泖区	南庄荡	0.68	53	淀泖区	阮白荡	0.54
44	淀泖区	吴天贞荡	0.67	54	淀泖区	黄家湖	0.53
45	淀泖区	凤仙荡	0.65	55	阳澄区	湖 圩	0.49
46	淀泖区	杨沙坑	0.63	56	淀泖区	沙 湖	0.46

注：以上湖泊均列入江苏省湖泊保护名录中。

1.3.4 社会经济

阳澄淀泖区地理位置好，自然条件优越，物产富饶，交通便利，历来是我国文化底蕴深厚、经济发达、人民富庶、城镇密集的鱼米之乡，是太湖流域“金三角”（上海青松、浙江杭嘉湖、江苏阳澄淀泖）地区，也是我国经济最发达地区之一。

区内有我国著名的历史文化名城和重要的风景旅游城市——苏州市区，以及苏州市所辖昆山、常熟和太仓等四个中型城市，并有苏州工业园区、苏州国家高新技术产业开发区等四个国家级经济开发区和常熟经济开发区、吴中经济开发区等八个省级开发区。改革开放以来，区域经济社会高速发展，国内生产总值（GDP）名列全国前茅，建设用地比例大幅提高，单位面积GDP迅速提升，城市现代化、城乡一体化进程较快，已步入工业化、市场化、国际化、信息化、城市化并进互动、加速发展的新阶段，成为长江三角洲经济最发达和最活跃的地区之一。区内所辖县级市全部跻身于全国百强县前10名。

近年来，区域城乡一体化向纵深发展，农、林、牧、渔业等总产值明显增长。农业科技含量不断提高，特色水产养殖正在向规模化方向发展。大宗农产品就近供应本区消费或加工后远销外地，对于保证地区的国民经济持续发展起着极为重要的作用。农村经济改革和产业结构调整成效显著，乡镇工业已成为农村经济的主体。随着社会经济的发展，区域内的城镇建设变化也很迅速，建制镇的数目增多，城市的群体结构趋于合理；同时，小城镇建设步伐的加快，也带动了社会服务业的发展。此外，外向型经济是区域经济发展的另一大特色和优势，逐步成为地区经济增长的重要支撑。从发展的观点看，阳澄淀泖地区区位有利，经济与科技实力较强，投资环境优越，交通、通信、公用设施、商业、服务业、金融业等条件良好，发展前景十分诱人。

2016年阳澄淀泖区所辖区域苏州市区户籍人口348万人，年末常住551万人，实现国内生产总值7 112亿元，工业增加值3 244亿元；昆山市户籍人口82万人，年末常住166万人，实现国内生产总值3 160亿元，工业增加值1 608亿元；常熟市户籍人口106万人，年末常住 151 万人，实现国内生产总值 2 112 亿元，工业增加值 1 026 亿元；太仓市户籍人口 48 万人，年末常住 71 万人，实现国内生产总值 1 155 亿元，工业增加值 547 亿元。

1.4 水利工程

阳澄淀泖区地处太湖下游，地势低洼，历史上是太湖洪水的通道，洪涝灾害十分频繁。新中国成立以来，在党和政府的领导下，大力兴修水利，防洪格局基本形成，至此已形成长江堤防控制线、环太湖大堤控制线、望虞河东岸控制线、太浦河北岸控制线以及淀山湖昆山堤段控制线五条外围防洪屏障，基本挡住了长江和太湖流域 50 年一遇洪水的入侵，为区域内部进一步治理创造了良好的条件。见图 1.4-1。

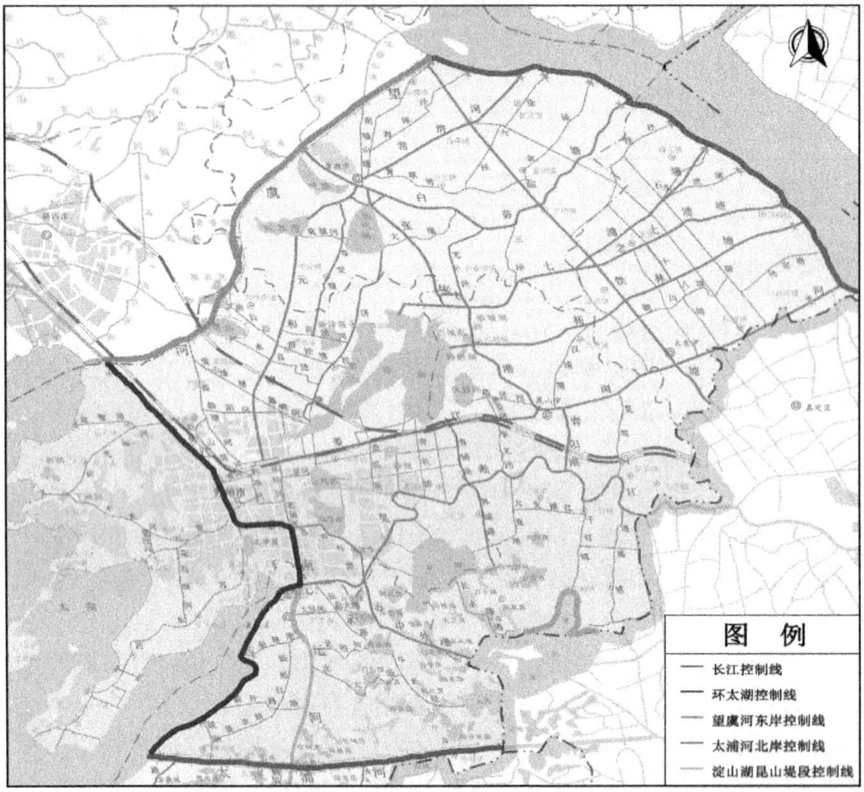

图 1.4-1　阳澄淀泖区水利工程控制线示意图

1.4.1　长江控制线及调度

阳澄淀泖区临(长)江滨(太)湖，位处长江河口段南岸，境内长江段河道邻近入海口(河口段)，沿江水情不仅受到长江上游来水量的影响，同时还受潮汐及台风暴雨等诸多因素的威胁，长江堤防是区域重要的外围防洪屏障。

20 世纪 50 年代至 60 年代初，重点实施了阳澄区的七浦塘建闸、浚河工程以及浏河第一期整治工程，60 年代至 70 年代，又相继实施杨林、常浒、白茆、娄江等河道以及浏河续浚二期工程。2011 年，为提高阳澄淀泖区防洪除涝能力，改善阳澄湖及周边地区水环境质量，区域内重要通江河道——七浦塘拓浚整治工程实施，工程已于2015年5月成功通水；同时区域另一通江骨干河道——杨林塘也由交通部门按“四改三”航道进行整治，有效提高了区域引排能力；海洋泾工程作为太湖流域水环境治理项目之一，于2011年1月建成，海洋泾引排综合整治工程的建成有利于加强望虞河集中供水保障，提高“引江济太”效益，成为改善区域水环境、提升区域防洪排涝能力的重要环节。

(1) 海洋泾

海洋泾位于常熟城区东北，南自信一广场，向东北经海虞镇周行集镇，在师桥入江，全长15.1 km，其中闸下河口段0.5 km。海洋泾是常熟城北片的主要引排通道，为改善常熟城区水环境，海洋泾主要功能是“引清通道”。常熟市海洋泾枢纽工程(包括节制闸、双向泵站)，由2×10 m节制闸和双向30 m^3/s泵站两部分组成，泵站布置在西侧，节制闸在东侧，节制闸采用钢筋砼坞平底板结构，安装2台开敞式轴流泵。

(2) 常浒河

常浒河西起常熟大东门，流经城南、兴隆、森泉、周行、梅李、碧溪、浒浦七乡镇，东迄浒浦镇袁家墩野猫口入长江，全程在常熟市境内，全长21.9 km。1999年大水后实施常浒河拓浚工程(兴隆陈泾口至河口段)，河道底宽25～40 m，底高程−1～0 m，边坡1∶2～1∶3，相应实施完成节制闸总净宽24 m，闸底高程−1.3 m。2005年，又在节制闸边上按100年一遇防洪标准建成浒浦套闸，闸净宽16 m，进一步提高了常浒河的防洪和排水能力。

(3) 白茆塘

白茆塘是阳澄水网一条重要的通江河道，西起常熟城区小东门环城河，向东经常熟市东南经济开发区、古里、白茆、支塘、董浜和新港等乡镇(办事处)，于姚家滩注入长江，全长40.6 km。目前，白茆塘自小东门至长江，大部分河段河底宽度为30～75 m，河底高程−2.0～−0.5 m。2003年在老闸下游重建新闸，净宽44 m，并新辟上下游引河，全长约3.7 km，底宽67～75 m，底高−1.5 m。

(4) 七浦塘

七浦塘原西起阳澄湖，向东流经昆山巴城，常熟支塘，太仓沙溪、浮桥等三市(县)的4个镇，至长江七丫口，全长46.9 km，底宽10～15 m，底高程−1.0 m左右。1953年在七丫口上游浮桥镇修建节制闸(老七浦闸)，总净宽15 m，已不再使用。1999年在七浦塘南岸第一凸岸裁弯取直后新开挖河道，在入长江的河口处(距离长江岸线0.4 km)，建成七浦节制闸，为三孔，总净宽18(5+8+5)m。

为了进一步扩大区域引排能力，2011年，开工实施七浦塘拓浚整治工程(太仓段自吴塘河至荡茜口，为新开挖河道，称“新荡茜河”)，阳澄湖至太仓吴塘河(直塘镇西)段，长19.4 km，底高程−2.0 m，底宽35 m，边坡1∶2.5；吴塘河至长江段，长21.1 km，底高程−2.0 m，底宽25 m，边坡1∶4。七浦塘入江口处新建江边枢纽(120 m^3/s引排泵站和新荡茜节制闸、套闸)，节制闸总净宽32 m，泵站流量120 m^3/s，穿张家港新建立交阳澄湖枢纽。工程已于2015年完成，有效扩大了排水出路，提高了流域、区域防洪除涝和水资源调控能力。

(5) 杨林塘

杨林塘是阳澄水网一条重要的通江河道，位于苏州市东部，现状河道西起鳗鲤湖，向东至太仓浮桥，于杨林口入长江，流经昆山、太仓二市，目前，杨林塘全长44.1 km，河道底宽12～20 m，河底高程−1～0 m。1960年修建了节制闸，总净宽16 m。2000年又重建杨林闸，总净宽 20 m。

2011 年，交通部门开工建设杨林塘航道整治工程（按三级航道标准）（张家港—长江段），规划河底宽 45 m，底高程－0.9 m，已于 2015 年底完成；2013 年，杨林塘张家港～阳澄湖段结合区域中小河流治理完成整治，其中张家港～鳗鲤湖段河底宽 45 m，底高程－0.9 m，边坡 1∶6，经鳗鲤湖分为两支，河底宽分别为 14 m、17 m，底高程－0.9 m，边坡1∶3。

（6）浏河

浏河西起娄江，东至长江，流经昆山蓬朗，太仓市城厢、新区及嘉定朱桥、娄塘、唐行等乡镇，全长约 36 km。现状河道底宽，节制闸上游段（长 31.92 km）70～80 m，底高程－2～0 m，边坡 1∶3；节制闸下游段（长 4.08 km）110 m，底高程－2 m，边坡 1∶3。1958 年兴建浏河节制闸，总净宽 75 m。2001 年实施了浏河节制闸除险加固工程。

根据《太湖流域洪水与水量调度方案》，当太湖水位高于防洪控制水位且低于 4.65 m 时，实施洪水调度，沿江各口门根据太湖及地区水情适时引排，保持合理的河网水位；在太浦闸和望亭水利枢纽泄洪期间要全力泄水，并服从流域防洪调度。

根据《太湖流域水量分配方案》，在保障防洪安全的前提下，流域沿长江口门与望虞河工程、新孟河工程及环湖口门调度相协调，合理引排，保障区域供水安全，增加流域水资源补给，促进河网有序流动，改善水环境。

1.4.2 环太湖控制线及调度

阳澄淀泖区环太湖控制线南起太浦河北岸，北至望虞河东岸月城河枢纽处，总体 123.3 km（不含环湖山丘自然屏障），涉及苏州市吴江区、吴中区和高新区和相城区。环湖出入湖河道众多，目前全部建成控制，共建成口门建筑物 73 座。其中骨干的 10 座口门，规模见表 1.4-1。

表 1.4-1 环湖骨干控制建筑物基本情况表

序号	控制建筑物名称	规模	
		闸宽(m)	闸底高(m)
1	金墅港闸	8	1
2	铜坑闸	10	0.5
3	胥口水利枢纽节制闸	16	0.1
4	北渡水桥闸	6	1
5	瓜泾口	44	－0.5
6	牛腰泾闸	6	1.0
7	三船路闸	12	0
8	大浦口闸	32	0
9	新开路闸	5	0.4
10	戗港闸	12	－0.5

根据《太湖流域洪水与水量调度方案》，当太湖水位高于防洪控制水位且低于 4.65 m 时，实施洪水调度，环太湖口门应保持行水通畅。当太湖水位不超过 4.10 m 时，东

太湖沿岸各闸及月城河节制闸、胥口节制闸开闸泄水；到达 4.10 m 后，可以控制运用。当太湖水位不超过 4.20 m 时，犊山口节制闸开闸泄水；超过 4.20 m 后，可以控制运用。

根据《太湖流域水量分配方案》，视太湖和地区水位，对环湖口门实施控制运用，避免污水进入太湖，合理控制出湖水量。阳澄淀泖区环湖口门在太湖水位高于低水位控制线时，如区域代表站(枫桥、陈墓)水位站 6 月下旬—10 月下旬低于 2.70 m 或其余时段低于 2.60 m，可以从太湖引水，否则关闸。太湖水位调度线见表 1.4-2。

表 1.4-2 太湖水位调度线

单位:m

时 段	防洪控制线	引水控制线	低水位控制线
1 月 1 日—3 月 15 日	3.50	3.30	2.90
3 月 16 日—3 月 31 日	3.50～3.10	3.30～3.00	2.90
4 月 1 日—6 月 15 日	3.10	3.00	2.80
6 月 16 日—7 月 20 日	3.10～3.50	3.00～3.30	2.80～3.10
7 月 21 日—10 月 31 日	3.50	3.30	3.10
11 月 1 日—12 月 31 日	3.50	3.30	2.90

1.4.3 望虞河东岸控制线及调度

望虞河是沟通太湖和长江的流域性骨干引排河道，兼有泄洪、排涝、引水等任务，全长 60.3 km，目前已全部形成控制。望虞河东岸控制线是防止望虞河洪水入侵区域的重要屏障，东岸堤防 80.38 km(干河堤防 60.33 km，环湖堤 7.44 km，穿湖堤 1.81 km，支河堤 10.8 km)，堤防高程 5.5～7.0 m。望虞河东岸口门已建成口门建筑物 50 座，其中骨干口门 22 座，规模见表 1.4-3。

表 1.4-3 望虞河东岸骨干控制建筑物基本情况表

序号	控制建筑物名称	规模(m)		序号	控制建筑物名称	规模(m)	
		闸宽	闸底高			闸宽	闸底高
1	新泾套闸	6	0.5	12	灵岩荡闸	5	0.7
2	王市套闸	8	0.6	13	寺泾港套闸	6	1
3	谢桥套闸	7	0.5	14	冶长泾套闸	8	0.5
4	常青闸	6	1.3	15	三梅浜闸	6	1
5	白龙闸	6	1.2	16	永昌泾闸	24	−0.1
6	虞山船闸	16	0	17	胜岸港套闸	4	0.6
7	北塘套闸	6	1	18	琳桥闸	8	0.2
8	练塘套闸	8	0	19	周步港闸	5	0.3
9	东新套闸	6	0.5	20	蒋基港闸	6	0.2
10	横塘套闸	6	0.7	21	东里河套闸	6	0.4
11	湘庄闸	6	0	22	观鸡桥港闸	6	0.4

根据《太湖流域洪水与水量调度方案》，当太湖水位高于防洪控制水位且低于4.65 m时，望亭水利枢纽泄水期间，当湘城水位不超过3.70 m时，望虞河东岸口门保持行水通畅；当湘城水位超过3.70 m时，望虞河东岸口门可以控制利用。

根据《太湖流域水量分配方案》，当太湖水位高于引水控制线时，望虞河两岸口门视流域及两岸地区水雨情和水环境状况，结合枢纽工程运行情况相机调度。当太湖水位低于引水控制线时，在常熟水利枢纽引江初期适度开启西岸口门，走马塘工程排水，为望虞河引水入湖创造水质条件。望虞河引水入湖时，东岸口门分水比例不超过常熟水利枢纽引水量的30%，且分水总流量不超过50 m^3/s；西岸口门不得向望虞河排水，可视西岸地区水环境状况，适当从望虞河引水，维持西岸主要支流断面水质类别不降低。

1.4.4 太浦河北岸控制线

太浦河既是承泄太湖洪水和区域涝水的流域性骨干河道，又是向上海市等下游地区供水的主要河道，全长57.6 km。太浦河北岸路堤结合，利用青(浦)平(望)公路挡洪，建设堤防18 km，北岸支河口门已全部控制，建成配套建筑物30座，大部分结合淀泖区圩区治理建设，目前属淀泖区圩外河道沟通太浦河的骨干控制口门有8座，基本情况见表1.4-4。

表1.4-4 太浦河北岸骨干控制建筑物基本情况表

序号	控制建筑物名称	规模	
		闸宽(m)	闸底高(m)
1	沧浦港套闸	6	0.5
2	东张家甸东闸	8	0.5
3	陆家荡闸	6	0.5
4	共进河套闸	5	0.5
5	西林港套闸	6	0.5
6	木瓜荡闸	5	0.5
7	北窑港闸	22	0.5
8	元荡闸	24	−2.0

根据《太湖流域水量分配方案》，当太浦闸向下游供水时，两岸口门可根据地区水资源需求引水。

1.4.5 淀山湖昆山堤段控制线

淀山湖防洪大堤，东起马家港闸，西至拖油港站闸，全长25.6 km，堤顶高程6.0 m，挡浪墙段为5.0 m(镇江体系)，堤顶宽度5～12 m；外河设计洪水位4.18 m，校核水位4.31 m，设计低水位2.21 m，多年平均高水位3.38 m，多年平均低水位2.46 m，最高通航水位3.63 m，最低通航水位2.5 m；内河最高水位3.8 m，控制水位3.5 m，预降水位3.0 m。工程设计等级达到Ⅱ等，大堤沿线共有闸站、防洪闸27座，堤防及沿线闸站等主要建筑物按照3级建筑物设计，防洪标准50年一遇。

淀山湖防洪工程以千灯浦闸为界，分两大联圩，东为茜东圩，西为茜西圩。淀山湖防洪工程中的淀山湖防洪控制线被列为苏州市重要控制线之一。淀山湖防洪工程控制线的堤防工程位于两大联圩南端，直接面临淀山湖，已建防洪闸 13 座，泵站 13 座，套闸 1 座，13 座闸站排涝总流量 73 m^3/s。

调度原则：千灯浦闸水位到达 3.80 m 时，闸站配合排涝，圩区水位降至 3.50 m；千灯浦闸水位到达 4.20 m 时，千灯浦套闸关闭，全线闸站排涝，圩区水位不突破 3.80 m。

1.5 水环境状况

1.5.1 水功能区划

阳澄淀泖区共有 145 个水功能区，共布设 199 个断面。详见图 1.5-1。

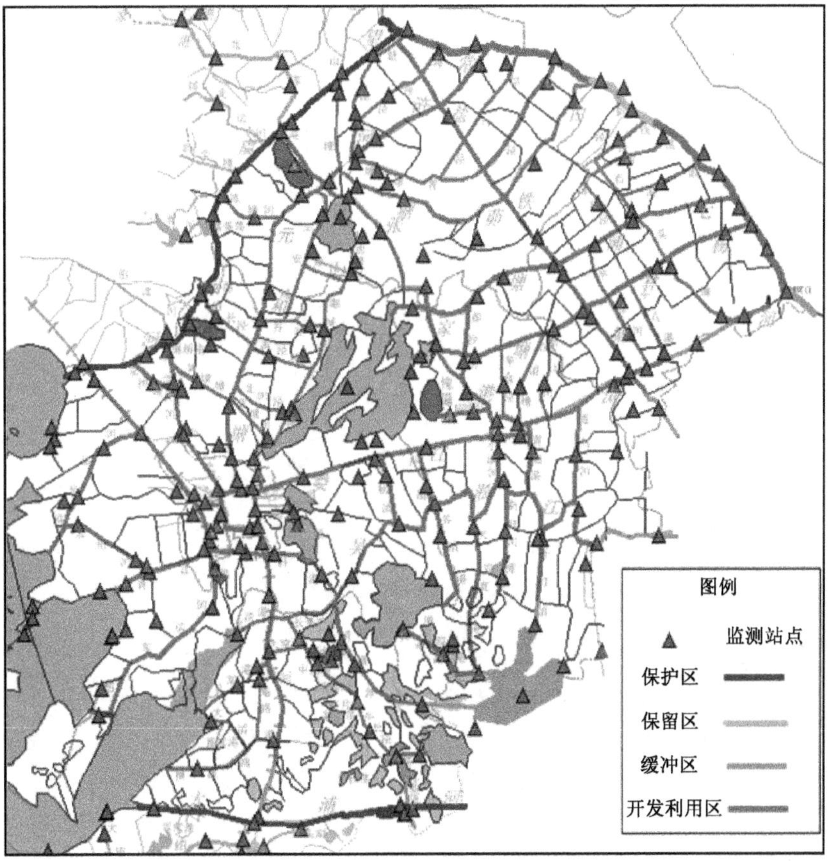

图 1.5-1 阳澄淀泖区水功能区一级区划示意图

1.5.2 水质现状分析

根据 2016 年水质监测资料统计，阳澄淀泖区水环境质量总体情况为：在所监测的 145 个功能区 199 个断面(点)中，年度水质综合评价(以各参评项目年均值进行评价，下同)为Ⅱ类的断面占总监测断面数的 4.0%，评价为Ⅲ类的断面占 51.3%，Ⅳ类和Ⅴ类分别占 33.2%和 9.0%，劣Ⅴ类占 2.5%。累计超Ⅲ类水标准的断面占 44.7%。从年内不同时期来看，汛期水质状况略好于非汛期。其中汛期评价为Ⅱ类的断面占 5.6%，Ⅲ类为 39.9%，Ⅳ类为 44.4%，Ⅴ类为 8.6%，劣Ⅴ类为 1.5%。非汛期评价为Ⅱ类、Ⅲ类、Ⅳ类、Ⅴ类和劣Ⅴ类的断面分别为 3.5%、41.7%、39.2%、9.5%和 6.0%。详见图 1.5-2。

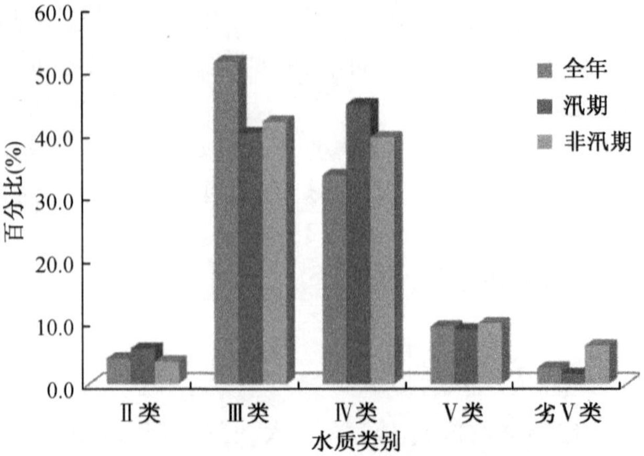

图 1.5-2　阳澄淀泖区水环境质量评价统计图

根据 2016 年阳澄淀泖区水质监测数据，主要超标因子为氨氮和五日生化需氧量。阳澄淀泖区水功能区水质类别示意图见图 1.5-3。从图中可见，浏河及其支流区域，水质情况较差。主要河流元和塘桥段、老运河吴县农科所段、浏河、吴淞江苏沪边界处、盐铁塘苏沪边界段、吴塘等水质综合评价为Ⅴ类水。水质较好的河流主要有望虞河及东岸支线、海洋泾、徐六泾、七浦塘、张家港、海洋泾、娄江、吴淞江苏州段、江南运河吴江段、太湖出湖河流、各湖泊及湖泊出湖河道，水质综合评价达到Ⅲ类水要求。

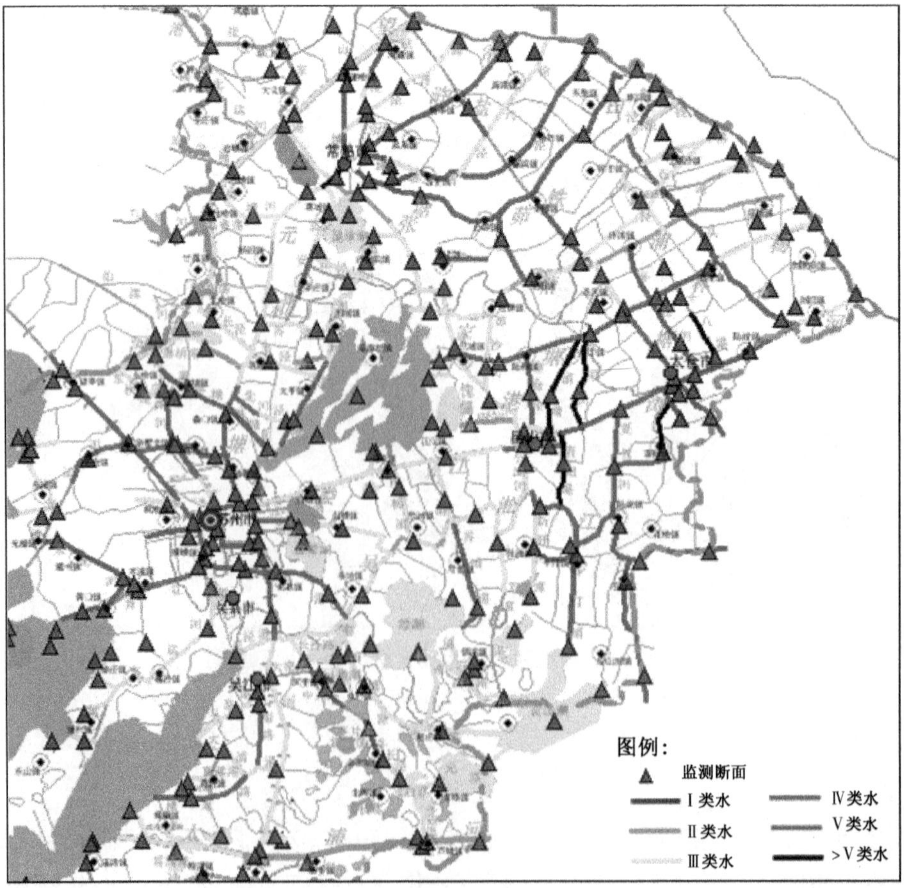

图 1.5-3　阳澄淀泖区水功能区水质类别示意图

1.5.3 水质变化情况分析

近年来，阳澄淀泖区水环境质量逐步好转，根据 2010—2016 年水功能区水质断面监测指标统计，199 个监测断面水质指标平均值溶解氧由 2010 年的 5.57 mg/L（Ⅲ类）上升到 2016 年 6.71 mg/L（Ⅱ类），上升幅度为 21.9%。高锰酸盐指数、化学需氧量、五日生化需氧量、氨氮、总氮和总磷则分别下降了 15.5%、37.9%、2.1%、51.9%、15.0%和 26.4%。主要水质指标变化趋势详见图 1.5-4 和图 1.5-5。

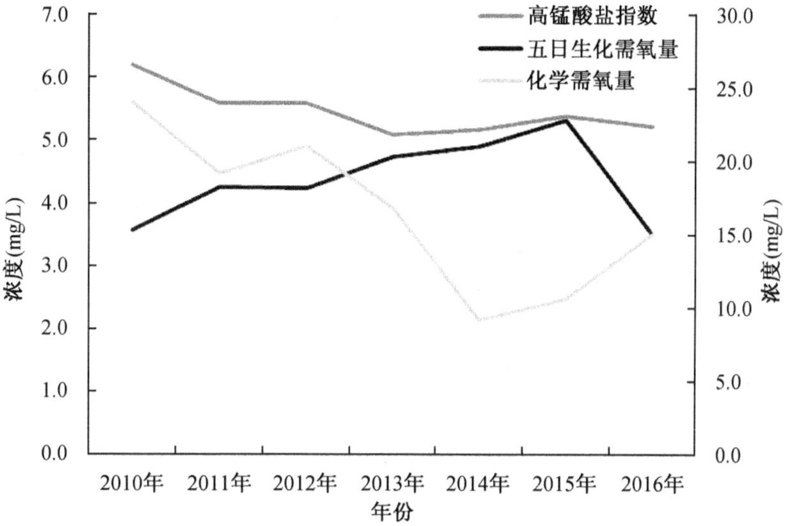

图 1.5-4 主要水质指标（COD、COD_{Mn}、BOD_5）年均统计图

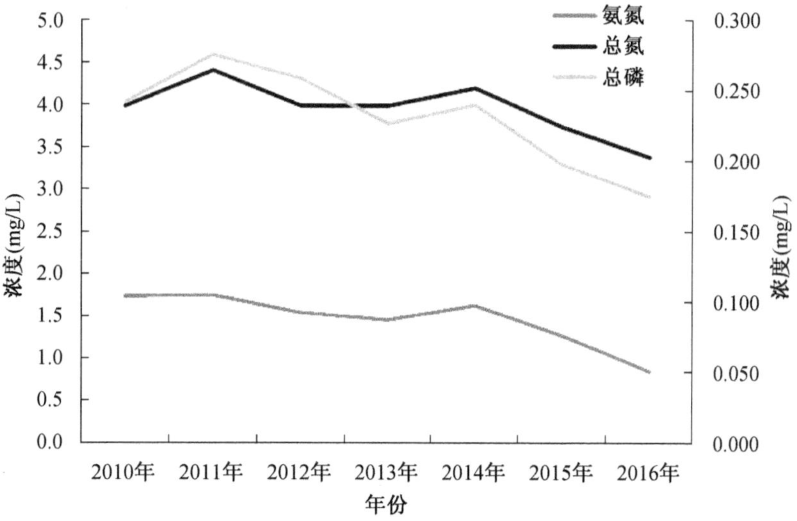

图 1.5-5 主要水质指标（氨氮、总氮、总磷）年均统计图

2 项目基本概况

2.1 研究目标

本课题选取阳澄淀泖区为典型区域，通过设计区域主要水利工程不同调控方案，开展水量水质原位观测试验，分析流动规律，验证河湖水体有序流动与水环境调度的响应机制，评估典型区域平原河网有序流动对河网水环境改善的实际效果。试验成果同时可应用于太湖流域数学模型系统关键参数的率定和验证，为完善太湖流域数学模型提供基础数据支撑。

2.2 研究内容

(1) 调研收集阳澄淀泖区基础资料，提出试验方案。

调研阳澄淀泖区典型区域的控制线情况，对区域内水利工程引排水、水位控制、闸门调度、水系分布、水质等情况进行勘察，收集梳理区域内的各项水文要素和水质状况。

(2) 实施调水试验，验证河湖水体有序流动与水环境调度的响应机制。

开展水量水质原位观测试验，分析水体流动规律，验证河湖水体有序流动与水环境调度的响应机制，评估典型区域平原河网有序流动对河网水环境改善的实际效果。

2.3 实施情况

根据研究内容，本课题收集了阳澄淀泖区的自然地理、地形地貌、经济社会、气象水文、河流水系、水利工程和水环境状况等资料。在搜集基础资料的同时，还开展了现场查勘和断面测量工作。2016 年 10 月 13—20 日，开展了现场查勘工作；2016 年 10 月 21 日—2017 年 1 月 15 日，开展了断面测量工作；2017 年 3 月 9—23 日对阳澄淀泖区开展调水试验；2017 年 5 月 9—18 日、6 月 8—17 日对阳澄淀泖区分别开展了两轮常规实际调度情况下汛期水量水质监测。

2.4 非汛期调水试验

2.4.1 调水试验目标

本次调水试验的总体目标：

(1) 通过沿江闸站和控导工程联合调度，引七浦塘清水入阳澄湖，加快湖体流动，缩短阳澄湖换水周期，改善阳澄湖水环境，同时改善七浦塘、浏河沿线及阳澄湖周边地区水动力条件,促进河道水体流动,提升河道流速。

(2) 通过沿江闸站、环湖口门和控导工程联合调度,同时引长江及太湖清水入淀泖区腹部河网,形成由北往南、由西往东的水势差,加快淀泖区湖荡及河道流动,改善淀泖区河网流速缓慢甚至滞流的现象,改善区域水环境,形成引排有序的水循环体系。

(3) 通过望虞河东岸沿线闸站和控导工程联合调度,改善苏州相城区河道滞流问题,使得元和塘周边区域的河道有序流动起来,并减少阳澄湖西岸入湖河道对阳澄湖水环境的潜在影响,保护阳澄湖水环境的同时加快常熟市区骨干河道水体流动,提升河道流速,形成引排有序的水循环体系,在一定程度上改善河网水环境。

由于河道分布特征、引排能力、水质提升需求不同,河道流速需求也存在差异,参考周边地区活水经验,综合水质提升效果和换水效率,初拟本片区海洋泾、七浦塘等沿江引水为主的河道汛期适宜流速达到 20 cm/s、非汛期 15 cm/s 以上为宜,关键断面溶解氧溶度控制在 5 mg/L;常浒河、白茆塘、杨林塘、浏河等沿江引排结合的河道汛期适宜流速达到 20 cm/s、非汛期 15 cm/s 以上为宜,关键断面溶解氧浓度控制在 3 mg/L;冶长泾、永昌泾、瓜泾港、三船路、大浦港等望虞河东岸及环湖引水河道汛期汛期适宜流速达到 10 cm/s、非汛期 7 cm/s 以上为宜,断面溶解氧溶度控制在 3 mg/L;张家港、盐铁塘、济民塘、吴淞江、青阳港、大直港、太浦河等骨干汇水河道适宜流速达到 10 cm/s、非汛期 7 cm/s 以上为宜,断面溶解氧溶度控制在 2 mg/L。阳澄淀泖区关键断面示意见图 2.4-1。

图 2.4-1 关键断面示意图

根据《基于平原河网有序流动的水环境调度研究项目工作大纲》,鉴于阳澄湖水源地保护的特殊性,区域大引大排的格局应适时调整,需综合考虑阳澄湖水源地保护需求,转变为多引多排格局,引排格局见图 2.4-2 和图 2.4-3。即通过望虞河东岸沿线闸站和控导工程联合调度,改善苏州相城区河水滞留问题,使得元和塘周边区域的河道有序流动起来,并减少阳澄湖西岸入湖河道对阳澄湖水环境的潜在影响，保护阳澄湖水环境的同时加快常熟市区骨干河道水体流动，提升河道流速，形成引排有序的水循环体系，在一定程度上改善河网水环境。

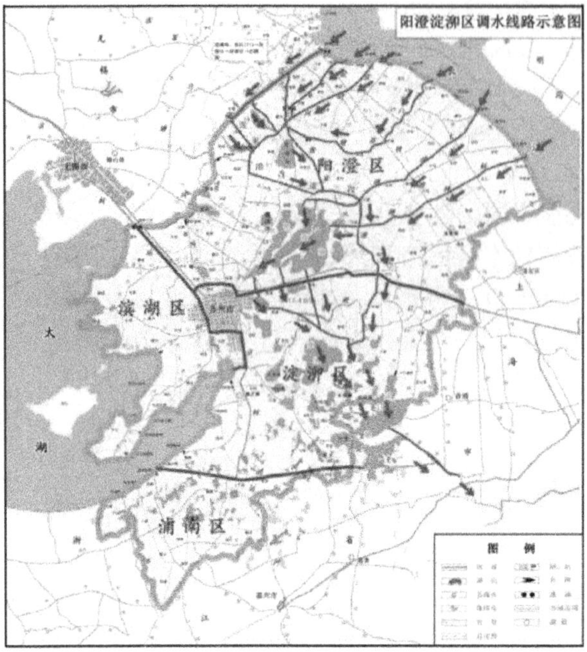

图 2.4-2　大引大排格局示意图

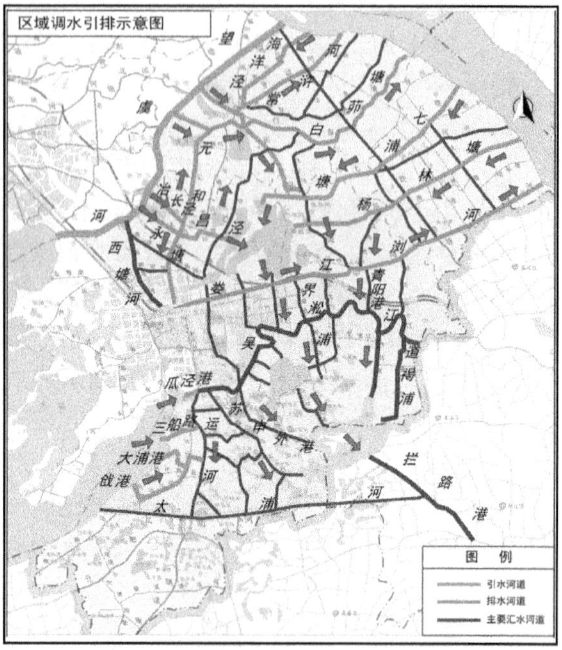

图 2.4-3　多引多排格局示意图

2.4.2　调水试验周期

根据现状水系分布和规模分析，阳澄淀泖区内现有河道常水位 3.10 m 以下水体 23.85 亿 m^3，其中扣除苏州城市中心区大包围及圩内水体积，活水水体约 18.27 亿 m^3，即考虑有序流动的水系主要为圩外河道及湖泊。

按"沿江、望虞河清水量达到河道现有槽蓄量的表层 0.5 m 的水体时即认为河道完成一次换水"的原则，根据分析，按现状工程条件下引清流量分析，引水后，河道表层 0.5 m 的水体 15 d 左右换一次。详见表 2.4-1。

表 2.4-1　阳澄淀泖区调水试验天数测算表

<table>
<tr><th>试验范围内水面（km²）</th><th>大包围及圩内水面（km²）</th><th>圩外水面（km²）</th><th>河道表层 0.5 m 水体（亿 m³）</th><th>相关引清工程</th><th>引水规模（m³/s）</th><th>表层水换水天数(d)</th></tr>
<tr><td rowspan="3">769</td><td rowspan="3">180</td><td rowspan="3">589</td><td rowspan="3">2.94</td><td>海洋泾闸站</td><td>30</td><td rowspan="3">15</td></tr>
<tr><td>七浦塘江边枢纽</td><td>120</td></tr>
<tr><td>望虞河东岸沿线口门</td><td>按有序流动需求，能引则引</td></tr>
</table>

注：为满足有序流动水量需求，在不与"引江济太"流域水量分配发生冲突的前提下，在常熟枢纽引江期间，当闸外水位高于闸内水位时，启用望虞河东岸口门能引则引。

本调水方案拟在保证防洪排涝安全和服从区域引排调度前提下，充分利用长江与望虞河优质水源，通过境内沿江口门和望虞河东岸口门现有水利工程的科学调度，形成平原水网地区河道有序流动。考虑到防洪排涝安全，调水时间安排在2017年3月9日。

利用长江潮汛15 d为一个周期，按照试验总天数15 d，可选择农历每月月初或月半的潮汛期大潮前后适时引排，同时提前关注天气预报，不产生防汛隐患。

2.4.3　调水试验方案

阳澄淀泖区北滨长江、西临望虞河，境内长江属感潮河段，是一个中等强度的潮汐河口，潮汐性质属非正规半日浅海潮，潮流除中泓外均呈往复流，每天两涨两落，一般涨潮历时4 h左右，落潮历时8 h左右，并有较明显的日潮不等现象。感潮河段的周期性潮汐运动为区域河道引排创造了十分重要的条件，同时结合江边泵站实现区域引排自如，持续引清，充分发挥水利工程效益。本方案考虑充分利用长江丰富的过境水量和紧邻太湖的水资源条件，通过现有水利工程科学调度，定期形成阳澄淀泖区河道"腾纳有序"的水循环体系。

日常情况下，城市中心区大包围均为关闭状态，苏州古城区自流活水工程的来水水源可通过裴家圩枢纽或泵引或自引入城，引水流量有保证，与本次调水试验方案相对独立，互不影响。

（1）试验方案

阳澄湖以北区域，即七浦塘—阳澄湖一线以北至长江及望虞河，考虑望虞河东岸口门及海洋泾引水为主，以常浒河及白茆塘排水为主。调水试验期间，利用周期性变化的潮汛，农历每月月初或月半的潮汛期大潮前首先趁潮排水将区域河网整体水位降低，腾空河道库容后，望虞河东岸各口门在常熟枢纽引江期间自引望虞河水，往东送入腹部河网，海洋泾连续利用2～4个大潮，利用大潮期间纳潮河道水体的动能，自流引长江水入腹部河网，非大潮期启用江边泵站持续引清；引水一段时间后，由常浒河及白茆塘北排入江，形成"长江、望虞河→区域腹部河网→常浒河、白茆塘→长江"的水循环线路，切实改善苏州相城区、常熟市等河网水动力条件，加快水体流动。

阳澄湖以南区域，即七浦塘—阳澄湖一线以南至太浦河，考虑长江、太湖两个水源，调水前期，首先由浏河排江腾空库容，再由七浦塘、杨林塘引水，环湖由瓜泾港、三船路、大浦港、戗港等骨干河道同时引水；调水后期，即阳澄湖南部水体水质改善后，再转变为大引格局，由七浦塘、杨林塘、浏河同时引江，一方面可为阳澄区腹部地区提供更加丰富的优质水源，另一方面可分流一部分至淀泖区，促进淀泖区河网水体有序流动。调水试验前期，以多引多排格局为主，首先趁潮排水，腾空库容，再引长江及太湖优质水源入腹部河网，其中七浦塘引水期间沿线部分设控，将集镇段附近的石头塘北闸、白米泾南北闸、横沥河南闸打开，以促进七浦塘两岸水体循环，切实改善阳澄湖水环境的同时也同步促进河道沿线水体有序流动，形成引排有序的水循环格局，形成"长江→阳澄区腹部、阳澄湖→浏河"及"太湖→淀泖区腹部→拦路港"的水循环线路，切实改善阳澄湖、昆山市、吴江区、工业园区、吴中区等河网水动力条件；调水试验后期，以引为主，引江水流一部分入阳澄湖，一部分南下进入淀泖区，整个河网水位壅高后，形成北高南低的水势后由拦路港退水，形成"长江、太湖→阳澄湖及周边、淀泖区→拦路港"的水循环线路，切实改善阳澄湖、昆山市、吴江区、工业园区、吴中区等河网水动力条件，加快水体流动。

2.4.4 监测方案

2.4.4.1 监测断面

监测断面站点根据试验方案布设，既要满足本次调水试验调度的要求，又要满足分析研究区域水环境效果改善的要求，既要充分利用现有水量水质监测点，避免重复设置，又要合理增设站点，从总体上可掌握有序流动的规律及污染物分布特征。

根据上述要求，本次共设47个监测断面，其中46个为水量水质同步监测点，1个为水质监测点。详见图2.4-4和表2.4-3。

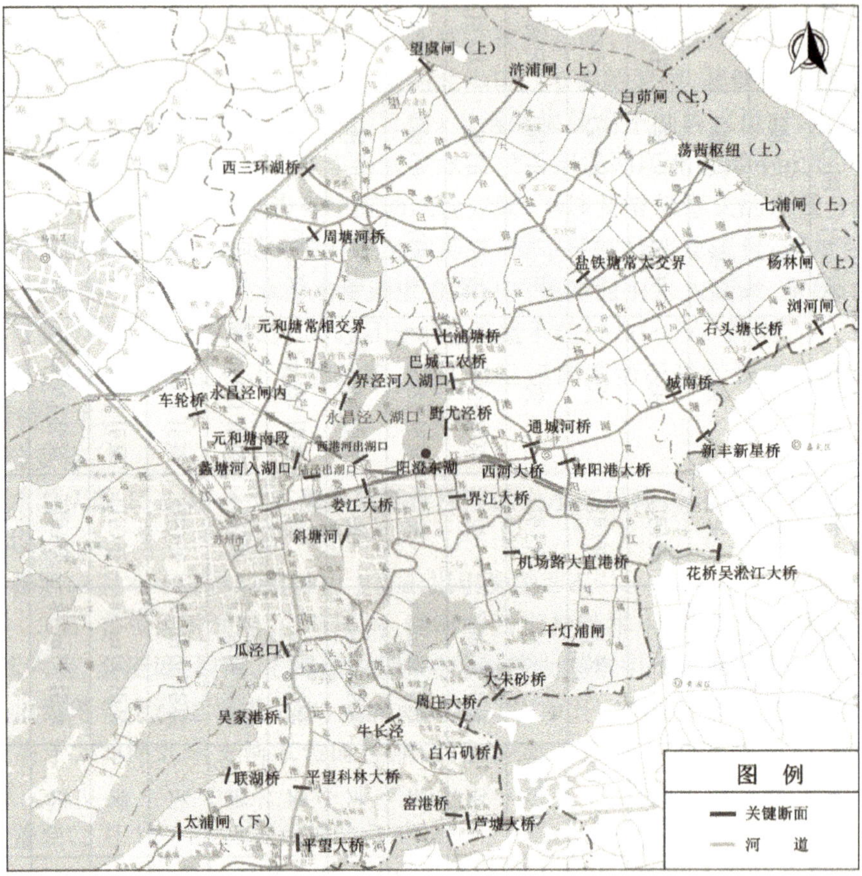

图2.4-4 阳澄淀泖区河湖有序流动监测断面布置图

表2.4-3 监测断面一览表

序号	所在河流	断面名称	东经	北纬	断面地址	备注
1	望虞河	望虞闸(上)	120°48′11.47″	31°46′02.64″	常熟市海虞镇	沿江闸站
2	张家港	西三环湖桥	120°40′20.18″	31°40′50.10″	常熟市虞山镇	
3	张家港	通城河桥	120°57′27.00″	31°23′31.64″	昆山市玉山镇	
4	琳桥港	车轮桥	120°32′21.88″	31°26′14.53″	苏州市相城区黄埭镇	

2.4.4.4 监测方法

(1) 水量

调水期间每个断面以水文巡测的方法进行监测，以桥测、流速仪法为主。流量记载表按规范记录水位、流速、天气、风力(目估)、流向等要素。测速垂线按规范测水面、一点法或二点法，沿江闸站按一潮推流法测验或推算。

(2) 水质

与测流断面同步，监测项目为 pH 值、水温、溶解氧、化学需氧量、高锰酸盐指数、氨氮、总磷、总氮。测定方法与执行标准详见表 2.4-4。

表 2.4-4 水质检测方法与执行标准一览表

编号	项目	检测方法	标准编号
1	水温	水质 水温的测定 温度计或颠倒温度计测定法	GB/T 13195—1991
2	pH 值	水质 pH 值的测定 玻璃电极法	GB 6920—1986
3	溶解氧	水质 溶解氧的测定 电化学探头法	HJ 506—2009
4	高锰酸盐指数	水质 高锰酸盐指数的测定	GB 11892—1989
5	化学需氧量	小型密封管法	ISO 15705—2002
6	氨氮	水质 氨氮的测定 纳氏试剂分光光度法	HJ 535—2009
7	总磷	水质 磷酸盐和总磷的测定 连续流动—钼酸铵分光光度法	HJ 670—2013
8	总氮	水质 总氮的测定 连续流动—盐酸萘乙二胺分光光度法	HJ 667—2013

2.4.4.5 监测频次

流量每天监测一次，水质 2 d 监测一次。调水试验开始前 2 日进行背景监测，连续监测 2 次。

2.4.4.6 水质评价方法

评价标准:《地表水环境质量标准》(GB 3838—2002)，详见表 2.4-5。

表 2.4-5 《地表水环境质量标准》(GB 3838—2002) 单位:mg/L

序号	项目 \ 标准值 \ 分类		Ⅰ类	Ⅱ类	Ⅲ类	Ⅳ类	Ⅴ类
1	溶解氧	≥	饱和率 90%(或 7.5)	6	5	3	2
2	高锰酸盐指数	≤	2	4	6	10	15
3	化学需氧量(COD)	≤	15	15	20	30	40
4	氨氮(NH_3-N)	≤	0.15	0.5	1.0	1.5	2.0
5	总磷(以 P 计)	≤	0.02(湖、库 0.01)	0.1(湖、库 0.025)	0.2(湖、库 0.05)	0.3(湖、库 0.1)	0.4(湖、库 0.2)
6	总氮(湖、库，以 N 计)	≤	0.2	0.5	1.0	1.5	2.0

2.4.5 预期效果

根据江苏省太湖水利规划设计研究院有限公司编制的《基于平原河网有序流动的水环境调度研究》和《阳澄淀泖区水体有序流动工程示范调水试验方案》，参考周边地区活水经验，综合水质提升效果和换水效率，水体有序流动目标拟定为汛期流速相对较大、非汛期相对较小，初拟阳澄区沿江主要引排河道汛期适宜平均流速达到 20 cm/s 以上、非汛期 15 cm/s 以上，阳澄区其他骨干汇水河道汛期适宜平均流速达到 10 cm/s 以上、非汛期 7 cm/s 以上，淀泖区骨干河道汛期适宜平均流速达到 10 cm/s 以上、非汛期 7 cm/s 以上；污染物浓度降低，主要引排河道关键断面溶解氧溶度控制在 3～5 mg/L，骨干汇水河道断面溶解氧浓度控制在 2～3 mg/L。

通过沿江闸站、望虞河东岸口门、环湖口门和控导工程联合调度，引长江及太湖清洁水源补给阳澄淀泖区河网，预期主要效果为提升河道流速，形成引排有序的水循环体系，使“河水活起来”，并在一定程度上改善河网水环境。

2.4.6 调水试验实施情况

2.4.6.1 水利工程调度情况

根据实际监测资料，调水试验期间，由于 3 月 12—13 日、3 月 19—20 日阳澄淀泖区出现两次较强降雨，区域水情发生改变，同时考虑到降雨引起面源污染汇入及未来可能产生较大降雨，苏州市水利部门从防汛安全角度出发，对阳澄淀泖区河道水位进行控制，预降水位，调水试验方案进行了及时调整。3 月 12—23 日期间水利工程调度实际情况见表 2.4-6。

水利工程实际运行情况如下：

(1) 引水准备期(3 月 9—13 日)口门调度情况

浏河闸 3 月 11 日引水，3 月 12 日排水，其余时间浒浦闸、白茆闸和浏河闸均处于关闸状态。

3 月 11—13 日，海洋泾闸、望虞河闸趁大潮自引 3 d，环湖口门相机引水，太浦河北岸口门根据水位适时控制，望虞河东岸口门相机引水 3 d；七浦塘荡茜枢纽仅在 3 月 11 日开机引水，其余两天均处于关闸关机状态；杨林闸 3 月 13 日开闸引水。

(2) 换水改善期(3 月 14—23 日)口门调度情况

海洋泾全力泵引，并在 3 月 14—17 日趁潮引水；七浦塘荡茜枢纽在 3 月 14—18 日引水，其中 15 日、16 日和 17 日 3 d 均开泵引水。

其他沿江闸门如杨林闸 3 月 14—17 日根据长江潮势适时引水，望虞闸 3 月 17 日和 18 日引水。

根据流量实测资料，望虞河东岸口门在基本处于开启状态，淀泖区环湖口门也处于开启状态，太浦河北岸口门处于开启状态。

根据本次水量、水质监测成果，结合调水试验方案和实际工程调度情况，为便于调水试验监测结果的研究与分析，将原方案中的引水准备期、换水改善期进行细分，划分为引水准备期、换水改善期前期、换水改善期后期三个时期。

引水准备期(3 月 9—13 日)：与调水试验方案的引水准备期相同。该时期沿江闸站引排结合，望虞河东岸口门、东太湖口门引水为主。

换水改善期前期(3 月 14—18 日):该时期选取原方案中换水改善期的前 5 日。该时期受降雨影响较小,工程调度较好,形成了调水试验方案设计的"大引大排"格局,是调水试验期间运行较好的时期,也是本报告重点分析的时期。

换水改善期后期(3 月 19—23 日):该时期为原方案中换水改善期的后 5 日。由于 3 月 19—20 日阳澄淀泖区有一次较强降雨,雨量较大,且沿江闸站在该时期全部关闸,同时降雨引起面源污染汇入对河网水质可能产生一定影响,因此,将 3 月 19—23 日单独进行分析。

表 2.4-6 水利工程调度运行情况

日期	望虞闸	海洋泾	浒浦闸	白茆闸	荡茜枢纽	七浦闸	杨林闸	浏河闸	望虞河东岸	东太湖	太浦河北岸
3 月 9 日	引水	引水	关闸	关闸	引水	关闸	关闸	关闸	引水	引水	排水
3 月 10 日	引水	引水	关闸	引水	引水	关闸	关闸	关闸	排水	引水	排水
3 月 11 日	引水	引水	关闸	引水	引水	排水	关闸	引水	排水	引水	排水
3 月 12 日	引水	引水	关闸	关闸	关闸	排水	关闸	排水	引水	引水	排水
3 月 13 日	关闸	引水	关闸	关闸	关闸	关闸	引水	关闸	引水	引水	排水
3 月 14 日	关闸	引水	关闸	引水	引水	引水	引水	引水	排水	引水	排水
3 月 15 日	关闸	引水	关闸	引水	引水	引水	引水	引水	引水	引水	排水
3 月 16 日	关闸	引水	关闸	关闸	引水	引水	引水	引水	引水	引水	排水
3 月 17 日	引水	引水	排水	关闸	引水	引水	引水	关闸	引水	引水	排水
3 月 18 日	引水	引水	排水	关闸	引水	关闸	关闸	关闸	引水	引水	排水
3 月 19 日	关闸	引水	关闸	关闸	关闸	关闸	关闸	关闸	引水	引水	排水
3 月 20 日	关闸	引水	关闸	关闸	关闸	关闸	关闸	关闸	引水	引水	排水
3 月 21 日	关闸	引水	关闸	关闸	关闸	关闸	关闸	关闸	引水	引水	排水
3 月 22 日	关闸	引水	关闸	关闸	关闸	关闸	关闸	关闸	引水	引水	排水
3 月 23 日	关闸	引水	关闸	关闸	关闸	关闸	关闸	关闸	引水	引水	排水

2.4.6.2 水量水质同步监测情况

根据水量水质同步监测方案,共设置 47 个监测断面,其中 46 个断面为水量水质同步监测断面,1 个断面仅监测水质。实际监测断面和设计方案一致。考虑到水量水质监测的同步性,监测根据区域分三组,实施同步监测。

(1) 第一组监测断面

望虞闸(上)、通城河桥、浒浦闸(上)、白茆闸(上)、杨林闸(上)、盐铁塘常太交界、石头塘长桥、七浦闸(上)、新丰新星桥、城南桥、西河大桥、瓜泾口、青阳港大桥、荡茜枢纽(上)、浏河闸上、平望大桥、太浦闸(下)共 17 个断面。

(2) 第二组监测断面

张家港西三环湖桥、阳澄东湖、蠡塘河入湖口、界泾河入湖口、永昌泾入湖口、永昌泾桥、车轮桥、周塘河桥、元和塘常相交界处、元和塘南段、巴城工农桥、野尤泾桥、七浦塘桥、陆泾出湖口、娄江大桥、西港河出湖口共 16 个断面。

(3) 第三组监测断面

科林大桥、吴家港桥、联湖桥、界江大桥、机场路大直港桥、千灯浦闸、大朱砂桥、周庄大桥、白石矶桥、窑港桥、花桥吴淞江大桥、芦墟大桥、斜塘河、牛长泾共14个断面。

2.4.6.3 质量控制

根据有关规范要求，水量和水质监测满足相应的质量体系验证要求。其中：

(1) 水文测验质量控制

① 对比监测。检查ADCP测流技术与常规测流技术的对比数据是否合理。

② 流量、大断面、水位。检查流量、大断面、水位等水文项目测验是否符合《水文普通测量规范》。

③ 资料整编。检查资料整编是否符合《水文资料整编规范》。

(2) 水质监测质量控制

【采样和现场监测质控措施】

① 水质样品使用有机玻璃采样器在监测断面中泓水面下0.5 m处采集。采样时避开漂浮物等，并注意避免扰动沉积物。水样按要求采用硬质玻璃瓶或聚乙烯容器存放，存样容器在使用前清洗干净，并取现场水样洗涤2～3次。

② 水样在6 h之内送到分析室，4℃以下保存。

③ 每天每批次监测采样采集现场平行样一个，全程序空白样一个，同其他水样一起送检。

④ 水温在现场监测。

【室内质控措施】

① 样品的交接有严格的交接制度，送样人与收样人均签名交接，由样品管理员将样品重新编号后分发样品，并按规定留取保留样。

② 按照GB 3838—2002的要求，"水样采集后自然沉降30分钟，取上层非沉降部分按规定方法进行分析"，本次试验的水质分析的自然沉降操作统一为：水样摇匀后倒入1L量筒，自然沉降30分钟后，虹吸取上层500 mL摇匀后用于水质分析。

③ 空白试验。每次测定2个空白试验值，相对偏差一般不大于50%。

④ 校准曲线。校准曲线的相关系数$|r|\geqslant 0.999$，并对校准曲线进行截距检验，确认截距与0无显著性差异。

⑤ 平行试验。每次对监测样品随机抽取10%～20%进行平行双样测定。

⑥ 加标回收试验。每次对监测样品随机抽取10%～20%进行加标回收试验。

⑦ 平行双样及加标回收率试验的合格率达到95%以上。

【质控数据汇总】

质控员负责将所有分析项目的质控数据汇总，并在上报监测结果的同时附上质量控制结果。

2.5 汛期水量水质监测

2.5.1 汛期监测实施背景

为全面了解阳澄淀泖区现状水体流动格局，分析提出适用于该区域的有序流动模式，在非汛期调水试验基础上，结合汛期调度实际，在5—6月份开展2轮阳澄淀泖区区域河网水量水质监测。

本次汛期监测主要用于现状常规实际调度情况下的汛期前后河湖水体流动及水质变化情况分析，并将非汛期调水试验成果应用到实际工程调度中，为太湖流域综合调度及河湖有序流动技术研究项目提供相关基础数据。

2.5.2 汛期监测时间

本次监测分为 2 轮，选择 5 月 9—18 日（农历四月十四到廿三）、6 月 8—17 日（农历五月十四到廿三），分别连续监测 10 d。

2.5.3 汛期监测安排

(1) 断面布设

本次断面布设综合考虑监测要求并借鉴调水试验的断面布设经验，既要充分利用现有水质水量监测点，避免重复设置，又要满足分析研究区域水体流动及水环境效果改善的要求，将监测断面精简为 23 个，其中 21 个为水量水质同步监测点，2 个为水质监测点。详见图 2.5-1。

图 2.5-1 阳澄淀泖区汛期监测断面布置图

以区域沿江口门、河网重要断面为主，布设断面 23 个，包括海洋泾枢纽、浒浦闸、白茆闸、荡茜枢纽、杨林闸、浏河闸等 6 个沿江断面，永昌泾闸内（永昌泾桥）、瓜泾口、三船路港吴家港桥、新开路港联湖桥等 4 个望虞河东岸及环湖引水河道控制断面，元和塘常相交界、界泾河入湖口（圣塘港桥）、盐铁塘常太交界处、青阳港大桥、七浦塘桥（石泾大桥）、阳澄东湖等阳澄区 6

个典型断面，界江大桥、机场路大直港桥、澄湖、牛长泾桥等淀泖区 4 个典型断面，大朱砂桥、花桥吴淞江大桥、窑港桥等 3 个边界控制断面。其中，阳澄东湖、澄湖等 2 个湖泊断面仅测水质。详见表 2.5-1。

表 2.5-1 监测断面一览表

序号	所在河流	断面名称	东经	北纬	断面地址	备注
1	常浒河	浒浦闸(上)	120°55′06.13″	31°44′47.66″	常熟市浒浦镇	沿江闸站
2	元和塘	元和塘常相交界（爱格豪路桥）	120°38′44.92″	31°28′58.49″	苏州市相城区	
3	白茆塘	白茆闸(上)	121°02′37.79″	31°43′06.32″	常熟新港镇	沿江闸站
4	杨林塘	杨林闸(上)	121°14′24.13″	31°35′02.68″	太仓市浮桥镇	沿江闸站
5	盐铁塘	盐铁塘常太交界	121°00′26.98″	31°33′28.27″	常熟市	
6	七浦塘	七浦塘桥（石泾大桥）	120°50′42.22″	31°30′14.16″	昆山市巴城镇	
7	界泾河	界泾河入湖口（圣塘港桥）	120°44′09.05″	31°29′14.45″	苏州市相城区	
8	瓜泾港	瓜泾口	120°39′21.53″	31°11′59.20″	吴江市松陵镇九龙村	
9	吴家港	吴家港桥	120°37′52.41″	31°08′01.63″	吴江市松陵镇	
10	大浦港	联湖桥	120°36′38.27″	31°05′44.10″	吴江市宛平镇	
11	大直港	机场路大直港桥	120°54′50.77″	31°16′48.84″	昆山市锦溪镇	
12	青阳港	青阳港大桥	120°59′11.83″	31°21′55.43″	昆山市区	
13	大、小朱砂	大朱砂港桥	120°55′26.85″	31°08′34.81″	昆山市锦溪镇	
14	荡茜	荡茜枢纽(上)	121°08′32.98″	31°40′09.55″	太仓市浮桥镇	沿江闸站
15	北窑港	窑港桥	120°49′56.13″	31°01′02.96″	吴江市芦墟镇	
16	浏河	浏河闸(上)	121°16′06.63″	31°30′11.39″	太仓市浏河镇	沿江闸站
17	吴淞江	花桥吴淞江大桥	121°08′29.97″	31°16′38.05″	昆山市花桥镇	
18	永昌泾	永昌泾闸内（永昌泾桥）	120°35′13.61″	31°28′19.58″	苏州市相城区	
19	阳澄湖	阳澄东湖	120°48′48.81″	31°22′39.35″	苏州市工业园区	只取样
20	牛长泾	牛长泾桥	120°46′04.65″	31°07′18.04″	苏州市吴江区	
21	界浦港	界江大桥	120°51′16.45″	31°19′34.57″	苏州市工业园区	
22	海洋泾	罗青桥	120°52′12.29″	31°45′44.46″	常熟市赵市镇	沿江闸站
23	澄湖	澄湖	120°52′39.44″	31°13′22.57″	苏州市吴中区	只取样

（2）监测项目：流量、流速、水位、水质(8 个项目：pH 值、水温、溶解氧、化学需氧量、高锰酸盐指数、氨氮、总磷、总氮)。

（3）监测频次：内河断面每天测流 1 次，水质 1 次；沿江测 1 次潮位过程。

（4）监测方法：流量记载表按规范记录水位、流速、天气、风力、流向等要素。测速垂线按规范测水面、一点法或二点法，沿江闸站按一潮推流法测验或推算。水质监测与测流同步开展，水质检测与执行方法方法见表 2.4-4。

(5) 其他技术依据、水质评价方法及质量控制参照非汛期有序流动监测汛期方案。

2.5.4 水利工程运行情况

根据海洋泾闸管理所、荡茜枢纽管理所和浒浦闸、白茆闸、杨林闸、浏河闸水文站提供的汛期监测期间引排水资料及本次水量水质监测实测资料，统计整理汛期监测期间沿江闸站、望虞河东岸口门及东太湖口门的实际运行情况见表 2.5-2。

表 2.5-2 汛期监测期间水利工程运行情况表

日期	望虞闸	海洋泾	浒浦闸	白茆闸	荡茜枢纽	七浦闸	杨林闸	浏河闸	永昌泾闸	瓜泾口	吴家港桥	联湖桥	太浦闸
第一轮监测													
5月9日	排水	引水	引水	引水	关闸	引水	引水	引水	引水	引水	引水	引水	引水
5月10日	排水	引水	引水	引水	引水	引水	引水	引水	引水	引水	引水	引水	引水
5月11日	排水	引水	引水	引水	引水	引水	引水	引水	引水	引水	引水	引水	引水
5月12日	排水	引水	引水	引水	引水	引水	引水	引水	引水	引水	引水	关闸	引水
5月13日	关闸	引水	引水	引水	引水	引水	引水	引水	引水	引水	引水	引水	引水
5月14日	引水	引水	引水	引水	引水	引水	引水	引水	引水	引水	引水	引水	引水
5月15日	引水	引水	引水	引水	引水	引水	引水	引水	引水	关闸	引水	排水	引水
5月16日	引水	引水	关闸	关闸	关闸	关闸	关闸	关闸	引水	排水	引水	引水	引水
5月17日	引水	引水	关闸	关闸	关闸	关闸	引水	引水	引水	引水	引水	引水	引水
5月18日	引水	引水	关闸	关闸	关闸	关闸	引水	引水	引水	引水	引水	引水	引水
第二轮监测													
6月8日	关闸	引水	引水	引水	引水	引水	引水	引水	引水	引水	引水	引水	引水
6月9日	关闸	引水	引水	引水	引水	引水	引水	引水	引水	引水	引水	引水	引水
6月10日	排水	排水	排水	排水	关闸	排水	排水	排水	引水	引水	关闸	关闸	引水
6月11日	排水	排水	排水	排水	关闸	关闸	排水	排水	关闸	排水	排水	排水	引水
6月12日	排水	引水	排水	排水	关闸	关闸	关闸	关闸	关闸	排水	关闸	排水	关闸
6月13日	排水	引水	关闸	排水	关闸	关闸	排水	排水	关闸	关闸	引水	排水	关闸
6月14日	排水	引水	关闸	关闸	关闸	关闸	关闸	关闸	关闸	关闸	引水	排水	引水
6月15日	排水	引水	排水	关闸	关闸	引水	引水	关闸	关闸	关闸	引水	关闸	引水
6月16日	排水	引水	关闸	关闸	关闸	关闸	引水	排水	关闸	关闸	引水	引水	关闸
6月17日	排水	引水	引水	引水	关闸	关闸	引水	关闸	关闸	引水	引水	引水	引水

注：海洋泾、荡茜枢纽引排水及关闸情况是综合闸管所与本次实测资料分析所得。

第一轮监测期间(2017 年 5 月 9—18 日)，各口门均以引水为主，未进行排水，部分时间关闸。

第二轮监测期间(2017 年 6 月 8—17 日)，前 2 日各口门全部引水；后 8 日受降雨影响，各口门以关闸为主，并结合区域实际水情成功应用非汛期调水试验成果，采用“多引多排”的方案进行引排结合调度。

3 非汛期有序流动情况分析

3.1 水量监测与效果评估

3.1.1 雨情分析

3.1.1.1 前期降雨情况

2017 年 3 月 1—8 日，阳澄淀泖区有几次零星降雨过程，平均面雨量 3.1 mm，常熟、湘城、周巷、唯亭、昆山、陈墓雨量分别为 1.5 mm、2.0 mm、4.5 mm、4.0 mm、4.4 mm、5.5 mm。降雨主要集中在 3 月 4 日，降雨量较小，距调水试验期时间较长，对调水试验期水位、流量基本无影响。详见表 3.1-1 和图 3.1-1。

表 3.1-1　2017 年 3 月 1—8 日阳澄淀泖区主要站点雨量统计表　　单位：mm

日期	常熟	直塘	湘城	周巷	唯亭	昆山	陈墓
3 月 1 日	—	—	—	—	0.5	0.4	1.0
3 月 2 日	—	—	—	0.5	—	—	—
3 月 3 日	—	—	—	—	—	—	—
3 月 4 日	1.5		2.0	4.0	3.5	4.0	4.5
3 月 5 日	—	—	—	—	—	—	—
3 月 6 日	—	—	—	—	—	—	—
3 月 7 日	—	—	—	—	—	—	—
3 月 8 日	—	—	—	—	—	—	—
合计	1.5	0.0	2.0	4.5	4.0	4.4	5.5

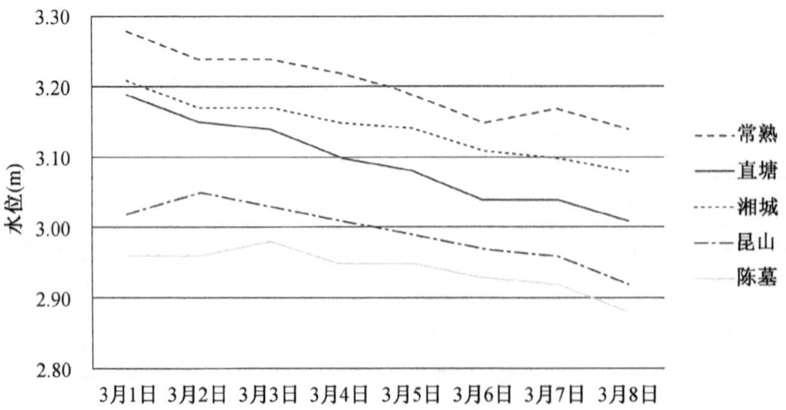

图 3.1-1　2017 年 3 月 1—8 日阳澄淀泖区主要站点水位过程线图

3.1.1.2　调水期间降雨情况

2017 年 3 月 9—23 日，阳澄淀泖区降雨 45.0 mm。其中，常熟、直塘、湘城、周巷、唯亭、昆山、陈墓雨量分别为 35.0 mm、23.0 mm、41.5 mm、50.5 mm、45.5 mm、54.8 mm、64.5 mm。其中，3 月 12—13 日、3 月 19—23 日，区域内有两次较大降雨过程。详见表 3.1-2 和图 3.1-2。

表 3.1-2　2017 年 3 月 9—23 日阳澄淀泖区主要站点降雨量统计表　　单位：mm

日期	常熟	直塘	湘城	周巷	唯亭	昆山	陈墓
3 月 9 日	—	—	—	—	—	—	—
3 月 10 日	—	—	—	—	—	—	—
3 月 11 日	—	—	—	—	—	—	—
3 月 12 日	7.0		11.5	15.0	12.5	16.8	16.5
3 月 13 日	3.0	2.5	6.0	8.5	7.0	8.8	12.5
3 月 14 日	—	—	—	—	—	—	—
3 月 15 日	—	—	—	—	—	—	—
3 月 16 日	—	—	—	—	—	—	—
3 月 17 日	1.0	1.0	1.5	—	1.0	1.0	—
3 月 18 日	—	—	—	—	—	—	—
3 月 19 日	9.0	9.5	12.5	18.5	16.5	19.2	22.0
3 月 20 日	4.0	1.5	2.5	1.5	2.5	1.2	2.0
3 月 21 日	—	—	—	0.5	0.5	0.2	3.5
3 月 22 日	8.5	7.5	7.0	6.5	5.5	7.4	7.0
3 月 23 日	2.5	1.0	0.5	—	—	0.2	1.0
合计	35.0	23.0	41.5	50.5	45.5	54.8	64.5

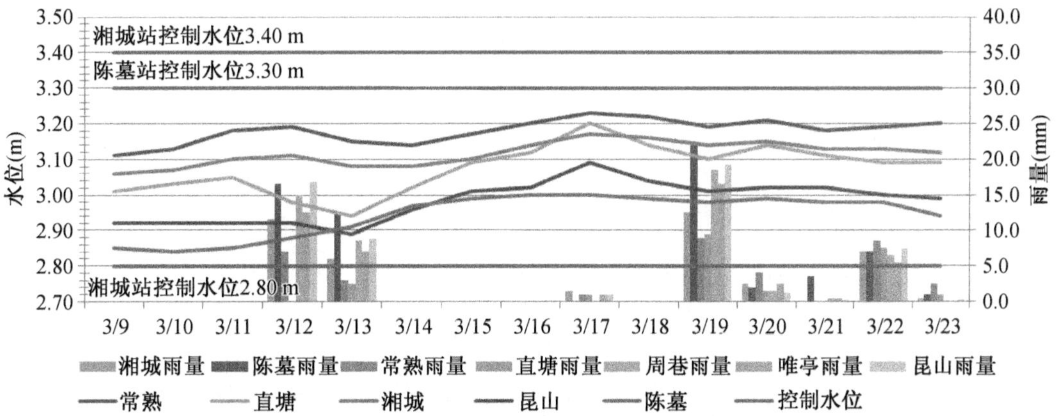

图 3.1-2　2017 年 3 月 9—23 日阳澄淀泖区主要站点雨量水位变化图

1. 降雨地面产流计算原理

平原区产流计算首先分水域、水田、旱地、4 种下垫面分别采用不同的产流计算方法，然后再根据各类下垫面所占比例进行加权平均，最后得到各个水利分区的总产流量。

(1) 水域产流量(净雨深)计算

即降雨扣除蒸发：

$$R_W = P - C_E \cdot E \tag{3.1-1}$$

式中：R_W 为水面日产流量，P 为日降雨量，E 为蒸发皿的蒸发量，前述三者的单位均为 mm；C_E 蒸发皿折算系数。

(2) 水田产流量计算

水田产生的产流量在水稻田种植期按照田间水量平衡原理来进行计算。

以日为时段的田间水量平衡方程式如下：

$$H_2 = H_1 + P + M_i - R_R - \alpha \cdot C_E \cdot E - \beta \tag{3.1-2}$$

当 $H_2 > H_P$ 时，

$$R_R = H_2 - H_P,\ M_i = 0,\ H_2 = H_P \tag{3.1-3}$$

当 $H_D < H_2 < H_P$ 时，

$$R_R = 0,\ M_i = 0,$$
$$H_2 = H_1 + P + M_i - R_R - \alpha \cdot C_E \cdot E - \beta \tag{3.1-4}$$

当 $H_2 < H_D$ 时，

$$R_R = 0,\ M_i = H_U,\ H_2 = H_U \tag{3.1-5}$$

式中：H_1、H_2 分别为时段初、末水稻田的水深(mm)；α 为水稻各个生长期的需水系数；H_P 为各个生长期水稻的耐淹水深(mm)；H_U 为各个生长期水稻的适宜水深上限(mm)；H_D 为各个生长期水稻的适宜水深下限(mm)；R_R 为时段内水稻田排水量(也就是水田的产流量)(mm)；M_i 为时段内水稻田所需的灌溉水量(mm)；β 为水稻田的日渗漏量(mm)。其他符号意义同前。

(3) 旱地产流量计算

旱地产流采用蓄满产流模型来计算，计算公式如下：

当 $P - E \leqslant 0$，则 $R = 0$。

当 $P - E + a < WMM$，

$$R = P - E - (WM - W) + WM\left(1 - \frac{P - E + a}{WMM}\right)^{(1+B)} \tag{3.1-6}$$

当 $P - E + a > WMM$，

$$R = P - E - (WM - W) \tag{3.1-7}$$

式中：R 为产流量(mm)；P 为降雨量(mm)；E 为蒸发量(mm)；W 为时段土壤含水量的增量(mm)；B 为流域蓄水容量曲线指数，一个经验常数；WMM 为流域最大点蓄水容量(mm)；

WM 为流域平均蓄水容量(mm)。

a 是流域蓄水容量曲线上与 W 相应的纵坐标值(mm),计算公式如下:

$$a = WMM\left[1-\left(1-\frac{W}{WM}\right)^{\frac{1}{1+B}}\right] \tag{3.1-8}$$

对于流域最大点蓄水容量,考虑流域不透水面积的修正,计算公式如下:

$$WMM = WM\left(\frac{1+B}{1-IMP}\right) \tag{3.1-9}$$

式中:IMP 为流域不透水面积占全流域面积之比值。

(4) 建设用地产流量计算

与旱地产流计算方法一样,都采用蓄满产流模型。对于建设用地中不透水下垫面所占比重较大的特点,则通过增大蓄满产流模型中的不透水面积比例系数来解决的。

(5) 时段总产流量计算

时段总产流量为各类下垫面时段总产流量乘以各类下垫面相应的面积权重后相加得到,即

$$R_S = A_W R_W + A_R R_R + A_L R_L + A_{IP} R_{IP} \tag{3.1-10}$$

式中:R_S 为总产流量(mm);A_W、A_R、A_L、A_{IP} 分别表示水面、水田、旱地、建设用地等下垫面面积占其水利分区总面积的权重;R_L、R_{IP} 分别表示旱地和建设用地的产流量(mm)。其他符号意义同前。

(6) 时段汇流计算

汇流计算分为圩区与非圩区两种情况进行,其中圩区汇流考虑排涝模数,非圩区使用汇流曲线。

对于圩区,由于降雨产生的径流量需要依靠排涝动力排出,于是假定圩区的排涝模数为 Q(mm/d),则圩区的汇流过程为:

若 $P_{wnet} \leqslant Q$,则 $R_w = P_{wnet}$

若 $P_{wnet} \geqslant Q$,则 $R_w = Q$

式中:P_{wnet} 为圩内产流量(mm);R_w 为圩区产水量(mm)。

超过圩区排涝能力的剩余部分产流量将先留在圩内,然后根据次日的产流量情况和排涝原则,判别是否能全部或部分排出。只要不受排涝能力的限制,滞留在圩内的产流量应该立即排出到河网里。

对于非圩区,假定一种汇流曲线,使非圩区的产流量相继在后续的若干天内汇入河网。本次研究采用的汇流曲线是按 40%、40%、20%的分配比例在后续 3 d 内汇入河网。

2. 产流计算成果分析

根据计算得到,调水试验期间(2017 年 3 月 9—23 日)共产生约 0.524 5 亿 m^3 水进入河网。结合降雨量统计表和水位过程线图来看,3 月 12—13 日雨量较大,直塘、昆山、陈墓等站水位出现明显升高,可能会对后续试验过程中的河网水量、水质及水利工程调度运行均产生一定影响;3 月 19 日雨量也较大,且空间上呈现南多北少的情况,常熟、直塘等站水位出现一定幅度上升,可能会对后续试验过程中的河网水量、水质及水利工程调度运行均产生一定影响。

3.1.2　水情分析

3.1.2.1　长江

2017 年 3 月 9—23 日，长江水位、流量总体呈上升趋势，详见图 3.1-3。其中，大通站 3 月 9 日 8 时水位 5.56 m，日平均流量 15 200 m^3/s，3 月 23 日 8 时水位 8.01 m，日平均流量 26 100 m^3/s。期间，平均水位为 6.64 m，较去年同期降低 0.36 m；平均流量为 19 960 m^3/s，较去年同期减少 580 m^3/s。

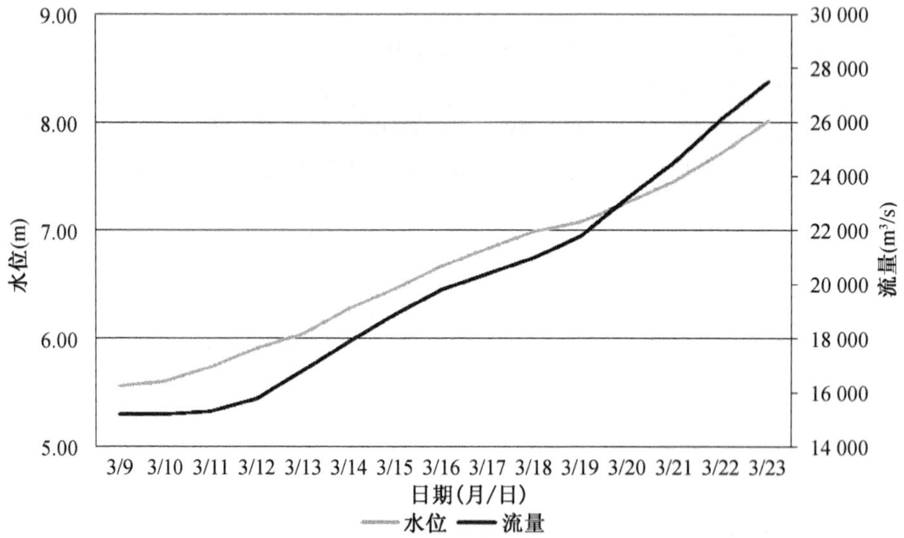

图 3.1-3　2017 年 3 月 9—23 日长江大通站水位流量关系线图

2017 年 3 月 9—23 日，浒浦闸高高潮位 3.10～4.50 m，低低潮潮位 1.17～2.01 m，潮差 0.88～3.12 m。最高潮位 4.50 m，出现在 3 月 13 日（农历二月十六）；最低潮位 1.17 m，出现在 3 月 14 日（农历二月十七）。期间，3 月 13—15 日为大潮，3 月 9—12 日、3 月 16—20 日为中潮，3 月 21—23 日为小潮。详见表 3.1-3 和图 3.1-4。

表 3.1-3　2017 年 3 月 9—23 日浒浦闸站潮位统计表　　单位：m

日期	高高潮	低低潮	潮　差
3 月 9 日	3.40	1.22	2.18
3 月 10 日	3.85	1.20	2.65
3 月 11 日	4.12	1.22	2.90
3 月 12 日	4.27	1.30	2.97
3 月 13 日	4.50	1.38	3.12
3 月 14 日	4.09	1.17	2.92
3 月 15 日	4.01	1.20	2.81
3 月 16 日	3.94	1.33	2.61

续　表

日期	高高潮	低低潮	潮　差
3月17日	3.85	1.46	2.39
3月18日	3.71	1.56	2.15
3月19日	3.52	1.67	1.85
3月20日	3.40	1.76	1.64
3月21日	2.89	2.01	0.88
3月22日	3.10	1.79	1.31
3月23日	3.46	1.78	1.68

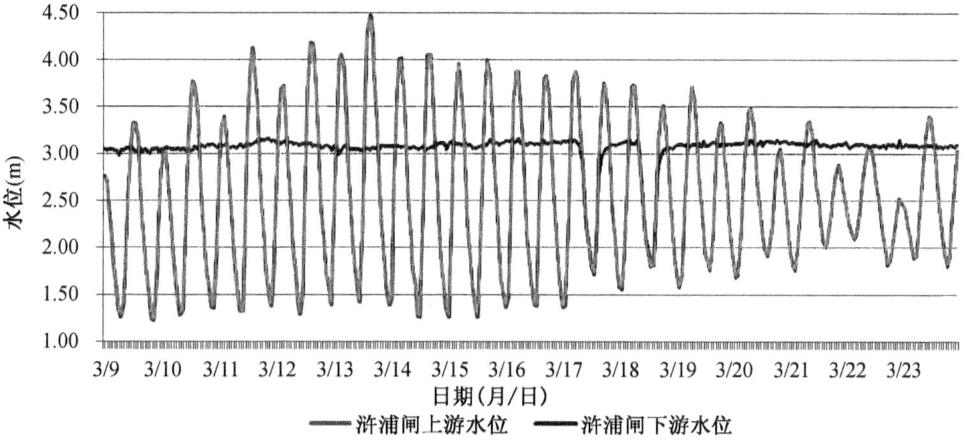

图 3.1-4　2017 年 3 月 9—23 日浒浦闸上、下游水位过程线图

3.1.2.2　太湖

2017 年 3 月 9—23 日，太湖水情平稳，水位总体呈上升趋势，平均水位 3.03 m。期间，最高水位 3.10 m，出现在 3 月 23 日；最低水位 2.98 m，出现在 3 月 12 日，见图 3.1-5。

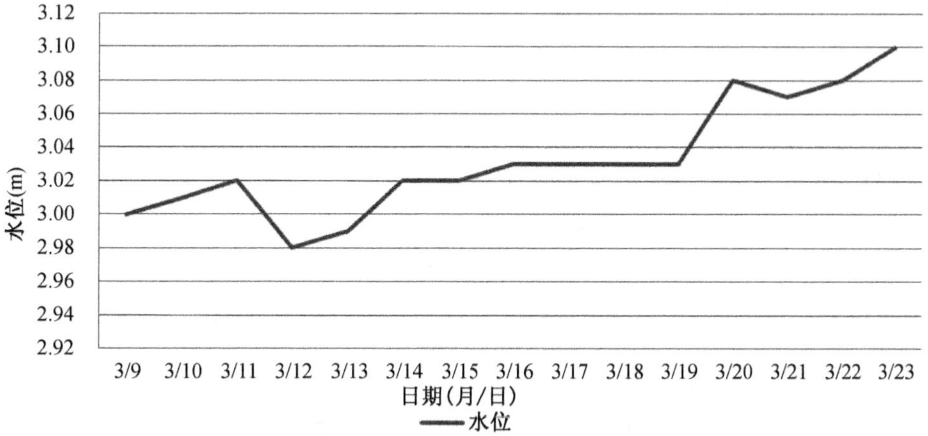

图 3.1-5　2017 年 3 月 9—23 日太湖平均水位过程线图

3.1.2.3 阳澄淀泖区域河网

2017 年 3 月 9—23 日,阳澄淀泖区域内河网水情平稳,水位整体呈上升趋势。根据调水试验方案,当湘城水位高于 3.40 m 或杨林塘、浏河沿线水位高于 3.60 m 时,关闸或关泵停止引江;当湘城水位低于 2.80 m 时,关闸停止排江,同时,为避免影响航运安全,浏河排水应控制闸前水位不低于 2.55 m;当陈墓水位高于 3.30 m 且太浦河水位高于太浦河北岸支河水位时,太浦河北岸口门节制闸关闸,其他情况敞开。

调水试验期间,阳澄湖湘城站 3 月 17 日出现最高水位 3.17 m,3 月 9 日出现最低水位 3.06 m,平均水位 3.12 m,高于 2.80 m,低于 3.40 m。湘城站水位受降雨影响较小,在 3 月 12—13 日、3 月 19—23 日降雨期间未出现较大上涨,详见图 3.1-6。

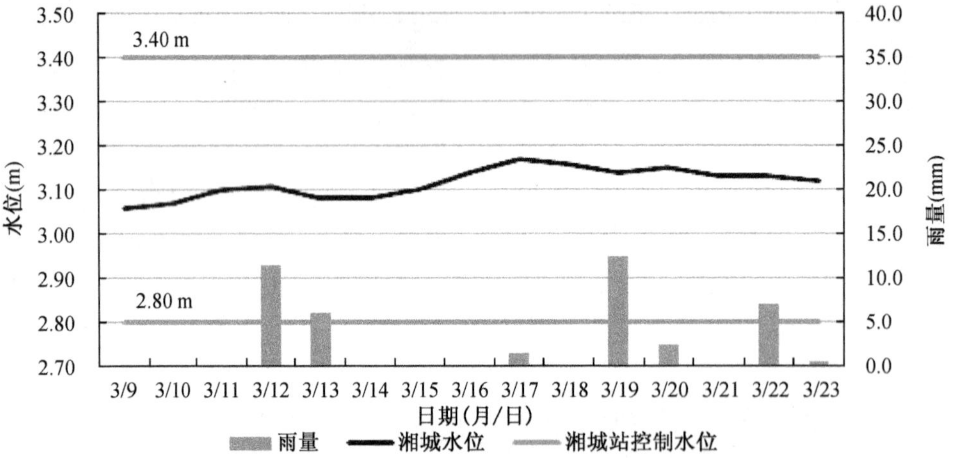

图 3.1-6 2017 年 3 月 9—23 日阳澄湖湘城站雨量、水位变化图

调水试验期间,淀泖区陈墓站 3 月 16 日出现最高水位 3.00 m,3 月 10 日出现最低水位 2.84 m,平均水位 2.94 m,高于 2.80 m,低于 3.30 m,详见图 3.1-7。

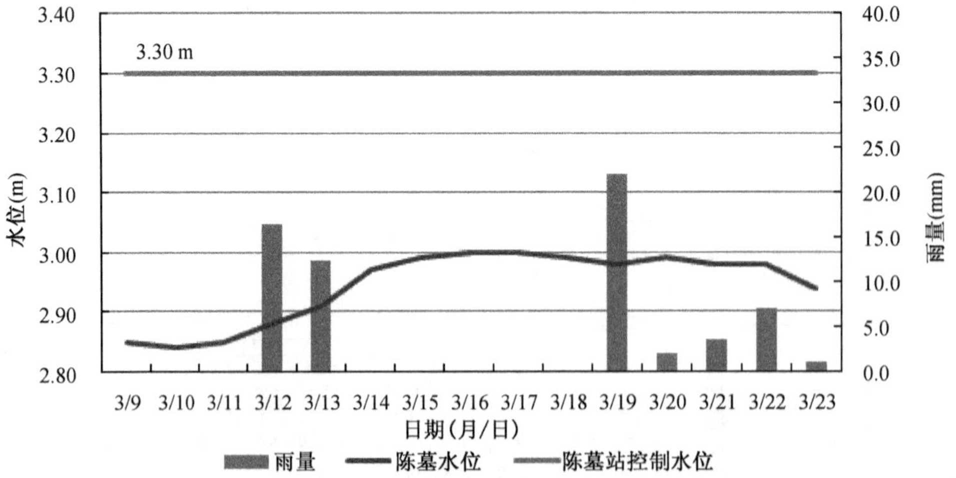

图 3.1-7 2017 年 3 月 9—23 日陈墓站雨量、水位变化图

调水试验期间,浏河闸(上)站 3 月 17 日出现最高水位 3.13 m,3 月 13 日出现最低水位 2.91 m,平均水位 2.99 m,高于 2.55 m,低于 3.60 m,见图 3.1-8。

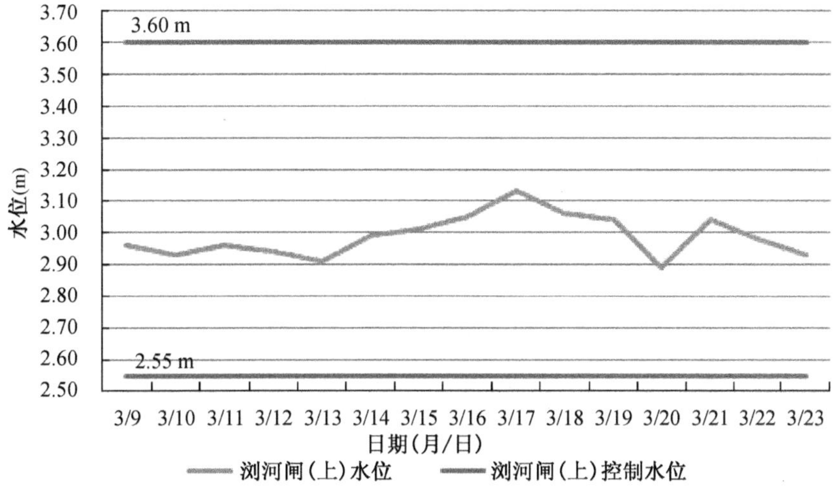

图 3.1-8 2017 年 3 月 9—23 日浏河闸(上)水位过程线图

调水试验期间，杨林闸(上)站 3 月 17 日出现最高水位 3.24 m，3 月 13 日出现最低水位 2.96 m，平均水位 3.11 m，低于 3.60 m，见图 3.1-9。

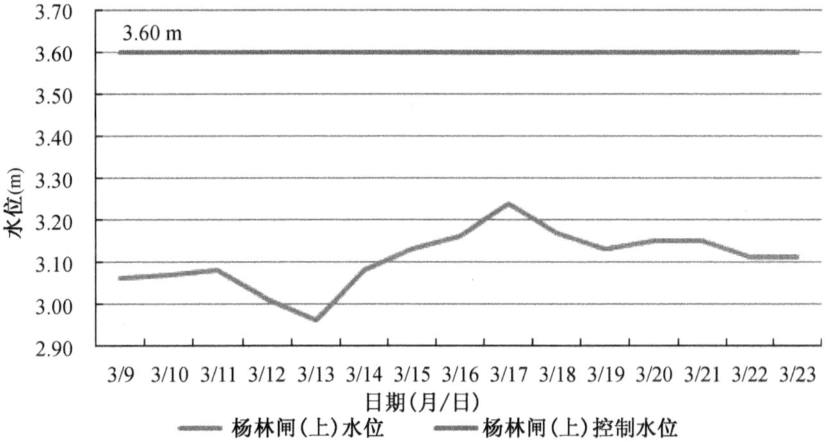

图 3.1-9 2017 年 3 月 9—23 日杨林闸(上)水位过程线图

3.1.2.4 望虞河引江济太调水情况

2017 年 3 月 9—23 日，望虞河常熟枢纽共引长江水 46.76 百万 m^3，通过望亭立交入太湖 24.51 百万 m^3，入湖水量占常熟枢纽引水量的 52.42%。引水主要集中在 3 月 9—12 日、3 月 17—18 日期间，望亭立交 3 月 9—12 日引水入湖，3 月 13—23 日关闸。其中，常熟枢纽日引水量在 1.150～16.00 百万 $m^3$① 之间，最大日平均流量 185 m^3/s；望亭立交日入湖水量在 4.709～7.180 百万 m^3 之间，最大日平均流量 83.1 m^3/s，详见表 3.1-4 和表 3.1-5。

① 本书若无特殊说明，“百万 m^3”均视为整体单位。

表 3.1-4　2017 年 3 月 9—23 日望亭立交、常熟枢纽流量监测成果表　　单位：m^3/s

日期	望亭立交		常熟枢纽(望虞闸)	
	流量	流向	流量	流向
3 月 9 日	75.4	西	118	西
3 月 10 日	70.7	西	139	西
3 月 11 日	83.1	西	185	西
3 月 12 日	54.5	西	36.4	西
3 月 13 日	—	—	—	—
3 月 14 日	—	—	—	—
3 月 15 日	—	—	—	—
3 月 16 日	—	—	—	—
3 月 17 日	—	—	49.3	西
3 月 18 日	—	—	13.3	西
3 月 19 日	—	—	—	—
3 月 20 日	—	—	—	—
3 月 21 日	—	—	—	—
3 月 22 日	—	—	—	—
3 月 23 日	—	—	—	—

表 3.1-5　2017 年 3 月 9—23 日引江济太水量统计表　　单位：百万 m^3

日期	望亭立交	常熟枢纽(望虞闸)	入湖水量比例
3 月 9 日	6.515	10.20	63.87%
3 月 10 日	6.108	12.00	50.90%
3 月 11 日	7.180	16.00	44.88%
3 月 12 日	4.709	3.150	149.5%
3 月 13 日	—	—	—
3 月 14 日	—	—	—
3 月 15 日	—	—	—
3 月 16 日	—	—	—
3 月 17 日	—	4.260	0
3 月 18 日		1.150	0
3 月 19 日	—	—	—
3 月 20 日	—	—	—
3 月 21 日	—	—	—
3 月 22 日	—	—	—
3 月 23 日	—	—	—
合计	24.51	46.76	52.42%

从表 3.1-5 和图 3.1-10 看出，3 月 12 日望亭立交入太湖水量大于常熟枢纽引长江水量；3 月 17—18 日常熟枢纽开闸引水，但望亭立交未引水入太湖。

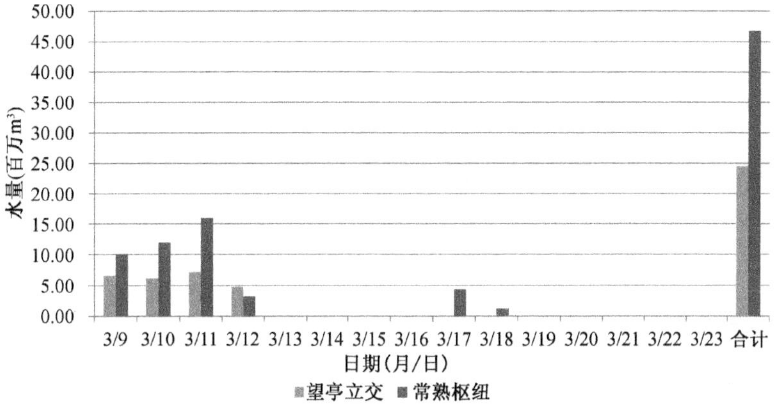

图 3.1-10　2017 年 3 月 9—23 日引江济太水量统计图

3.1.3　水量监测成果

由于阳澄淀泖区水利工程较多，工况复杂，实际工况与设计方案略有出入。为了更全面地反映不同工况条件下区域水体有序流动规律，在对监测成果进行分析时，采用分区对比分析的方法。

3.1.3.1　沿江

调水试验期间，望虞闸、海洋泾、白茆闸、荡茜枢纽、七浦闸、杨林闸、浏河闸开闸利用长江高潮引水，小潮期间，海洋泾、七浦塘荡茜枢纽启用泵站抽引，浒浦闸、七浦闸、浏河闸利用长江低潮排水。其他口门根据区域情况适时控制。

望虞闸、白茆闸、荡茜枢纽、七浦闸、杨林闸、浏河闸引水主要在 3 月 9—18 日期间；3 月 19—23 日，全部关闸。海洋泾 3 月 9—13 日期间除 12 日未引水外，其余 4 天每天开闸引水一潮，3 月 14—23 日期间每天开机两台引水并且趁长江高潮位开闸引水。

2017 年 3 月 9—23 日，望虞闸、海洋泾、白茆闸、荡茜枢纽、七浦闸、杨林闸、浏河闸分别引水 46.76、16.44、8.220、61.67、0.170 0、7.320、7.610 百万 m^3；2017 年 3 月 9—23 日，浒浦闸排水 5.820 百万 m^3。水量以引水为正，排水为负。见图 3.1-11 和表 3.1-6。

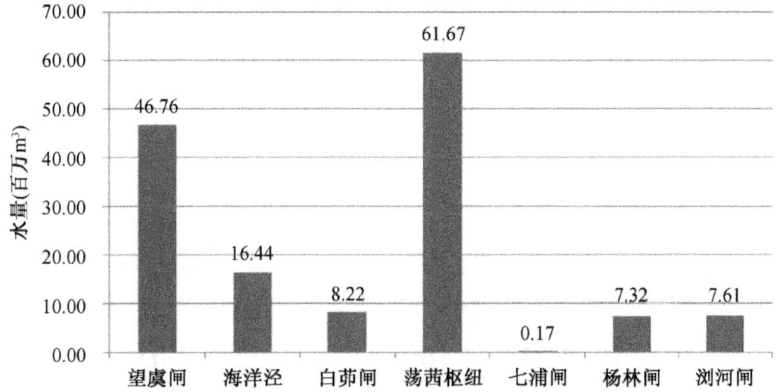

图 3.1-11　2017 年 3 月 9—23 日沿江闸站引水量统计图

表 3.1-6　2017 年 3 月 9—23 日沿江闸站站引排水量统计表　　单位：百万 m³

日期	望虞闸	海洋泾	浒浦闸	白茆闸	荡茜枢纽	七浦闸	杨林闸	浏河闸	合计
3 月 9 日	10.20	1.500	—	—	10.45	—	—	—	22.15
3 月 10 日	12.00	1.500	—	2.000	10.89	—	—	—	26.39
3 月 11 日	16.00	1.500	—	2.610	12.91	−0.9700	—	3.000	35.05
3 月 12 日	3.150	1.500	—	—	—	−1.020	—	−5.200	−1.570
3 月 13 日	—	1.500	—	—	—	—	1.450	—	2.950
3 月 14 日	—	0.894 0	—	2.060	2.244	0.680 0	1.350	2.610	9.838
3 月 15 日	—	0.894 0	—	1.550	11.68	0.440 0	1.740	2.220	18.52
3 月 16 日	—	0.894 0	—	—	11.77	0.580 0	1.280	4.980	19.50
3 月 17 日	4.260	0.894 0	−2.800	—	1.099	0.460 0	1.500	—	5.413
3 月 18 日	1.150	0.894 0	−3.020	—	0.627 0	—	—	—	−0.349 0
3 月 19 日	—	0.894 0	—	—	—	—	—	—	0.894 0
3 月 20 日	—	0.894 0	—	—	—	—	—	—	0.894 0
3 月 21 日	—	0.894 0	—	—	—	—	—	—	0.894 0
3 月 22 日	—	0.894 0	—	—	—	—	—	—	0.894 0
3 月 23 日	—	0.894 0	—	—	—	—	—	—	0.894 0
合计	46.76	16.44	−5.820	8.220	61.67	0.170 0	7.320	7.610	142.4

1. 沿江闸站引排水量情况分析

引水准备期(3 月 9—13 日)，海洋泾、白茆闸、荡茜枢纽、杨林闸分别引水 7.500、4.610、34.25、1.450 百万 m³，分别占各自总引水量的 45.62%、56.08%、55.54%、19.81%，共引水 47.81 百万 m³；七浦闸、浏河闸分别排水 1.990、2.200 百万 m³，共排水 4.190 百万 m³。总体而言，引水准备期，沿江闸站以引水为主，共引水 43.62 百万 m³。

换水改善期(3 月 14—23 日)，海洋泾、白茆闸、荡茜枢纽、七浦闸、杨林闸、浏河闸分别引水 8.940、3.610、27.42、2.160、5.870、9.810 百万 m³，分别占各自总引水量的54.38%、43.92%、44.46%、1 271%、80.19%、129%，共引水 57.81 百万 m³；浒浦闸排水 5.820 百万 m³。其中，换水改善期前期(3 月 14—18 日)，海洋泾、白茆闸、荡茜枢纽、七浦闸、杨林闸、浏河闸分别引水 4.470、3.610、27.42、2.160、5.870、9.810 百万 m³，分别占各自总引水量的 27.19%、43.92%、44.46%、1 271%、80.19%、129%，共引水 53.34 百万 m³；浒浦闸排水 5.820 百万 m³，总体而言引水 47.52 百万 m³。换水改善期后期(3 月 19—23 日)，海洋泾引水 4.470 百万 m³，其他各闸关闸未引排水。总体而言，换水改善期，沿江闸站以引水为主，共引水 51.99 百万 m³，其中，换水改善期前期引水 47.52 百万 m³，换水改善期后期引水 4.470 百万 m³。见图 3.1-12。

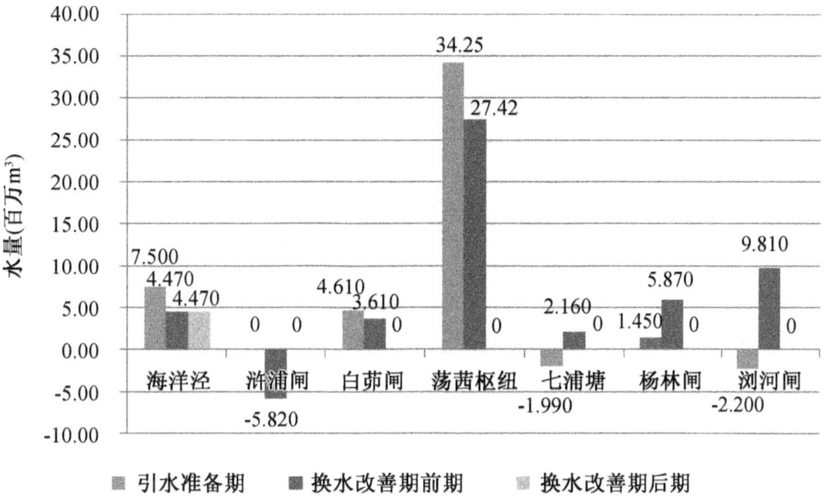

图 3.1-12　2017 年 3 月 9—23 日沿江闸站分时期引排水量统计图

综上所述，调水试验期间(3 月 9—23 日)，沿江闸站共引水 1.014 亿 m^3，排水 5.820 百万 m^3，总体而言共引水 95.61 百万 m^3。其中，引水准备期引水 43.62 百万 m^3，换水改善期引水 51.99 百万 m^3，分别占总引水量的 45.62%、54.38%。换水改善期中，换水改善期前期引水 47.52 百万 m^3，占总引水量的 49.70%；换水改善期后期引水 4.470 百万 m^3，占总引水量的 4.68%，见图 3.1-13。

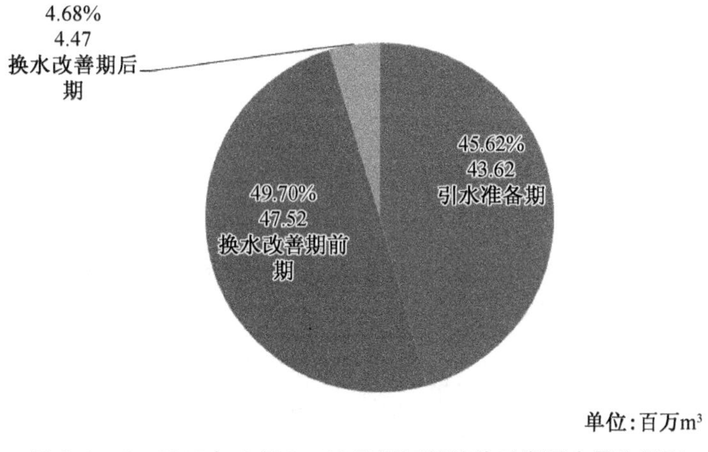

图 3.1-13　2017 年 3 月 9—23 日沿江闸站分时期引水量比例图

2. 沿江闸站贡献率分析

调水试验期间(3 月 9—23 日)，沿江闸站共引水 1.014 亿 m^3。其中，荡茜枢纽引水 61.67 百万 m^3，占总引水量的 60.80%；海洋泾引水 16.44 百万 m^3，占总引水量的 16.21%；白茆闸、七浦闸、杨林闸、浏河闸分别引水 8.220、0.170 0、7.320、7.610 百万 m^3，分别占总引水量的 8.10%、0.17%、7.22%、7.50%，见图 3.1-14。

3. 沿江闸站引排水情况分析

引水准备期(3 月 9—13 日，共 5 d)，浒浦闸没有引排水，白茆闸引水 4.610 百万 m^3，浏河闸先引水 3.000 百万 m^3 后排水 5.200 百万 m^3，共排水 2.200 百万 m^3。海洋泾引水 5 d

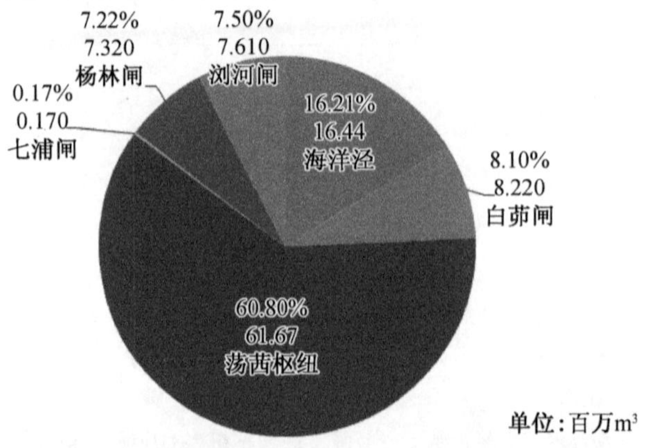

图 3.1-14　2017 年 3 月 9—23 日沿江闸站引水量比例图

共 7.500 百万 m³，占海洋泾总引水量的 45.62%；荡茜枢纽引水 3 d 共 34.25 百万 m³，占荡茜枢纽总引水量的 55.54%；七浦闸排水 2 d，共排水 1.990 百万 m³；杨林闸引水 1 d 约 1.450 百万 m³，占杨林闸总引水量的 19.81%。

换水改善期(3 月 14—23 日，共 10 d)，海洋泾引水 10 d 共引水 8.940 百万 m³，占海洋泾总引水量的 54.38%；荡茜枢纽引水 5 d 占荡茜枢纽总引水量的 44.46%。浒浦闸排水 2 d 5.820 百万 m³，白茆闸引水 2 d 3.610 百万 m³，占白茆闸总引水量的 43.92%；浏河闸引水 3 d 9.810 百万 m³。七浦闸引水 4 d 2.160 百万 m³，杨林闸引水 4 d 5.870 百万 m³，占杨林闸总引水量的 80.19%。

3.1.3.2　望虞河东岸口门

2017 年 3 月 9—23 日，望虞河东岸口门张家港西三环湖桥断面流量−23.9～16.6 m³/s，流量出望虞河为正，共排水 0.460 5 百万 m³ 出阳澄区；永昌泾桥断面流量 0～12.1 m³/s，有流时流向向南，流入阳澄区，共引水 10.81 百万 m³；车轮桥断面流量−4.97～19.2 m³/s，流量出望虞河为正，共引水 15.30 百万 m³。调水试验期间，望虞河东岸口门共引水 25.65 百万 m³ 入阳澄区。其他口门根据区域情况适时控制。见表 3.1-7。

表 3.1-7　2017 年 3 月 9—23 日望虞河东岸口门流量监测成果表

单位：水位(m)；流量(m³/s)

日期	西三环湖桥			永昌泾桥			车轮桥		
	水位	流量	流向	水位	流量	流向	水位	流量	流向
3 月 9 日	3.23	16.6	东南	3.23	11.4	南	3.30	12.8	南
3 月 10 日	3.35	−15.7	西北	3.24	10.1	南	3.29	12.9	南
3 月 11 日	3.24	−23.9	西北	3.26	8.26	南	3.25	4.02	南
3 月 12 日	3.35	5.03	东南	3.26	9.35	南	3.31	5.55	南
3 月 13 日	3.31	6.15	东南	3.22	0	滞流	3.19	0	滞流
3 月 14 日	3.31	0	滞流	3.21	0	滞流	3.13	−4.97	北
3 月 15 日	3.39	5.50	东南	3.28	11.4	南	3.18	16.8	南
3 月 16 日	3.38	1.24	滞流	3.30	12.1	南	3.17	18.8	南

续 表

日期	西三环湖桥			永昌泾桥			车轮桥		
	水位	流量	流向	水位	流量	流向	水位	流量	流向
3月17日	3.40	−3.45	西北	3.33	11.2	南	3.14	17.3	南
3月18日	3.43	1.23	滞流	3.32	8.89	南	3.21	16.2	南
3月19日	3.35	1.08	东南	3.30	9.71	南	3.19	15.3	南
3月20日	3.36	−9.95	西北	3.32	8.49	南	3.21	14.3	南
3月21日	3.35	6.49	东南	3.30	9.39	南	3.19	13.4	南
3月22日	3.34	0	滞流	3.30	8.37	南	3.16	15.4	南
3月23日	3.35	4.36	东南	3.30	6.41	南	3.12	19.2	南

张家港西三环湖桥断面引水准备期平均流速 0.11 m/s,换水改善期前期平均流速 0.02 m/s,换水改善期后期平均流速 0.03 m/s,整个调水试验期间平均流速 0.05 m/s;永昌泾桥断面引水准备期平均流速 0.10 m/s,换水改善期前期平均流速 0.11 m/s,换水改善期后期平均流速 0.10 m/s,整个调水试验期间平均流速为 0.10 m/s;车轮桥断面引水准备期平均流速 0.08 m/s,换水改善期前期平均流速 0.18 m/s,换水改善期后期平均流速 0.19 m/s,流速逐渐增大,整个调水试验期间平均流速为 0.15 m/s。

2017 年 3 月 9—23 日,望虞河东岸口门断面水位、流量变化见图 3.1-15 和图 3.1-16。

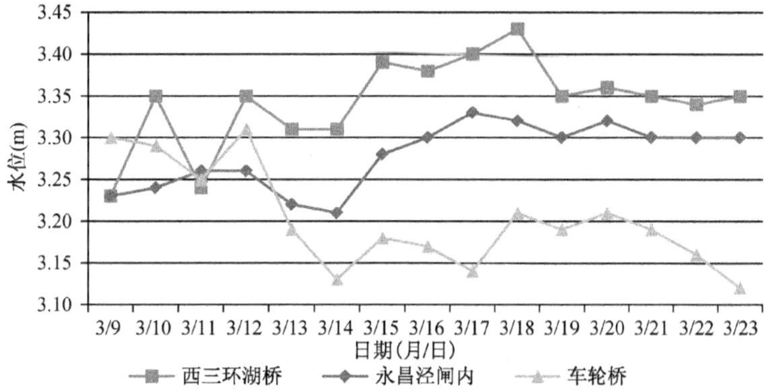

图 3.1-15 2017 年 3 月 9—23 日望虞河东岸口门断面水位过程线图

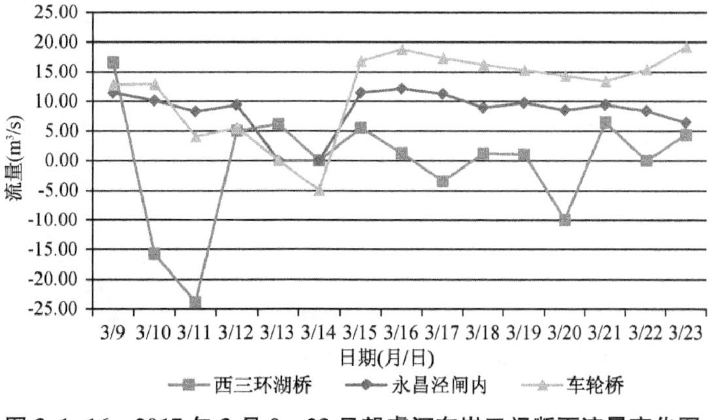

图 3.1-16 2017 年 3 月 9—23 日望虞河东岸口门断面流量变化图

张家港西三环湖桥在3月10日、11日实测流向向西北，即水流流入望虞河。根据实测资料，白茆闸3月10—11日开闸引水，张家港西三环湖桥断面水位由3月9日的3.23 m迅速上涨，3月10日达到3.35 m，上涨0.11 m，且当时风力风向为3～4级南或东南风，使得张家港西三环湖桥断面水位高于相应望虞河断面水位，且船闸未完全关闸，因此出现了较大流量的负流，见表3.1-8和图3.1-17。

表3.1-8　2017年3月9—23日望虞河东岸口门引排水量统计表　　单位：百万 m^3

日期	西三环湖桥	永昌泾桥	车轮桥	合计
3月9日	1.434	0.985 0	1.106	3.525
3月10日	−1.357	0.872 6	1.115	0.630 6
3月11日	−2.065	0.713 7	0.347 3	−1.004
3月12日	0.434 6	0.807 8	0.479 5	1.722
3月13日	0.531 4	0	0	0.531 4
3月14日	0	0	−0.429 4	−0.429 4
3月15日	0.475 2	0.985 0	1.452	2.912
3月16日	0.107 1	1.045	1.624	2.776
3月17日	−0.298 1	0.967 7	1.495	2.165
3月18日	0.106 3	0.768 1	1.400	2.274
3月19日	0.093 31	0.838 9	1.322	3.094
3月20日	−0.859 7	0.733 5	1.236	1.110
3月21日	0.560 7	0.811 3	1.158	2.530
3月22日	0	0.723 2	1.331	2.054
3月23日	0.376 7	0.553 8	1.659	2.590
合计	−0.460 5	10.81	15.30	25.65

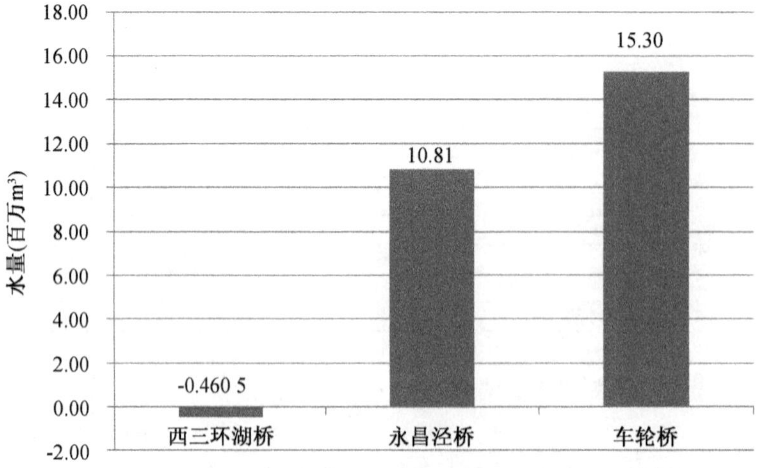

图3.1-17　2017年3月9—23日望虞河东岸口门引水量图

引水准备期(3月9—13日),张家港西三环湖桥断面排水1.022百万m^3,占自身总排水量的222%;永昌泾桥断面、车轮桥断面分别引水3.379、3.048百万m^3,分别占各自总引水量的31.26%、19.92%,共引水6.427百万m^3。

换水改善期(3月14—23日),张家港西三环湖桥断面、永昌泾桥断面、车轮桥断面分别引水0.561 5、7.427、12.25百万m^3,分别占各自总引水量的100%、34.84%、36.22%,共引水20.24百万m^3。其中,换水改善期前期(3月14—18日),张家港西三环湖桥断面、永昌泾桥断面、车轮桥断面分别引水0.390 5、3.766、5.542百万m^3,分别占各自总引水量的69.54%、34.84%、36.22%,共引水9.698百万m^3;换水改善期后期(3月19—23日),张家港西三环湖桥断面、永昌泾桥断面、车轮桥断面分别引水0.171 0、3.661、6.706百万m^3,分别占各自总引水量的30.46%、33.86%、43.83%,共引水10.54百万m^3。详见图3.1-18。

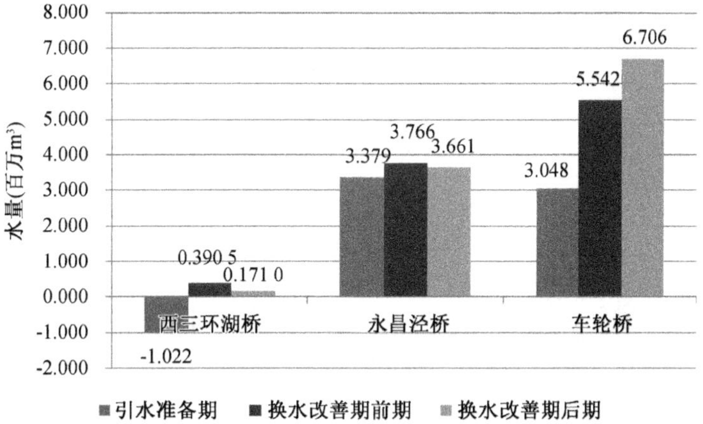

图3.1-18 2017年3月9—23日望虞河东岸口门分时期引排水量统计图

综上所述,调水试验期间(3月9—23日),望虞河东岸口门共引水26.11百万m^3,排水0.460 5百万m^3,总体而言共引水25.65百万m^3。其中,引水准备期引水5.405百万m^3,换水改善期引水20.24百万m^3,分别占总引水量的21.08%、78.92%。换水改善期中,换水改善期前期引水9.698百万m^3,占总引水量的37.82%;换水改善期后期引水10.54百万m^3,占总引水量的41.10%,见图3.1-19。

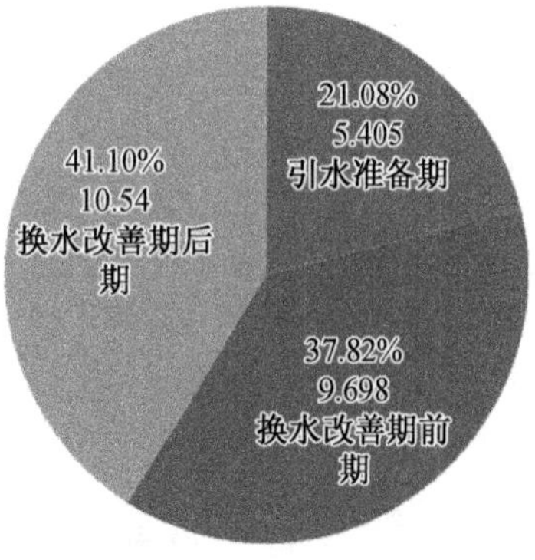

单位:百万m^3

图3.1-19 2017年3月9—23日望虞河东岸口门分时期引水量比例图

引水准备期(3月9—13日,共5 d),张家港西三环湖桥断面引水3 d 2.400百万m^3,排水2 d 3.422百万m^3,共排水1.022百万m^3;永昌泾桥断面引水4 d共3.379百万m^3,占永昌泾桥断面总引水量的31.27%;车轮桥断面引水4 d共3.048百万m^3,占车轮桥断面总引水量的19.93%。

换水改善期(3月14—23日,共10 d),张家港西三环湖桥断面引水6 d 1.719百万m^3,排水2 d 1.158百万m^3,共引水0.561 5百万m^3;永昌泾桥断面共引水9 d 7.431百万m^3,占永昌泾桥断面总引水量的68.73%;车轮桥断面引水9 d 12.68百万m^3,排水1 d 0.429 4百万m^3,共引水12.25百万m^3,占车轮桥断面总引水量的80.07%。

3.1.3.3 东太湖口门

根据调水试验方案，东太湖由瓜泾港、三船路、大浦港、太浦河等骨干河道相机引水。

2017年3月9—23日，瓜泾口日均出湖流量−23.8～34.6 m³/s，流量出湖为正，共引水13.37百万m³入淀泖区；吴家港桥断面日均出湖流量0～13.4 m³/s，有流时流向向东，共引水5.446百万m³入淀泖区；联湖桥断面日均出湖流量0～8.02 m³/s，有流时流向向南，共引水5.363百万m³入淀泖区；太浦闸日均出湖流量23.5～191 m³/s，流量出湖为正，方向向东，共引水1.093亿m³入太浦河。调水试验期间，东太湖口门共引水24.18百万m³入淀泖区。其他口门根据区域情况适时控制。见表3.1-9。东太湖口门断面水位和流量变化见图3.1-20和图3.1-21。

表3.1-9 2017年3月9—23日东太湖口门流量监测成果表

单位：水位(m)；流量(m³/s)

日期	瓜泾口			吴家港桥			联湖桥			太浦闸		
	水位	流量	流向	水位	流量	流向	水位	流量	流向	水位	流量	流向
3月9日	2.94	30.1	东	2.92	13.4	东	2.89	8.02	南	3.00	81.9	东
3月10日	2.92	34.6	东	2.92	8.39	东	2.88	6.35	南	3.01	75.5	东
3月11日	2.90	25.4	东	2.88	0	滞流	2.87	4.82	南	2.94	69.2	东
3月12日	2.90	16.6	东	2.87	4.94	东	2.87	4.48	南	2.96	87.6	东
3月13日	2.90	0	滞流	2.91	3.87	东	2.92	3.52	南	3.08	80.9	东
3月14日	3.03	33.5	东	3.00	8.22	东	3.04	5.35	南	3.15	73.0	东
3月15日	3.00	23.9	东	2.99	3.39	东	3.02	2.99	南	3.06	23.5	东
3月16日	2.96	−23.8	西	2.94	0	东	2.94	0	南	2.99	64.1	东
3月17日	3.00	−16.0	西	2.97	1.36	东	2.98	2.47	南	2.99	61.4	东
3月18日	2.98	0	滞流	2.93	3.54	东	2.98	4.92	南	3.03	68.5	东
3月19日	2.98	0	滞流	2.95	2.84	东	2.97	2.08	南	3.01	66.6	东
3月20日	2.98	−22.4	西	2.93	0	滞流	2.98	3.06	南	3.05	134	东
3月21日	3.10	31.7	东	3.11	8.73	东	3.11	7.24	南	3.13	156	东
3月22日	2.98	0	滞流	2.96	0	滞流	2.97	2.32	南	2.94	31.5	东
3月23日	2.99	21.1	东	2.97	4.35	东	2.99	4.46	南	3.08	191	东

注：太浦闸水位采用太浦闸(上)。

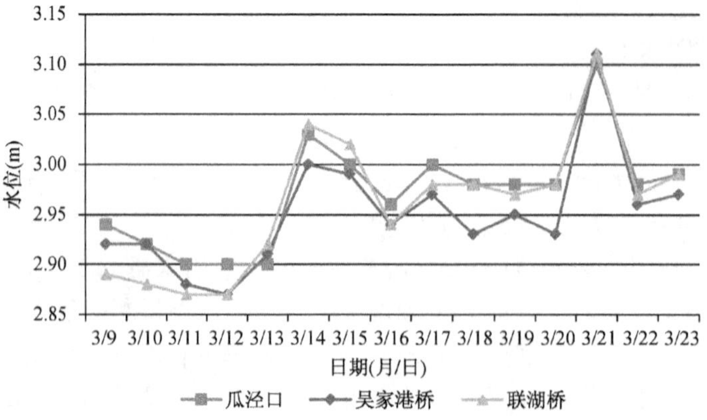

图3.1-20 2017年3月9—23日东太湖口门断面水位过程线图

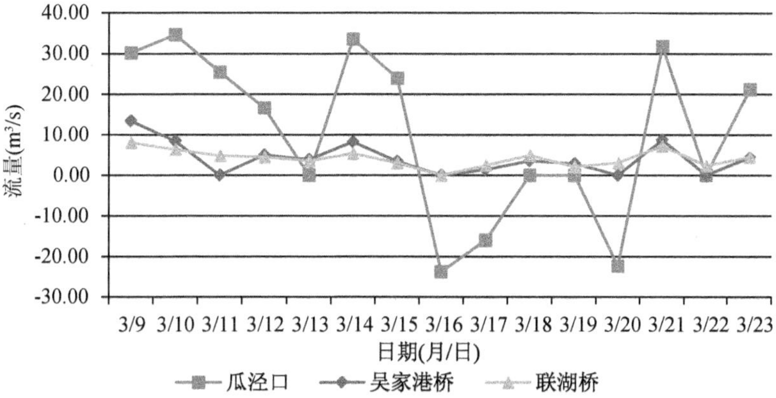

图 3.1-21　2017 年 3 月 9—23 日东太湖口门断面流量变化图

瓜泾口流量变化较大，且有时出现负流；吴家港桥断面引水准备期平均流速 0.11 m/s，换水改善期前期平均流速 0.06 m/s，换水改善期后期 0.05 m/s，整个调水试验期间平均流速 0.07 m/s；联湖桥断面引水准备期平均流速 0.18 m/s，换水改善期前期平均流速 0.10 m/s，换水改善期后期 0.12 m/s，整个调水试验期间平均流速 0.13 m/s。

瓜泾口 3 月 16 日、17 日、20 日实测测得流向向西，即水流流入太湖，通过分析实测资料，对比太浦河入口与苏州(二)水位，3 月 16—20 日期间江南运河水位略高于太湖水位，因此，3 月 16—20 日期间瓜泾口出现滞流与倒流入湖现象。见表 3.1-10 和图 3.1-22。

表 3.1-10　2017 年 3 月 9—23 日东太湖口门引排水量统计表　　单位：百万 m³

日期	瓜泾口	吴家港桥	联湖桥	太浦闸	合计
3 月 9 日	2.601	1.158	0.692 9	7.080	11.53
3 月 10 日	2.989	0.724 9	0.548 6	6.520	10.78
3 月 11 日	2.195	0	0.416 4	5.980	8.591
3 月 12 日	1.434	0.426 8	0.387 1	7.570	9.818
3 月 13 日	0	0.334 4	0.304 1	6.990	7.629
3 月 14 日	2.894	0.710 2	0.462 2	6.310	10.38
3 月 15 日	2.065	0.292 9	0.258 3	2.030	4.646
3 月 16 日	−2.056	0	0	5.540	3.484
3 月 17 日	−1.382	0.117 5	0.213 4	5.300	4.249
3 月 18 日	0	0.305 9	0.425 1	5.920	6.651
3 月 19 日	0	0.245 4	0.179 7	5.750	6.175
3 月 20 日	−1.935	0	0.264 4	11.58	9.909
3 月 21 日	2.739	0.754 3	0.625 5	13.48	17.60
3 月 22 日	0	0	0.200 4	2.720	2.920
3 月 23 日	1.823	0.375 8	0.385 3	16.50	19.08
合计	13.37	5.446	5.363	109.3	133.4

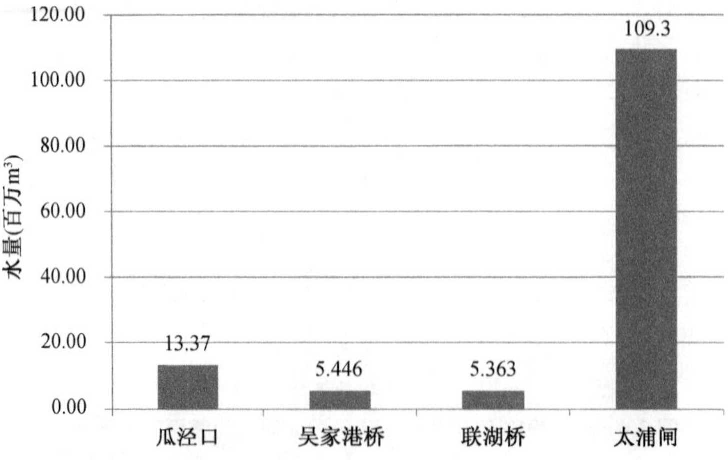

图 3.1-22　2017 年 3 月 9—23 日东太湖口门引水量统计图

引水准备期(3 月 9—13 日),瓜泾口、吴家港桥断面、联湖桥断面分别引水 9.219、2.644、2.349 百万 m^3,分别占各自总引水量的 68.95%、48.55%、43.80%,共引水 14.21 百万 m^3。

换水改善期(3 月 14—23 日),瓜泾口、吴家港桥断面、联湖桥断面分别引水 4.148、2.802、3.014 百万 m^3,分别占各自总引水量的 31.02%、51.45%、56.21%,共引水 9.964 百万 m^3。其中,换水改善期前期(3 月 9—18 日),瓜泾口、吴家港桥断面、联湖桥断面分别引水 1.521、1.427、1.359 百万 m^3,分别占各自总引水量的 11.38%、26.19%、25.34%,共引水 4.307 百万 m^3;换水改善期后期(3 月 19—23 日),瓜泾口、吴家港桥断面、联湖桥断面分别引水 2.627、1.376、1.655 百万 m^3,分别占各自总引水量的 19.65%、25.26%、30.87%,共引水 5.658 百万 m^3。见图 3.1-23。

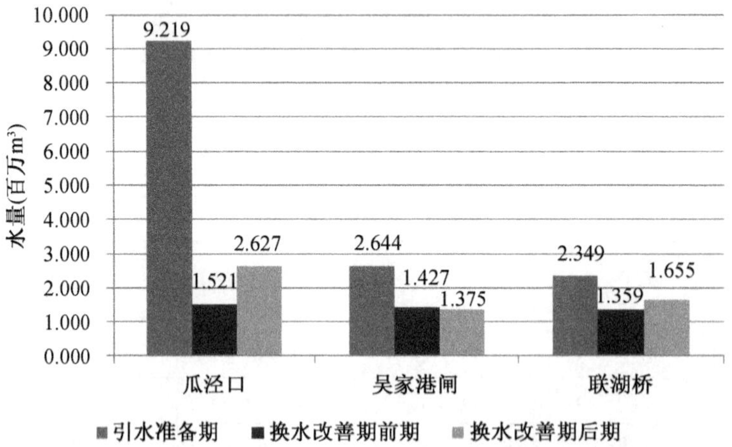

图 3.1-23　2017 年 3 月 9—23 日东太湖口门分时期引水量统计图

综上所述,调水试验期间(3 月 9—23 日),东太湖口门共引水 24.18 百万 m^3。其中,引水准备期引水 14.21 百万 m^3,换水改善期引水 9.964 百万 m^3,分别占总引水量的 58.78%、41.22%。换水改善期中,换水改善期前期引水 4.307 百万 m^3,占总引水量的 17.82%;换水改善期后期引水 5.658 百万 m^3,占总引水量的 23.40%。见图 3.1-24。

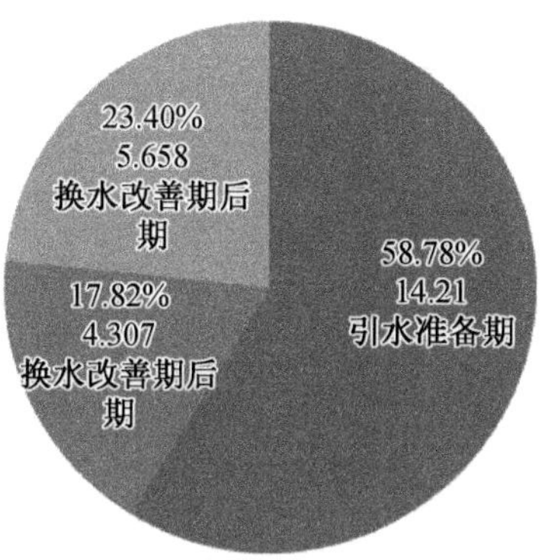

图 3.1-24 2017 年 3 月 9—23 日东太湖口门分时期引水量比例图

引水准备期(3 月 9—13 日，共 5 d)，瓜泾口引水 5 d 共 9.219 百万 m^3，占瓜泾口总引水量的 68.97%；吴家港桥断面引水 4 d 共 2.644 百万 m^3，占吴家港桥断面总引水量的 48.55%；联湖桥断面引水 5 d 共 2.349 百万 m^3，占联湖桥断面总引水量的 43.80%。

换水改善期(3 月 14—23 日，共 10 d)，瓜泾口引水 4 d 9.521 百万 m^3 排水 3 d 5.373 百万 m^3，共引水 4.148 百万 m^3，占瓜泾口总引水量的 31.03%；吴家港桥断面共引水 7 d 2.802 百万 m^3，占吴家港桥断面总引水量的 51.45%；联湖桥断面引水 9 d 共 3.014 百万 m^3，占联湖桥断面总引水量的 56.20%。

3.1.3.4 阳澄湖出入河道

1. 阳澄湖入湖水量

阳澄湖入湖口门主要分布在西岸和北岸，本次监测断面有北岸口门：七浦塘桥；西岸口门：界泾入湖口、永昌泾入湖口、蠡塘河入湖口。

2017 年 3 月 9—23 日，环阳澄湖七浦塘桥断面日均入湖流量 0～84.8 m^3/s，共引水 26.04 百万 m^3 入阳澄湖；界泾河入湖口日均入湖流量 0～12.0 m^3/s，共引水 6.563 百万 m^3 入阳澄湖；永昌泾入湖口断面日均出入湖流量－0.393～0.657 m^3/s，流量入湖为正，共引水 0.245 4 百万 m^3 入阳澄湖；蠡塘河入湖口日均出入湖流量－3.50～6.84 m^3/s，流量入湖为正，共引水 2.333 百万 m^3 入阳澄湖。调水试验期间，共引水 35.18 百万 m^3 入阳澄湖，其中七浦塘桥断面引水量占 74.02%。详见表 3.1-11。阳澄湖入明口门断面水位、流量过程线见图 3.1-25 和图 3.1-26。

表 3.1-11 2017 年 3 月 9—23 日环阳澄湖入湖口门流量监测成果表

单位：水位(m)；流量(m^3/s)

日期	界泾河入湖口			永昌泾入湖口			蠡塘河入湖口			七浦塘桥		
	水位	流量	流向	水位	流量	流向	水位	流量	流向	水位	流量	流向
3 月 9 日	3.06	2.96	南	3.05	0.260	东	3.01	－3.50	西	3.06	0	滞流
3 月 10 日	3.07	0	滞流	3.07	0.180	东	3.03	－1.15	西	3.11	79.8	西
3 月 11 日	3.10	0	滞流	3.07	0	滞流	3.05	0	滞流	3.14	84.8	西
3 月 12 日	3.11	5.64	南	3.08	0.342	东	3.06	2.80	东	3.10	0	滞流
3 月 13 日	3.08	12.0	南	3.07	0.519	东	3.08	0	滞流	3.06	0	滞流

续　表

日期	界泾河入湖口			永昌泾入湖口			蠡塘河入湖口			七浦塘桥		
	水位	流量	流向	水位	流量	流向	水位	流量	流向	水位	流量	流向
3月14日	3.08	8.22	南	3.06	0.100	东	3.04	2.52	东	3.09	0	滞流
3月15日	3.09	5.39	南	3.07	0.181	东	3.06	4.01	东	3.10	0	滞流
3月16日	3.13	1.54	南	3.12	0	滞流	3.09	1.46	东	3.17	68.5	西
3月17日	3.17	0	滞流	3.15	0	滞流	3.13	0.253	东	3.18	68.3	西
3月18日	3.16	8.78	南	3.15	0.657	东	3.12	2.71	东	3.15	0	滞流
3月19日	3.14	1.55	南	3.13	0.112	东	3.11	1.20	东	3.12	0	滞流
3月20日	3.15	8.48	南	3.13	−0.393	西	3.10	4.05	东	3.13	0	滞流
3月21日	3.13	10.5	南	3.11	0.223	东	3.09	2.74	东	3.13	0	滞流
3月22日	3.13	0	滞流	3.12	0.289	东	3.09	6.84	东	3.13	0	滞流
3月23日	3.12	10.9	南	3.11	0.370	东	3.10	3.07	东	3.09	0	滞流

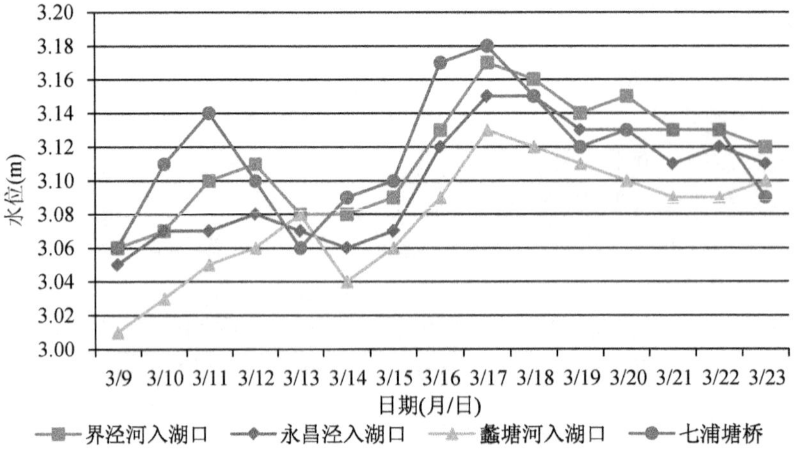

图 3.1-25　2017 年 3 月 9—23 日阳澄湖入湖口门断面水位过程线图

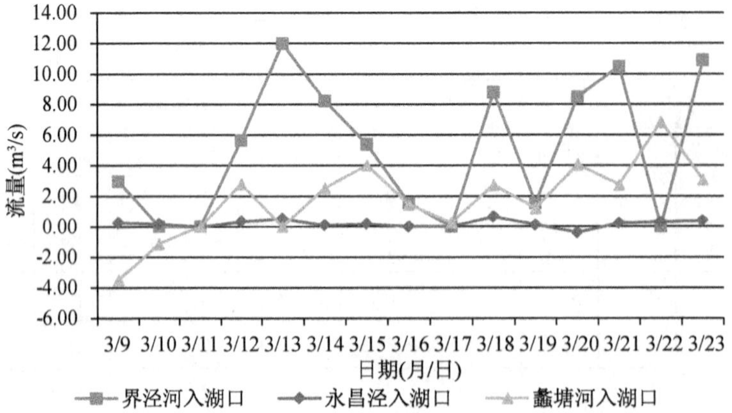

图 3.1-26　2017 年 3 月 9—23 日阳澄湖入湖口门断面流量变化图

界泾河入湖口主要受上游冶长泾、元和塘来水影响，引水准备期平均流速 0.04 m/s，换水改善期前期平均流速 0.05 m/s，换水改善期后期平均流速 0.07 m/s，流速逐渐增大，整个调水试验期间，平均流速 0.05 m/s；永昌泾入湖口主要受上游永昌泾、冶长泾和元和塘来水影响，引水准备期平均流速 0.02 m/s，换水改善期前期平均流速 0.01 m/s，换水改善期后期平均流速 0.02 m/s，整个调水试验期间平均流速 0.02 m/s；蠡塘河入湖口受上游元和塘、黄埭塘来水影响，引水准备期平均流速 0.04 m/s，换水改善期前期平均流速 0.06 m/s，换水改善期后期平均流速 0.10 m/s，流速逐渐增大，整个调水试验期间平均流速 0.07 m/s；七浦塘桥断面主要承接上游七浦塘引长江水量，引水准备期平均流速 0.03 m/s，换水改善期后期平均流速 0.01 m/s，换水改善期后期上游七浦塘沿江闸站关闸，故换水改善期后期平均流速为 0 m/s。环阳澄湖入湖口门水量见表 3.1-12 和图 3.1-27。入湖水量比例见图 3.1-28。

表 3.1-12　2017 年 3 月 9—23 日环阳澄湖入湖口门水量统计表　　单位：百万 m^3

日期	界泾河入湖口	永昌泾入湖口	蠡塘河入湖口	七浦塘桥	合计
3 月 9 日	0.255 7	0.022 5	−0.302 4	0	−0.024 2
3 月 10 日	0	0.015 6	−0.099 4	6.895	6.811
3 月 11 日	0	0	0	7.327	7.327
3 月 12 日	0.487 3	0.029 5	0.241 9	0	0.758 7
3 月 13 日	1.037	0.044 8	0	0	1.082
3 月 14 日	0.710 2	0.008 6	0.217 7	0	0.936 5
3 月 15 日	0.465 7	0.015 6	0.346 5	0	0.827 8
3 月 16 日	0.133 1	0	0.126 1	5.918	6.177
3 月 17 日	0	0	0.021 9	5.901	5.923
3 月 18 日	0.758 6	0.056 8	0.234 1	0	1.050
3 月 19 日	0.133 9	0.009 7	0.103 7	0	0.247 3
3 月 20 日	0.732 7	−0.034 0	0.349 9	0	1.049
3 月 21 日	0.907 2	0.019 3	0.236 7	0	1.163
3 月 22 日	0	0.025 0	0.591 0	0	0.616 0
3 月 23 日	0.941 8	0.032 0	0.265 2	0	1.239
合计	6.563	0.245 4	2.333	26.04	35.18

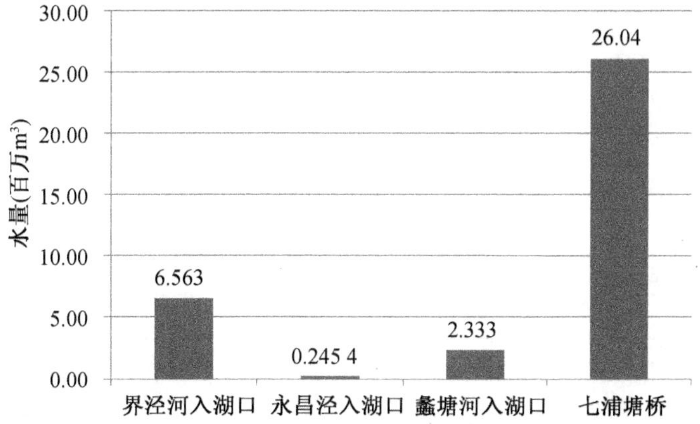

图 3.1-27　2017 年 3 月 9—23 日阳澄湖入湖水量统计图

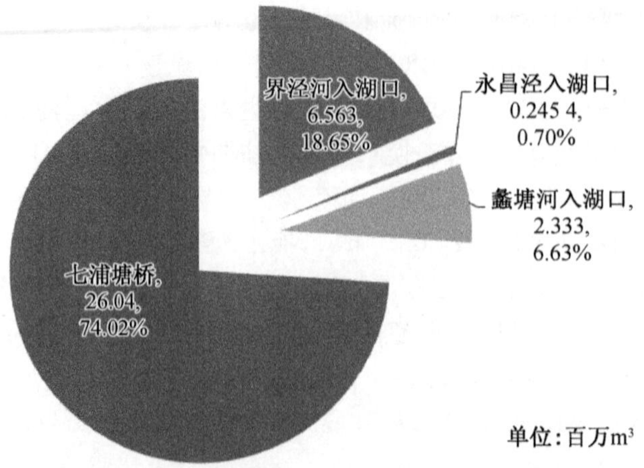

图 3.1-28　2017 年 3 月 9—23 日阳澄湖入湖水量比例图

2. 阳澄湖出湖水量

阳澄湖出湖口门主要分布在南岸和东岸，本次监测断面有南岸口门：陆泾出湖口、西港河出湖口、野尤泾桥、巴城工农桥。

2017 年 3 月 9—23 日，环阳澄湖巴城工农桥断面日均出湖流量 0～6.73 m^3/s，共出水 5.947 百万 m^3；陆泾出湖口日均出湖流量 2.74～5.05 m^3/s，共出水 5.058 百万 m^3。西港河出湖口、野尤泾闸滞流。调水试验期间，巴城工农桥断面和陆泾出湖口共出水 11.01 百万 m^3。详见表 3.1-13。阳澄湖出湖口门水位、流量变化见图 3.1-29～图 3.1-30。

表 3.1-13　2017 年 3 月 9—23 日环阳澄湖出湖口门流量监测成果表

单位：水位(m)；流量(m^3/s)

日期	巴城工农桥			陆泾出湖口		
	水位	流量	流向	水位	流量	流向
3 月 9 日	3.04	6.06	东	2.99	2.80	南
3 月 10 日	3.06	5.58	东	2.99	3.10	南
3 月 11 日	3.06	5.21	东	3.01	4.00	南
3 月 12 日	3.04	6.73	东	3.02	4.14	南
3 月 13 日	3.05	5.29	东	3.06	4.35	南
3 月 14 日	3.07	4.61	东	3.02	3.00	南
3 月 15 日	3.09	3.61	东	3.03	2.74	南
3 月 16 日	3.13	3.47	东	3.07	3.63	南
3 月 17 日	3.14	0	滞流	3.09	4.06	南
3 月 18 日	3.13	5.97	东	3.08	4.72	南
3 月 19 日	3.13	4.63	东	3.08	4.61	南
3 月 20 日	3.13	4.11	东	3.07	4.32	南
3 月 21 日	3.09	4.81	东	3.07	3.80	南
3 月 22 日	3.09	3.78	东	3.06	4.21	南
3 月 23 日	3.09	4.97	东	3.07	5.06	南

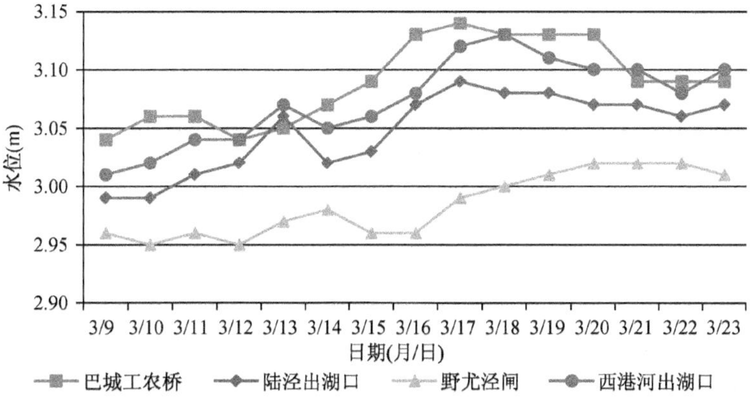

图 3.1-29　2017 年 3 月 9—23 日阳澄湖出湖口门断面水位过程线图

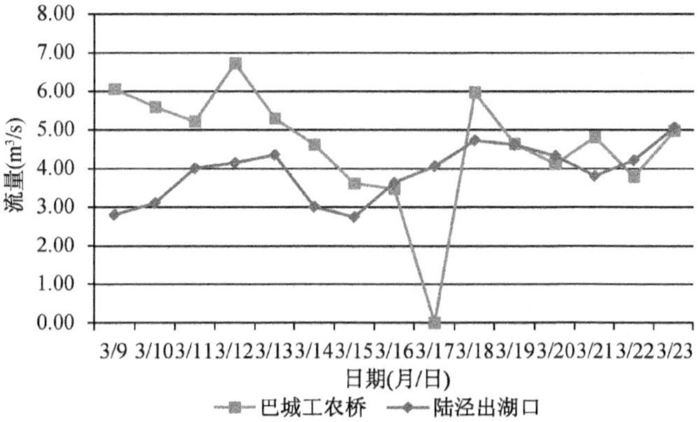

图 3.1-30　2017 年 3 月 9—23 日阳澄湖出湖口门断面流量变化图

巴城工农桥断面位于阳澄湖东岸，引水准备期平均流速 0.13 m/s，换水改善期前期平均流速 0.08 m/s，换水改善期后期平均流速 0.10 m/s，整个调水试验期间平均流速 0.10 m/s；陆泾出湖口位于阳澄湖南岸，引水准备期平均流速 0.13 m/s，换水改善期前期平均流速 0.13 m/s，换水改善期后期平均流速 0.16 m/s，流速逐渐增大，整个调水试验期间平均流速 0.14 m/s；调水试验期间，野尤泾闸、西港河出湖口流速为 0 m/s，见表 3.1-14。出湖水量比例见图 3.1-31。

表 3.1-14　2017 年 3 月 9—23 日环阳澄湖出湖口门水量统计表　　单位：百万 m^3

日期	巴城工农桥	陆泾出湖口	合计
3 月 9 日	0.523 6	0.241 9	0.765 5
3 月 10 日	0.482 1	0.267 8	0.749 9
3 月 11 日	0.450 1	0.345 6	0.795 7
3 月 12 日	0.581 5	0.357 7	0.939 2
3 月 13 日	0.457 1	0.375 8	0.832 9
3 月 14 日	0.398 3	0.259 2	0.657 5
3 月 15 日	0.311 9	0.236 7	0.548 6
3 月 16 日	0.299 8	0.313 6	0.613 4

续　表

日期	巴城工农桥	陆泾出湖口	合计
3月17日	0	0.350 8	0.350 8
3月18日	0.515 8	0.407 8	0.923 6
3月19日	0.400 0	0.398 3	0.798 3
3月20日	0.355 1	0.373 2	0.728 3
3月21日	0.415 6	0.328 3	0.743 9
3月22日	0.326 6	0.363 7	0.690 3
3月23日	0.429 4	0.437 2	0.866 6
合计	5.947	5.058	11.01

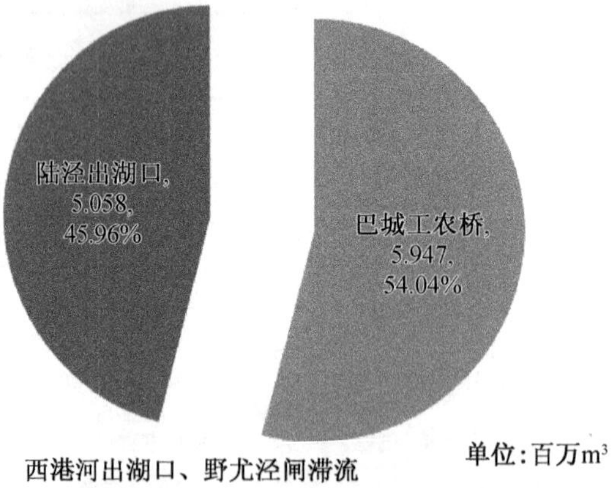

图 3.1-31　2017 年 3 月 9—23 日阳澄湖出湖水量比例图

2017 年 3 月 9—23 日，环阳澄湖七浦塘桥、界泾河入湖口、永昌泾入湖口、蠡塘河入湖口等口门入湖水量为 35.18 百万 m^3，巴城工农桥、陆泾出湖口出湖水量为 11.01 百万 m^3。调水试验期间，阳澄湖降雨水面产流 5.244 百万 m^3，入湖水量较出湖水量多 29.42 百万 m^3，使阳澄湖水位出现抬升，形成南北水势，使水体自北向南流动，流入淀泖区，促进区域内水体流动，有助于调水试验目标的实现。阳澄湖湘城站水位变化见图 3.1-32。

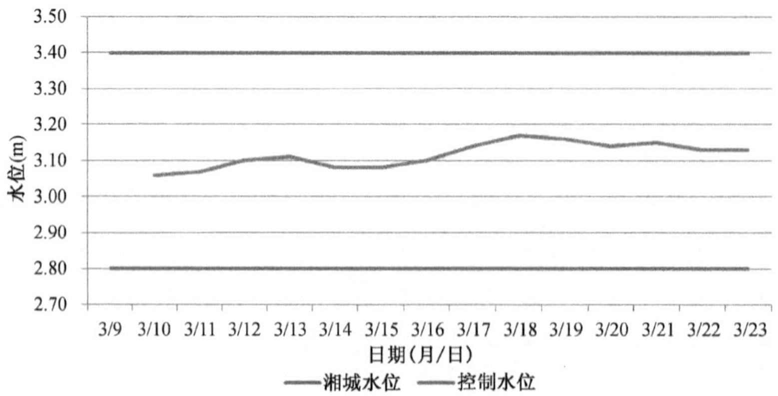

图 3.1-32　2017 年 3 月 9—23 日阳澄湖湘城站水位过程线图

3.1.3.5 阳澄区主干河道

1. 元和塘

2017 年 3 月 9—23 日，元和塘周塘河桥断面流量－6.39～14.4 m^3/s，流向南为正；元和塘常相交界爱格豪路桥断面流量－16.0～0 m^3/s，有流时流向向北；元和塘南段建元路桥断面流量 0～8.62 m^3/s，有流时流向向南。见表 3.1-15、表 3.1-16。

表 3.1-15 2017 年 3 月 9—23 日元和塘流量监测成果表

单位：水位(m)；流量(m^3/s)

日期	周塘河桥			元和塘常相交界(爱格豪路桥)			元和塘南段(建元路桥)		
	水位	流量	流向	水位	流量	流向	水位	流量	流向
3 月 9 日	3.11	－2.34	北	3.13	－5.10	北	3.03	7.18	南
3 月 10 日	3.15	－6.39	北	3.13	－15.2	北	3.07	4.37	南
3 月 11 日	3.18	1.26	南	3.15	－5.16	北	3.13	7.05	南
3 月 12 日	3.19	8.96	南	3.17	0	滞流	3.14	7.49	南
3 月 13 日	3.14	14.4	南	3.16	－13.5	北	3.12	4.41	南
3 月 14 日	3.13	－2.03	北	3.14	－6.35	北	3.07	5.99	南
3 月 15 日	3.13	7.00	南	3.17	－6.38	北	3.05	8.62	南
3 月 16 日	3.16	7.72	南	3.21	－10.9	北	3.10	6.69	南
3 月 17 日	3.18	4.86	南	3.21	0	滞流	3.12	2.26	南
3 月 18 日	3.20	4.86	南	3.23	－14.1	北	3.13	3.32	南
3 月 19 日	3.17	3.48	南	3.20	－16.0	北	3.09	0	滞流
3 月 20 日	3.18	3.06	南	3.21	－13.4	北	3.10	6.25	南
3 月 21 日	3.16	－6.32	北	3.21	－8.02	北	3.07	5.85	南
3 月 22 日	3.17	－2.86	北	3.18	－15.1	北	3.09	5.83	南
3 月 23 日	3.17	0	滞流	3.21	－0.673	北	3.10	2.52	南

表 3.1-16 2017 年 3 月 9—23 日元和塘监测断面水量统计表 单位：百万 m^3

日期	周塘河桥	元和塘常相交界(爱格豪路桥)	元和塘南段(建元路桥)
3 月 9 日	－0.202 2	－0.440 6	0.620 4
3 月 10 日	－0.552 1	－1.313 3	0.377 6
3 月 11 日	0.108 9	－0.445 8	0.609 1
3 月 12 日	0.774 1	0	0.647 1
3 月 13 日	1.244	－1.166	0.381 0
3 月 14 日	－0.175 4	－0.548 6	0.517 5
3 月 15 日	0.604 8	－0.551 2	0.744 8
3 月 16 日	0.667 0	－0.941 8	0.578 0

续 表

日期	周塘河桥	元和塘常相交界(爱格豪路桥)	元和塘南段(建元路桥)
3月17日	0.419 9	0	0.195 3
3月18日	0.419 9	−1.218	0.286 8
3月19日	0.300 7	−1.382	0
3月20日	0.264 4	−1.158	0.540 0
3月21日	−0.546 0	−0.692 9	0.505 4
3月22日	−0.247 1	−1.306	0.503 7
3月23日	0	−0.058 1	0.217 7
合计	3.081	−11.22	6.725

元和塘干流沿线周塘河桥断面与爱格豪路桥断面水位、流量关系比较密切,水流汇入南湖荡;元和塘南段建元路桥断面受望虞河东岸口门冶长泾、永昌泾引水影响,水流向南流入苏州环城河。元和塘干流断面水位、流量过程线见图 3.1-33、图 3.1-34。

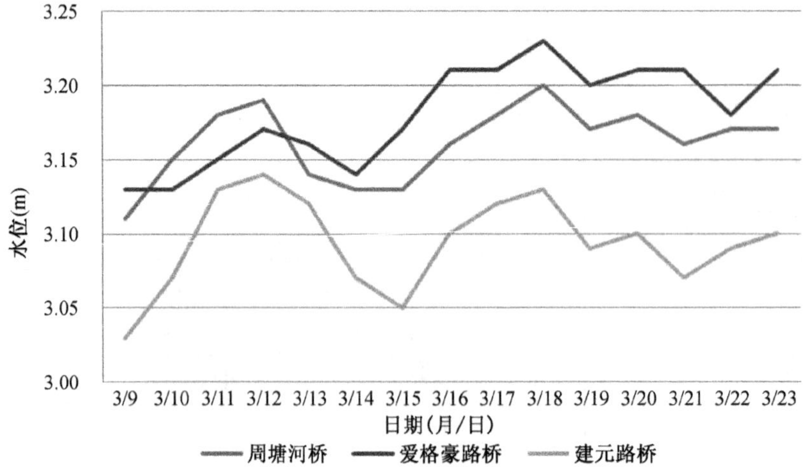

图 3.1-33　2017 年 3 月 9—23 日元和塘干流断面水位过程线图

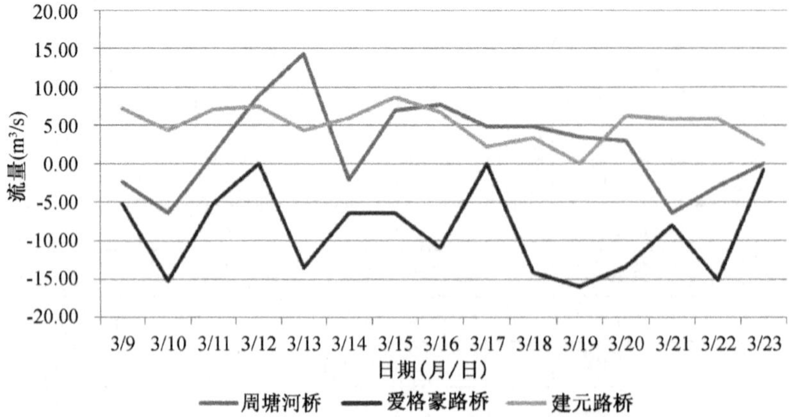

图 3.1-34　2017 年 3 月 9—23 日元和塘干流断面流量变化图

周塘河桥断面位于元和塘北段，受上游张家港和白茆塘来水影响，下游是南湖荡，引水准备期平均流速 0.06 m/s，换水改善期前期平均流速 0.05 m/s，换水改善期后期平均流速 0.03 m/s，整个调水试验期间平均流速 0.05 m/s；爱格豪路桥断面位于元和塘中段，引水准备期平均流速 0.03 m/s，换水改善期前期平均流速 0.03 m/s，换水改善期后期平均流速 0.05 m/s，流速逐渐增大，整个调水试验期间平均流速 0.04 m/s；建元路桥断面位于元和塘南段，引水准备期平均流速 0.12 m/s，换水改善期前期平均流速 0.11 m/s，换水改善期后期平均流速 0.08 m/s，整个调水试验期间平均流速 0.10 m/s。

2. 盐铁塘

2017 年 3 月 9—23 日，盐铁塘常太交界闸断面流量−27.0～15.8 m^3/s，流向南为正，汇入七浦塘；城南桥断面流量−11.8～27.6 m^3/s，流向南为正，汇入浏河；新丰新星桥断面流量−4.22～6.10 m^3/s，流向南为正。见表 3.1-17、表 3.1-18。

表 3.1-17　2017 年 3 月 9—23 日盐铁塘流量监测成果表

单位：水位(m)；流量(m^3/s)

日期	盐铁塘常太交界闸			城南桥			新丰新星桥		
	水位	流量	流向	水位	流量	流向	水位	流量	流向
3 月 9 日	3.24	−27.0	北	3.01	−11.8	北	2.92	4.46	南
3 月 10 日	3.16	0	滞流	3.01	−11.0	北	3.06	−4.22	北
3 月 11 日	3.21	0	滞流	3.21	24.8	南	2.94	−1.83	北
3 月 12 日	3.19	0	滞流	2.92	7.40	南	2.93	0	滞流
3 月 13 日	3.14	0	滞流	2.66	5.64	南	2.94	0	滞流
3 月 14 日	3.12	4.55	南	2.96	10.0	南	2.98	2.42	南
3 月 15 日	3.16	0	滞流	2.99	13.4	南	3.02	0	滞流
3 月 16 日	3.22	0	滞流	3.04	12.6	南	3.04	0	滞流
3 月 17 日	3.27	−19.0	北	3.08	14.2	南	3.09	0	滞流
3 月 18 日	3.19	7.63	南	3.05	16.8	南	3.04	0	滞流
3 月 19 日	3.18	7.13	南	2.98	18.6	南	3.03	0	滞流
3 月 20 日	3.15	15.8	南	3.00	0	滞流	3.05	0	滞流
3 月 21 日	3.17	2.61	南	3.07	19.3	南	3.00	0	滞流
3 月 22 日	3.15	3.64	南	2.90	27.6	南	2.89	−3.60	北
3 月 23 日	3.15	6.05	南	3.01	4.53	南	3.03	6.10	南

表 3.1-18　2017 年 3 月 9—23 日盐铁塘监测断面水量统计表　单位：百万 m^3

日期	盐铁塘常太交界闸	城南桥	新丰新星桥
3 月 9 日	−2.333	−1.020	0.385 3
3 月 10 日	0	−0.950 4	−0.364 6
3 月 11 日	0	2.143	−0.158 1
3 月 12 日	0	0.639 4	0
3 月 13 日	0	0.487 3	0
3 月 14 日	0.393 1	0.864 0	0.209 1
3 月 15 日	0	1.158	0
3 月 16 日	0	1.089	0
3 月 17 日	−1.642	1.227	0
3 月 18 日	0.659 2	1.452	0
3 月 19 日	0.616 0	1.607	0
3 月 20 日	1.365	0	0
3 月 21 日	0.225 5	1.668	0
3 月 22 日	0.314 5	2.385	−0.311 0
3 月 23 日	0.522 7	0.391 4	0.527 0
合计	0.121 8	13.14	0.287 7

盐铁塘干流沿线连接河流较多，分流严重，盐铁塘常太交界闸汇入七浦塘，城南桥断面汇入浏河，新丰新星桥流出边界，测流不能实时同步，各断面水位、流量关系不密切。其中，由于浏河闸 3 月 12 日进行排水，使得城南桥断面 3 月 13 日水位出现明显降低。

盐铁塘常太交界闸位于七浦塘北岸，引水准备期平均流速 0.11 m/s，换水改善期前期平均流速 0.12 m/s，换水改善期后期平均流速 0.14 m/s，整个调水试验期间平均流速0.12 m/s；城南桥断面位于浏河北岸，引水准备期平均流速 0.16 m/s，换水改善期前期平均流速 0.18 m/s，换水改善期后期平均流速 0.20 m/s，整个调水试验期间平均流速 0.18 m/s；新丰新星桥断面位于浏河南岸，引水准备期平均流速 0.03 m/s，换水改善期前期平均流速0.01 m/s，换水改善期后期平均流速 0.03 m/s，整个调水试验期间平均流速 0.02 m/s。

盐铁塘干流沿线水位、流量过程线见图 3.1-35、图 3.1-36。

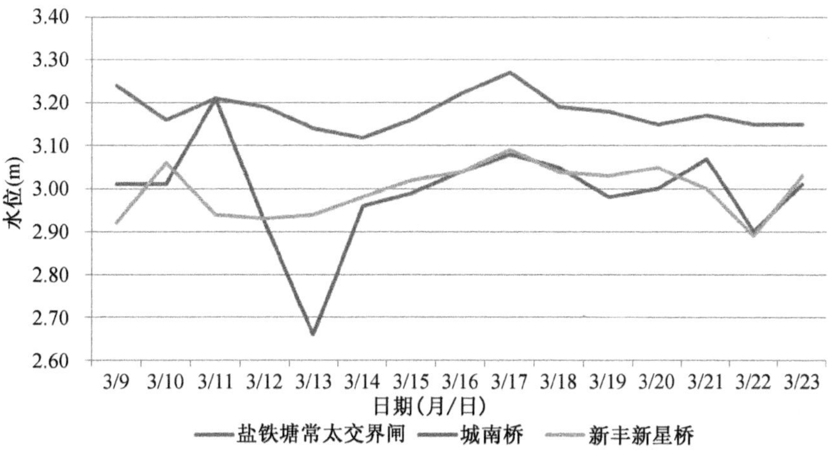

图 3.1-35 2017 年 3 月 9—23 日盐铁塘干流断面水位过程线图

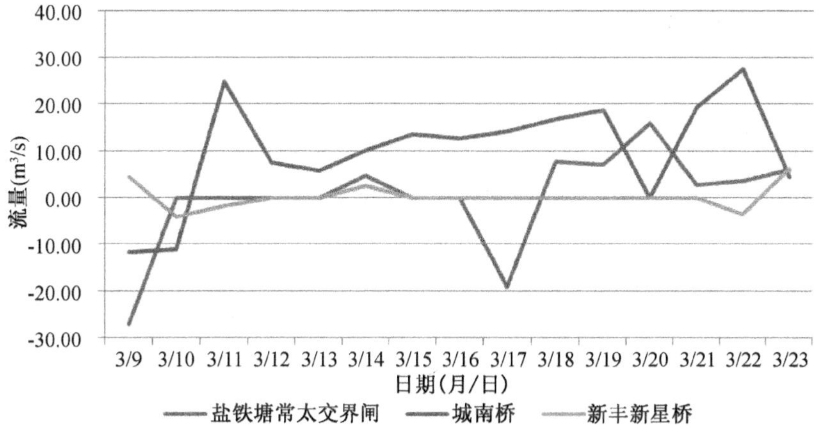

图 3.1-36 2017 年 3 月 9—23 日盐铁塘干流断面流量变化图

3. 娄江—浏河及沿线

2017 年 3 月 9—23 日，娄江—浏河一线娄江大桥断面流量－11.1～7.34 m^3/s，流向东为正；西河大桥断面流量－4.27～7.12 m^3/s，流向东为正，汇入浏河；通城河桥断面流量－3.80～29.9 m^3/s，流向东为正，汇入浏河；青阳港大桥断面流量 19.2～61.7 m^3/s，流向向南；石头塘长桥断面流量－21.3～10.5 m^3/s，流向南为正，汇入浏河。见表 3.1-19 和表3.1-20。

娄江大桥断面位于娄江西段，北面是阳澄湖，阳澄湖南岸出湖水量多汇入娄江，引水准备期平均流速 0.01 m/s，换水改善期前期平均流速 0.03 m/s，换水改善期后期平均流速 0.01 m/s，整个调水试验期间平均流速 0.02 m/s；西河大桥断面位于娄江东段与浏河交汇处，引水准备期平均流速 0 m/s，换水改善期前期平均流速 0.01 m/s，换水改善期后期平均流速 0.02 m/s，流速逐渐增大，整个调水试验期间平均流速 0.01 m/s；通城河桥位于张家港与浏河交汇处，引水准备期平均流速 0.15 m/s，换水改善期前期平均流速 0.08 m/s，换水改善期后期平均流速 0.16 m/s，整个调水试验期间平均流速 0.13 m/s；石头塘长桥位于浏河南岸，引水准备期平均流速 0.17 m/s，换水改善期前期平均流速 0.09 m/s，换水改善期后期平均流速 0.10 m/s，整个调水试验期间平均流速 0.12 m/s。

娄江—浏河一线断面水位、流量变化过程见图 3.1-37、图 3.1-38。

表 3.1-19　2017 年 3 月 9—23 日娄江—浏河流量监测成果表

单位：水位(m)；流量(m^3/s)

日期	娄江大桥			西河大桥			通城河桥			青阳港大桥			石头塘长桥		
	水位	流量	流向	水位	流量	流向	水位	流量	流向	水位	流量	流向	水位	流量	流向
3 月 9 日	2.90	3.46	东	2.92	0	滞流	2.94	5.83	东	2.92	61.7	南	2.98	0	滞流
3 月 10 日	2.89	−1.99	西	2.89	1.56	东	2.92	21.5	东	2.89	47.0	南	3.03	−17.8	北
3 月 11 日	2.93	−3.26	西	2.91	0	滞流	2.94	16.3	东	2.91	49.4	南	3.10	−21.3	北
3 月 12 日	2.91	−0.386	西	2.89	0	滞流	2.91	20.8	东	2.89	36.5	南	2.91	3.02	南
3 月 13 日	2.92	0	滞流	2.92	0	滞流	2.94	13.9	东	2.92	29.1	南	2.90	−2.58	北
3 月 14 日	2.95	7.34	东	2.93	2.82	东	2.96	14.0	东	2.93	27.6	南	2.96	2.53	南
3 月 15 日	2.98	0	滞流	3.00	0	滞流	3.02	8.99	东	3.00	29.4	南	3.00	5.24	南
3 月 16 日	3.01	−3.60	西	3.01	1.32	东	3.03	2.11	东	3.01	32.7	南	3.03	3.98	南
3 月 17 日	3.02	−11.1	西	3.05	−4.27	西	3.07	−3.80	西	3.05	47.3	南	3.08	7.29	南
3 月 18 日	3.01	0	滞流	3.01	0	滞流	3.03	12.3	东	3.01	41.9	南	3.04	4.26	南
3 月 19 日	2.98	−2.80	西	2.98	0	滞流	3.00	16.0	东	2.98	50.7	南	2.99	4.35	南
3 月 20 日	3.00	0	滞流	2.96	7.12	东	2.98	29.9	东	2.96	19.2	南	3.05	−2.70	北
3 月 21 日	2.99	0	滞流	3.02	3.19	东	3.03	13.1	东	3.02	36.2	南	3.04	3.19	南
3 月 22 日	3.00	0	滞流	2.98	4.98	东	2.98	23.9	东	2.98	26.3	南	2.89	10.5	南
3 月 23 日	2.96	0	滞流	3.00	0	滞流	3.02	−3.77	西	3.00	56.2	南	3.04	−5.24	北

表 3.1-20　2017 年 3 月 9—23 日娄江—浏河监测断面水量统计表　　单位：百万 m^3

日期	娄江大桥	西河大桥	通城河桥	青阳港大桥	石头塘长桥
3 月 9 日	0.298 9	0	0.503 7	5.331	0
3 月 10 日	−0.171 9	0.134 8	1.858	4.061	−1.538
3 月 11 日	−0.281 7	0	1.408	4.268	−1.84
3 月 12 日	−0.033 40	0	1.797	3.154	0.260 9
3 月 13 日	0	0	1.201	2.514	−0.222 9
3 月 14 日	0.634 2	0.243 6	1.210	2.385	0.218 6
3 月 15 日	0	0	0.776 7	2.540	0.452 7
3 月 16 日	−0.311 0	0.114 0	0.182 3	2.825	0.343 9
3 月 17 日	−0.959 0	−0.368 9	−0.328 3	4.087	0.629 9
3 月 18 日	0	0	1.063	3.620	0.368 1
3 月 19 日	−0.241 9	0	1.382	4.381	0.375 8
3 月 20 日	0	0.615 2	2.583	1.659	−0.233 3
3 月 21 日	0	0.275 6	1.132	3.128	0.275 6
3 月 22 日	0	0.430 3	2.065	2.272	0.907 2
3 月 23 日	0	0	−0.325 7	4.856	−0.452 7
合计	−1.066	1.445	16.51	51.08	−0.454 5

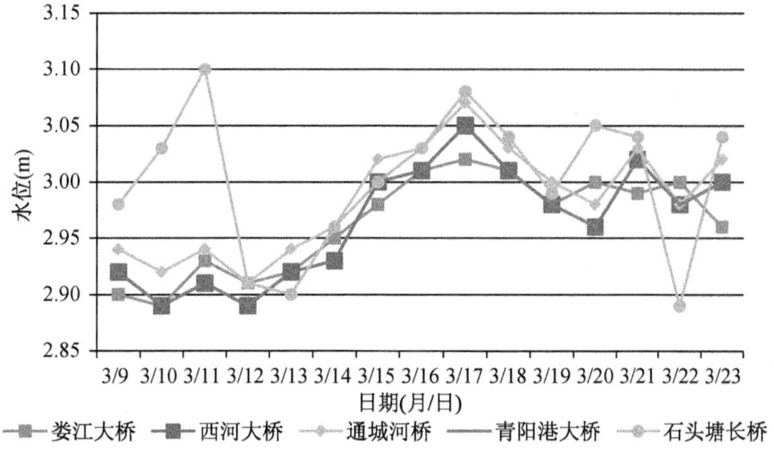

图 3.1-37　2017 年 3 月 9—23 日娄江—浏河一线断面水位过程线图

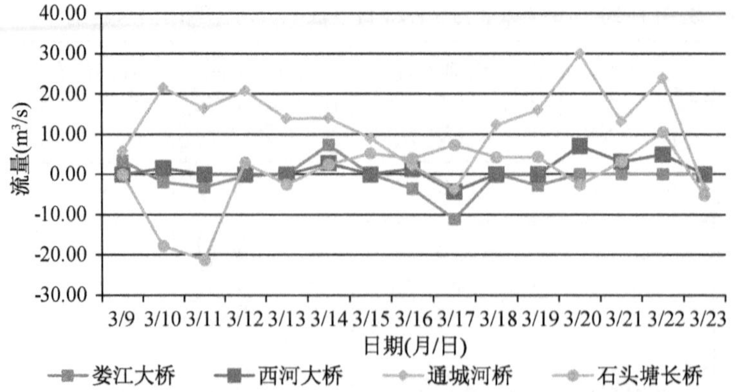

图 3.1-38　2017 年 3 月 9—23 日娄江—浏河一线断面流量变化图

3.1.3.6　淀泖区骨干河道

2017 年 3 月 9—23 日，淀泖区斜塘河断面流量 0～8.38 m^3/s，有流时流向向东，汇入吴淞江；界江大桥断面流量 6.95～19.7 m^3/s，流向向南，汇入吴淞江；大直港桥断面流量 21.3～40.3 m^3/s，流向向南；吴淞江大桥断面流量 12.4～28.6 m^3/s，流向向南；牛长泾桥断面流量7.71～17.3 m^3/s，流向向南。见表 3.1-21、表 3.1-22。

吴淞江、牛长泾水位、流量过程线见图 3.1-39、图 3.1-40。

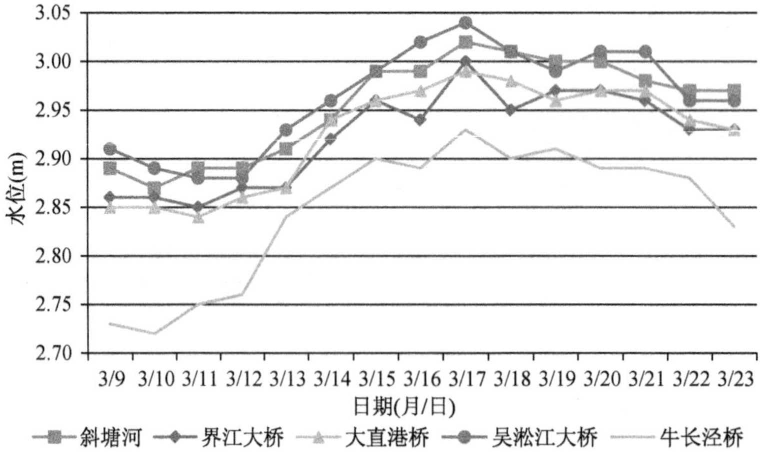

图 3.1-39　2017 年 3 月 9—23 日吴淞江、牛长泾桥断面水位过程线图

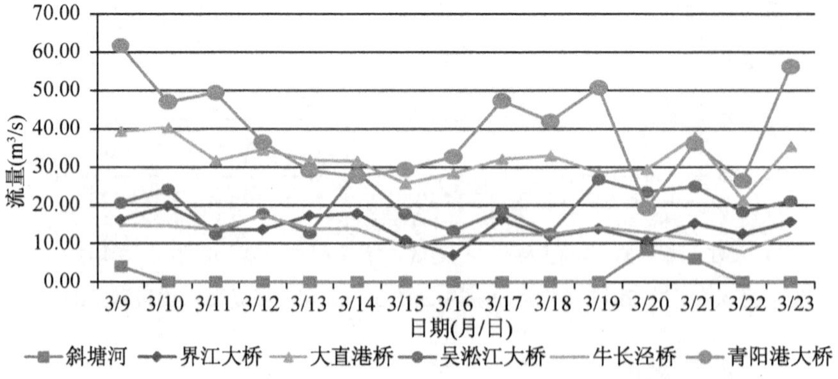

图 3.1-40　2017 年 3 月 9—23 日吴淞江、牛长泾桥断面流量变化图

表 3.1-21 2017 年 3 月 9—23 日吴淞江、牛长泾流量监测成果表

单位：水位(m)；流量(m^3/s)

日期	斜塘河			界江大桥			大直港桥			吴淞江大桥			牛长泾		
	水位	流量	流向	水位	流量	流向	水位	流量	流向	水位	流量	流向	水位	流量	流向
3 月 9 日	2.89	4.09	东	2.86	16.2	南	2.85	39.4	南	2.91	20.6	东	2.73	14.7	南
3 月 10 日	2.87	0	滞流	2.86	19.7	南	2.85	40.3	南	2.89	24.1	东	2.72	14.6	南
3 月 11 日	2.89	0	滞流	2.85	13.6	南	2.84	31.7	南	2.88	12.4	东	2.75	13.8	南
3 月 12 日	2.89	0	滞流	2.87	13.6	南	2.86	34.5	南	2.88	17.8	东	2.76	17.3	南
3 月 13 日	2.91	0	滞流	2.87	17.2	南	2.87	31.8	南	2.93	12.7	东	2.84	13.9	南
3 月 14 日	2.94	0	滞流	2.92	17.8	南	2.94	31.6	南	2.96	28.6	东	2.87	13.8	南
3 月 15 日	2.99	0	滞流	2.96	10.9	南	2.96	25.6	南	2.99	17.7	东	2.90	8.97	南
3 月 16 日	2.99	0	滞流	2.94	6.95	南	2.97	28.3	南	3.02	13.3	东	2.89	11.9	南
3 月 17 日	3.02	0	滞流	3.00	16.3	南	2.99	32.1	南	3.04	18.6	东	2.93	12.3	南
3 月 18 日	3.01	0	滞流	2.95	11.9	南	2.98	33.0	南	3.01	12.6	东	2.90	12.4	南
3 月 19 日	3.00	0	滞流	2.97	13.8	南	2.96	28.5	南	2.99	26.7	东	2.91	14.2	南
3 月 20 日	3.00	8.38	东	2.97	10.8	南	2.97	29.4	南	3.01	23.4	东	2.89	12.9	南
3 月 21 日	2.98	6.03	东	2.96	15.2	南	2.97	37.9	南	3.01	24.9	东	2.89	11.1	南
3 月 22 日	2.97	0	滞流	2.93	12.5	南	2.94	21.3	南	2.96	18.3	东	2.88	7.71	南
3 月 23 日	2.97	0	滞流	2.93	15.6	南	2.93	35.5	南	2.96	21.1	东	2.83	12.7	南

表 3.1-22　2017 年 3 月 9—23 日吴淞江、牛长泾监测断面水量统计表　单位：百万 m^3

日期	斜塘河	界江大桥	大直港桥	吴淞江大桥	牛长泾
3 月 9 日	0.353 4	1.400	3.404	1.780	1.270
3 月 10 日	0	1.702	3.482	2.082	1.261
3 月 11 日	0	1.175	2.739	1.071	1.192
3 月 12 日	0	1.175	2.981	1.538	1.495
3 月 13 日	0	1.486	2.748	1.097	1.201
3 月 14 日	0	1.538	2.73	2.471	1.192
3 月 15 日	0	0.941 8	2.212	1.529	0.775 0
3 月 16 日	0	0.600 5	2.445	1.149	1.028
3 月 17 日	0	1.408	2.773	1.607	1.063
3 月 18 日	0	1.028	2.851	1.089	1.071
3 月 19 日	0	1.192	2.462	2.307	1.227
3 月 20 日	0.724 0	0.933 1	2.540	2.022	1.115
3 月 21 日	0.521 0	1.313	3.275	2.151	0.959 0
3 月 22 日	0	1.080	1.840	1.581	0.666 0
3 月 23 日	0	1.348	3.067	1.823	1.097
合计	1.598	18.32	41.55	25.30	16.61

斜塘河断面大多数情况下滞流，有流时流速也很小，不足 0.01 m/s；界江大桥断面位于娄江与吴淞江之间，引水准备期平均流速 0.06 m/s，换水改善期前期平均流速 0.05 m/s，换水改善期后期平均流速 0.05 m/s，整个调水试验期间平均流速 0.05 m/s；青阳港大桥断面位于浏河与吴淞江之间，引水准备期平均流速 0.18 m/s，换水改善期前期平均流速 0.14 m/s，换水改善期后期平均流速 0.15 m/s，整个调水试验期间平均流速 0.16 m/s；吴淞江大桥断面位于吴淞江干流上，引水准备期平均流速 0.11 m/s，换水改善期前期平均流速 0.11 m/s，换水改善期后期平均流速 0.14 m/s，流速逐渐增大，整个调水试验期间平均流速 0.12 m/s；大直港桥断面位于吴淞江南岸，引水准备期平均流速 0.19 m/s，换水改善期前期平均流速 0.15 m/s，换水改善期后期平均流速 0.15 m/s，整个调水试验期间平均流速 0.16 m/s；牛长泾位于淀泖区腹部，引水准备期平均流速 0.14 m/s，换水改善期前期平均流速 0.11 m/s，换水改善期后期平均流速 0.11 m/s，整个调水试验期间平均流速 0.12 m/s。

3.1.3.7　太浦河及北岸口门

2017 年 3 月 9—23 日，太浦闸日均出湖流量 23.5～191 m^3/s，流量出湖为正，方向向东，共引水 1.093 亿 m^3 入太浦河；平望大桥断面流量 37.1～323 m^3/s，流向向东；芦墟大桥断面流量－18.8～402 m^3/s，流向东为正；科林大桥断面流量 14.1～78.6 m^3/s，流向向南，汇入太浦河；窑港桥断面流量－39.7～38.6 m^3/s，流向南为正，汇入太浦河。见表 3.1-23。

表 3.1-23 2017 年 3 月 9—23 日太浦河干流流量监测成果表

单位:水位(m);流量(m^3/s)

日期	太浦闸			平望大桥			芦墟大桥		
	水位	流量	流向	水位	流量	流向	水位	流量	流向
3 月 9 日	2.82	81.9	东	2.83	166	东	2.55	31.1	东
3 月 10 日	2.82	75.5	东	2.83	191	东	2.39	449	东
3 月 11 日	2.82	69.2	东	2.84	89.3	东	2.43	394	东
3 月 12 日	2.85	87.6	东	2.87	51.2	东	2.44	370	东
3 月 13 日	2.92	80.9	东	2.94	91.0	东	2.55	305	东
3 月 14 日	3.02	73.0	东	3.05	120	东	2.68	402	东
3 月 15 日	3.00	23.5	东	3.02	37.1	东	2.67	362	东
3 月 16 日	2.97	64.1	东	2.99	105	东	2.68	269	东
3 月 17 日	2.96	61.4	东	2.98	105	东	2.74	179	东
3 月 18 日	2.93	68.5	东	2.95	144	东	2.73	105	东
3 月 19 日	2.93	66.6	东	2.95	170	东	2.73	37.5	东
3 月 20 日	2.95	134	东	2.96	216	东	2.78	−18.8	西
3 月 21 日	3.09	156	东	3.06	322	东	2.77	85.5	东
3 月 22 日	2.99	31.5	东	2.99	152	东	2.67	220	东
3 月 23 日	3.04	191	东	2.98	323	东	2.57	309	东

注:太浦闸水位采用太浦闸(下)。

太浦河干流太浦闸与平望断面水位、流量关系密切,之后由于江南运河、窑港桥以及南岸支流汇入,流量逐渐增大。

其中,3 月 21 日太浦闸(下)与平望大桥水位水位出现抬升,平望大桥断面流量增大,分析其原因为:受前期降雨影响,太浦闸引太湖水量增加,加上大运河水位抬升、流量增大,使得平望大桥水位、流量在 21 日较大。太浦河干流水位、水量过程见图 3.1-41、图 3.1-42。

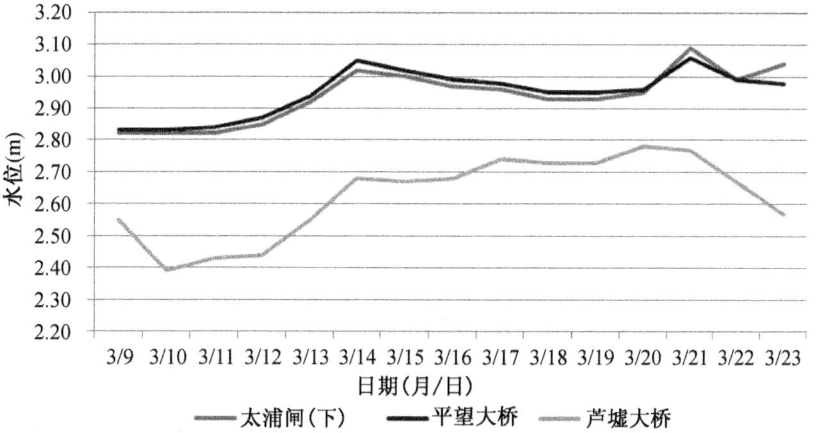

图 3.1-41 2017 年 3 月 9—23 日太浦河干流断面水位过程线图

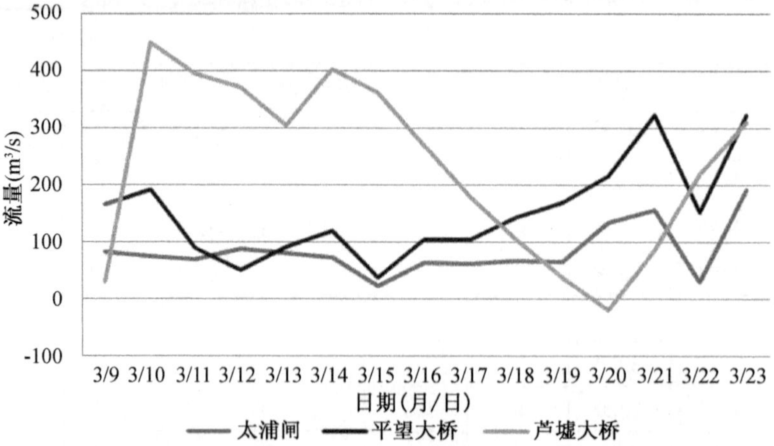

图 3.1-42　2017 年 3 月 9—23 日太浦河干流断面流量变化图

太浦闸、平望大桥断面流量较大，整体呈上升趋势；芦墟大桥断面位于太浦河干流，引水准备期平均流速 0.38 m/s，换水改善期前期平均流速 0.30 m/s，换水改善期后期平均流速 0.15 m/s，整个调水试验期间平均流速 0.28 m/s。

太浦河北岸口门流量成果见表 3.1-24，水位、流量变化见图 3.1-43 和图 3.1-44。

表 3.1-24　2017 年 3 月 9—23 日太浦河北岸口门流量监测成果表

单位：水位(m)；流量(m^3/s)

日期	科林大桥			窑港桥		
	水位	流量	流向	水位	流量	流向
3 月 9 日	2.86	78.6	南	2.55	4.41	南
3 月 10 日	2.79	57.7	南	2.39	23.1	南
3 月 11 日	2.82	52.2	南	2.43	38.6	南
3 月 12 日	2.77	38.8	南	2.44	37.1	南
3 月 13 日	2.92	33.4	南	2.55	34.8	南
3 月 14 日	3.06	30.8	南	2.68	26.1	南
3 月 15 日	2.99	14.1	南	2.67	26.6	南
3 月 16 日	2.99	23.5	南	2.68	31.1	南
3 月 17 日	3.02	34.6	南	2.74	23.0	南
3 月 18 日	3.01	35.9	南	2.73	20.6	南
3 月 19 日	2.99	32.5	南	2.74	3.82	南
3 月 20 日	3.01	38.6	南	2.78	−36.5	北
3 月 21 日	3.15	38.7	南	2.77	−39.7	北
3 月 22 日	2.96	27.1	南	2.67	7.98	南
3 月 23 日	3.01	44.1	南	2.57	17.2	南

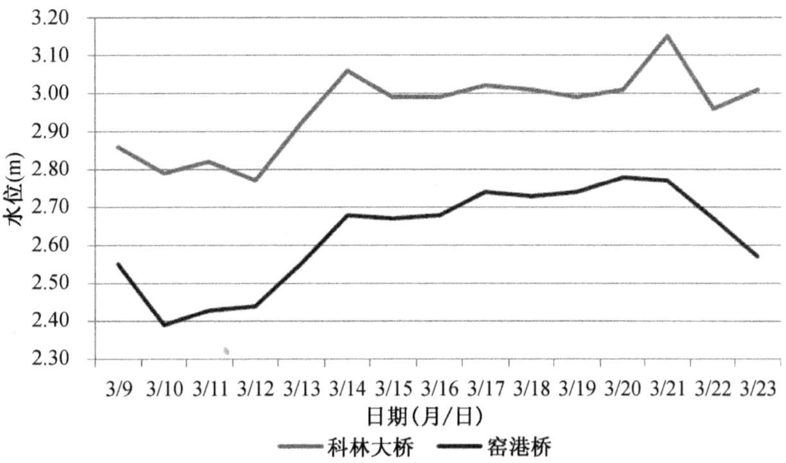

图 3.1-43 2017 年 3 月 9—23 日太浦河北岸口门断面水位过程线图

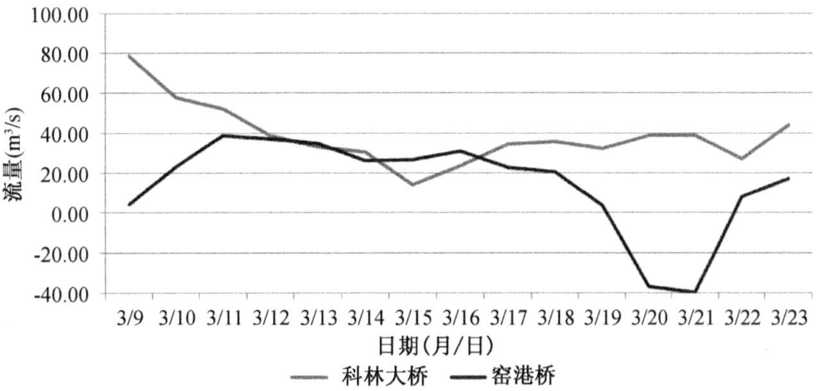

图 3.1-44 2017 年 3 月 9—23 日太浦河北岸口门断面流量变化图

科林大桥断面位于江南运河干流，水流向南汇入太浦河，引水准备期平均流速 0.21 m/s，换水改善期前期平均流速 0.10 m/s，换水改善期后期平均流速 0.13 m/s，整个调水试验期间平均流速 0.15 m/s；窑港桥位于太浦河北岸支流，引水准备期平均流速 0.52 m/s，换水改善期前期平均流速 0.42 m/s，换水改善期后期平均流速 0.34 m/s，整个调水试验期间平均0.42 m/s。

窑港桥 3 月 20—21 日实测流向向北，且流量较大，芦墟大桥 3 月 20 日实测流向向西，出现较小流量的负流，分析其原因为：一是拦路港潮汐影响，二是 3 月 19 日有一场中雨，雨量南多北少，使下游水位升高，出现负流。根据调水试验方案，太浦河两岸口门在太浦河水位高于太浦河北岸支流水位时控制运用，窑港桥不应出现负流。

太浦河干流和北岸支水量见表 3.1-25、表 3.1-26。

表 3.1-25 2017 年 3 月 9—23 日太浦河干流监测断面水量统计表 单位：百万 m^3

日期	太浦闸	平望大桥	芦墟大桥
3 月 9 日	7.080	14.34	2.687
3 月 10 日	6.520	16.50	38.79
3 月 11 日	5.980	7.716	34.04

续 表

日期	太浦闸	平望大桥	芦墟大桥
3月12日	7.570	4.423	31.97
3月13日	6.990	7.862	26.35
3月14日	6.310	10.37	34.73
3月15日	2.030	3.205	31.28
3月16日	5.540	9.072	23.24
3月17日	5.300	9.072	15.47
3月18日	5.920	12.44	9.072
3月19日	5.750	14.68	3.240
3月20日	11.58	18.66	−1.624
3月21日	13.48	27.82	7.387
3月22日	2.720	13.13	19.01
3月23日	16.50	27.91	26.70
合计	109.3	197.2	302.3

表3.1-26　2017年3月9—23日太浦河北岸口门水量统计表　单位：百万 m^3

日期	科林大桥	窑港桥	合计
3月9日	6.791	0.381	7.172
3月10日	4.985	1.996	6.981
3月11日	4.51	3.335	7.845
3月12日	3.352	3.205	6.557
3月13日	2.886	3.007	5.893
3月14日	2.661	2.255	4.916
3月15日	1.218	2.298	3.516
3月16日	2.030	2.687	4.717
3月17日	2.989	1.987	4.976
3月18日	3.102	1.78	4.882
3月19日	2.808	0.33	3.138
3月20日	3.335	−3.154	0.181 0
3月21日	3.344	−3.430	−0.086
3月22日	2.341	0.689 5	3.031
3月23日	3.810	1.486	5.296
合计	50.16	18.85	69.01

3.1.3.8 省际边界

2017年3月9—23日，淀泖区省际边界千灯浦闸流量1.64～16.3 m³/s，流向向南；大朱砂桥断面流量14.0～82.5 m³/s，流向向东；周庄大桥断面流量7.16～82.2 m³/s，流向向东；白石矶桥断面流量−24.4～38.6 m³/s，流向东为正。流量成果见表3.1-27，水位、流量变化见图3.1-45、图3.1-46。

表3.1-27 2017年3月9—23日淀泖区省际边界流量监测成果表

单位：水位(m)；流量(m³/s)

日期	千灯浦闸			大朱砂桥			周庄大桥			白石矶桥		
	水位	流量	流向	水位	流量	流向	水位	流量	流向	水位	流量	流向
3月9日	2.76	16.2	南	2.73	67.5	东	2.73	79.6	东	2.67	30.9	东
3月10日	2.76	13.3	南	2.73	58.9	东	2.72	63.7	东	2.63	23.9	东
3月11日	2.79	13.2	南	2.74	36.6	东	2.76	39.6	东	2.67	38.6	东
3月12日	2.81	14.3	南	2.8	46.2	东	2.78	33.2	东	2.69	26.0	东
3月13日	2.86	8.49	南	2.84	64.2	东	2.85	15.6	东	2.8	20.6	东
3月14日	2.95	11.1	南	2.94	53.2	东	2.9	15.3	东	2.84	34.6	东
3月15日	2.97	7.75	南	2.95	26.3	东	2.92	12.8	东	2.83	33.1	东
3月16日	2.97	7.75	南	2.95	31.7	东	2.94	7.16	东	2.85	24.1	东
3月17日	2.97	2.21	南	2.97	25.4	东	2.93	11.9	东	2.87	31.3	东
3月18日	2.94	2.74	南	2.97	25.4	东	2.91	31.7	东	2.85	24.0	东
3月19日	2.94	1.68	南	2.96	14.0	东	2.89	28.8	东	2.82	27.9	东
3月20日	2.97	1.64	南	2.96	22.5	东	2.89	48.0	东	2.85	44.9	东
3月21日	2.93	4.03	南	2.93	46.4	东	2.89	69.4	东	2.84	4.86	东
3月22日	2.91	9.34	南	2.91	52.1	东	2.88	66.4	东	2.84	37.9	东
3月23日	2.83	16.3	南	2.83	82.5	东	2.83	82.2	东	2.75	−24.4	西

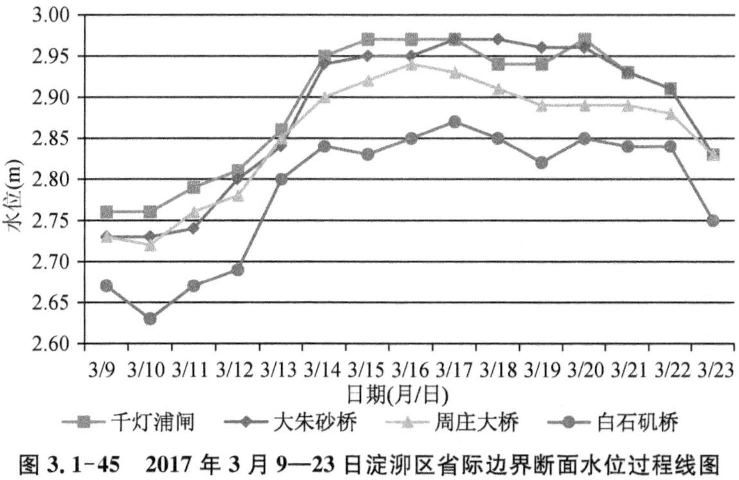

图3.1-45 2017年3月9—23日淀泖区省际边界断面水位过程线图

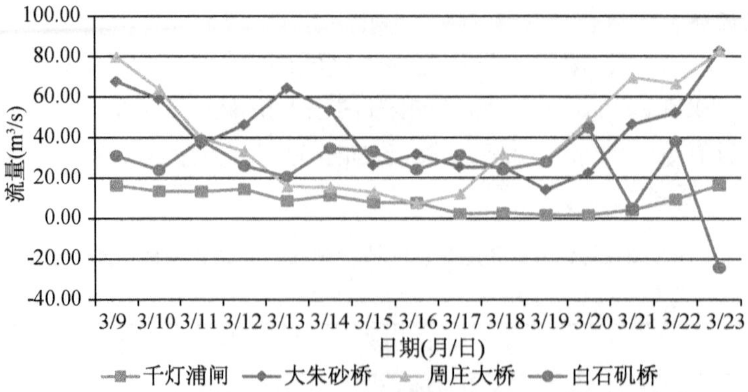

图 3.1-46　2017 年 3 月 9—23 日淀泖区省际边界断面流量变化图

千灯浦闸引水准备期平均流速 0.39 m/s，换水改善期前期平均流速 0.18 m/s，换水改善期后期平均流速 0.19 m/s，整个调水试验期间平均流速 0.25 m/s；大朱砂桥断面引水准备期平均流速 0.20 m/s，换水改善期前期平均流速 0.11 m/s，换水改善期后期平均流速 0.15 m/s，整个调水试验期间平均流速 0.16 m/s；周庄大桥断面引水准备期平均流速 0.12 m/s，换水改善期前期平均流速 0.04 m/s，换水改善期后期平均流速 0.15 m/s，整个调水试验期间平均流速 0.10 m/s；白石矶桥断面引水准备期平均流速 0.12 m/s，换水改善期前期平均流速 0.11 m/s，换水改善期后期平均流速 0.11 m/s，整个调水试验期间平均流速 0.11 m/s。

白石矶桥 3 月 23 日实测流向向西，根据实测资料，白石矶桥断面水位 3 月 23 日 2.75 m 较22 日 2.84 m 下降 0.09 m，当日风向风力为东北风 4 级，风吹动水流，从而出现流向向西的情况。

试验期间淀泖区省际边界引排水量见表 3.1-28 和图 3.1-47。

表 3.1-28　2017 年 3 月 9—23 日淀泖区省际边界引排水量统计表　　单位：百万 m^3

日期	千灯浦闸	大朱砂桥	周庄大桥	白石矶桥	合计
3 月 9 日	1.400	5.832	6.877	2.670	16.78
3 月 10 日	1.149	5.089	5.504	2.065	13.81
3 月 11 日	1.141	3.162	3.421	3.335	11.06
3 月 12 日	1.236	3.992	2.869	2.246	10.34
3 月 13 日	0.733 5	5.547	1.348	1.780	9.409
3 月 14 日	0.959 0	4.597	1.322	2.989	9.867
3 月 15 日	0.669 6	2.272	1.106	2.860	6.908
3 月 16 日	0.669 6	2.739	0.619 0	2.082	6.110
3 月 17 日	0.190 9	2.195	1.028	2.704	6.118
3 月 18 日	0.236 7	2.195	2.739	2.074	7.245
3 月 19 日	0.145 2	1.210	2.488	2.411	6.254
3 月 20 日	0.141 7	1.944	4.147	3.879	8.168
3 月 21 日	0.348 2	4.009	5.996	0.420 0	10.77
3 月 22 日	0.807 0	4.501	5.737	3.275	14.32
3 月 23 日	1.408	7.128	7.102	−2.108	13.53
合计	11.24	56.41	52.30	32.68	152.6

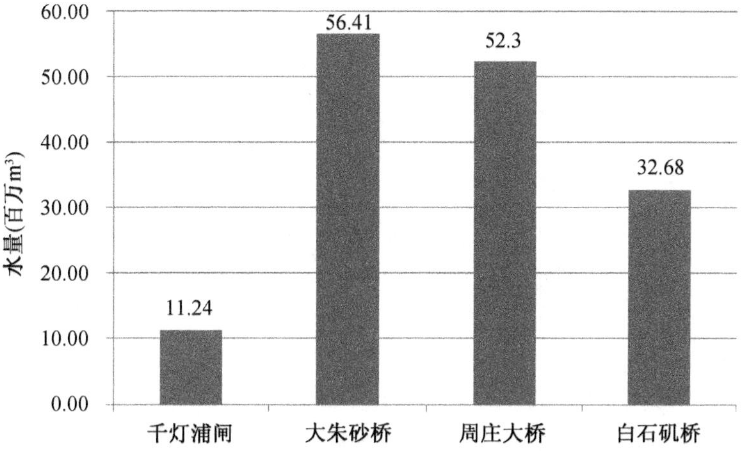

图 3.1-47 2017 年 3 月 9—23 日淀泖区省际边界流出水量统计图

3.1.4 水量效果评估

3.1.4.1 调水线路评价

1. 引水准备期

根据水利工程调度情况和水量监测成果分析，引水准备期(3 月 9—13 日)，阳澄湖以北区域，即七浦塘—阳澄湖一线以北至长江及望虞河，以望虞河、海洋泾、白茆塘引水为主，引长江水入腹部河网。七浦塘、杨林塘、冶长泾、西塘河引水入阳澄湖，抬高阳澄湖水位后，形成南北水势，湖水流入娄江、张家港，再流入浏河，形成了“长江、望虞河→阳澄区腹部、阳澄湖→娄江、浏河”的水循环路线。但在阳澄区未形成水循环线路，常浒河和白茆塘未能开闸把区域内水流北排长江，降低了有序流动的效率。

阳澄湖以南区域，即七浦塘—阳澄湖一线以南至太浦河，浏河闸在 3 月 11 日先引水 3.000 百万 m^3，后于 3 月 12 日排水 5.200 百万 m^3。张家港、阳澄湖水流汇入娄江、浏河，再通过界浦、青阳港流入吴淞江，水量一部分通过吴淞江流出边界，另一部分通过吴淞江南岸支流流入淀泖区腹地，最后流出边界，汇入淀山湖。

东太湖沿岸口门引水进入淀泖区腹部，再经淀泖区腹部河网，一部分汇入淀山湖，一部分汇入太浦河，最终淀山湖水经拦路港排出，太浦河也汇入拦路港，形成了“太湖→淀泖区腹部→拦路港”的水循环路线。

2. 换水改善期

(1) 换水改善期前期

换水改善期前期(3 月 14—18 日)，阳澄湖以北区域，即七浦塘—阳澄湖一线以北至长江及望虞河，以望虞河、海洋泾、白茆塘、张家港引水为主，常浒河以排水为主。望虞闸、海洋泾、白茆闸引长江水入腹部河网，引水一段时间后，由常浒河北排入江，形成“长江、望虞河→区域腹部河网→常浒河→长江”的水循环路线。七浦塘、杨林塘、冶长泾、西塘河引水入阳澄湖，抬高阳澄湖水位后，形成南北水势，湖水流入娄江、张家港，再流入浏河，形成了“长江、望虞河→阳澄区腹部、阳澄湖→娄江、浏河”的水循环路线。

阳澄湖以南区域，浏河闸连续引水 3 d，同时张家港、娄江水流汇入，通过界浦、青阳港流

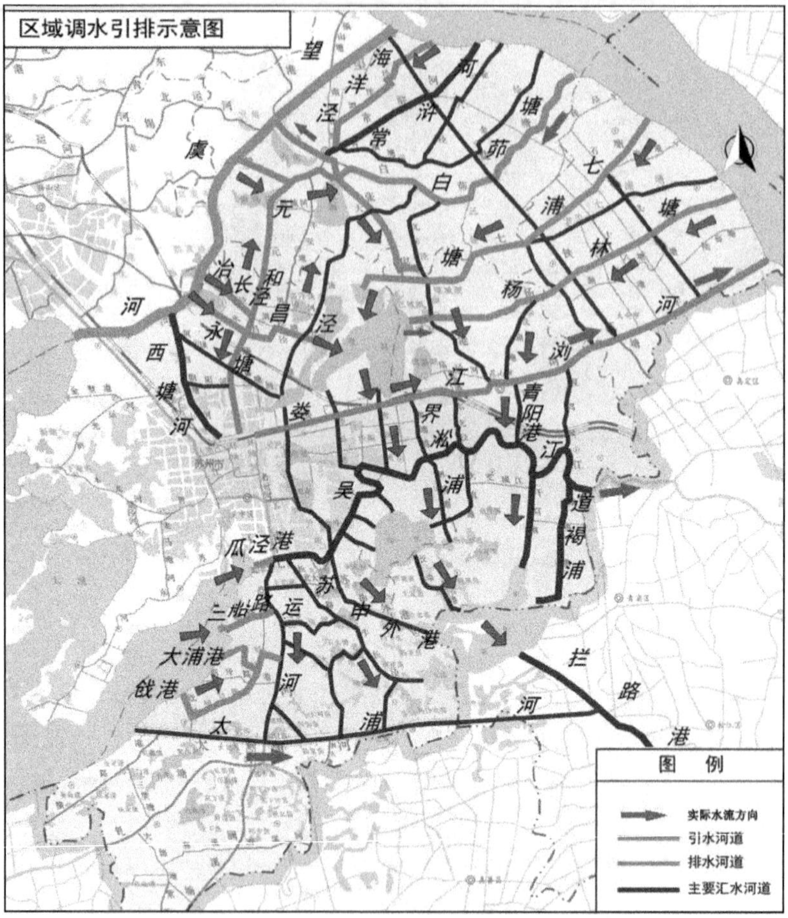

图 3.1-48　2017 年 3 月 9—13 日引水准备期引排路线示意图

入吴淞江，水量部分通过吴淞江流出边界，另一部分通过吴淞江南岸支流流入淀泖区腹地，最后流出边界，汇入淀山湖，促进了淀泖区内河网的有序流动，有助于改善淀泖区内河湖水质。

东太湖沿岸口门引水进入淀泖区腹部，再经淀泖区腹部河网，一部分汇入淀山湖，一部分汇入太浦河，最终淀山湖水经拦路港排出，太浦河也汇入拦路港，形成了“太湖→淀泖区腹部→拦路港”的水循环路线。

(2) 换水改善期后期

换水改善期后期(3 月 19—23 日)，除海洋泾以外，沿江闸站望虞闸、浒浦闸、白茆闸、荡茜枢纽、七浦闸、杨林闸、浏河闸均关闸。冶长泾、西塘河引水入阳澄湖，湖水流入娄江、张家港，再流入浏河，形成了“长江、望虞河→阳澄区腹部、阳澄湖→娄江”的水循环路线。

娄江、张家港水流通过界浦、青阳港流入吴淞江，水量部分通过吴淞江流出边界，另一部分通过吴淞江南岸支流流入淀泖区腹地，最后流出边界，汇入淀山湖。

东太湖沿岸口门引水进入淀泖区腹部，再经淀泖区腹部河网，一部分汇入淀山湖，一部分汇入太浦河，最终淀山湖水经拦路港排出，太浦河也汇入拦路港，形成了“太湖→淀泖区腹部→拦路港”的水循环路线。

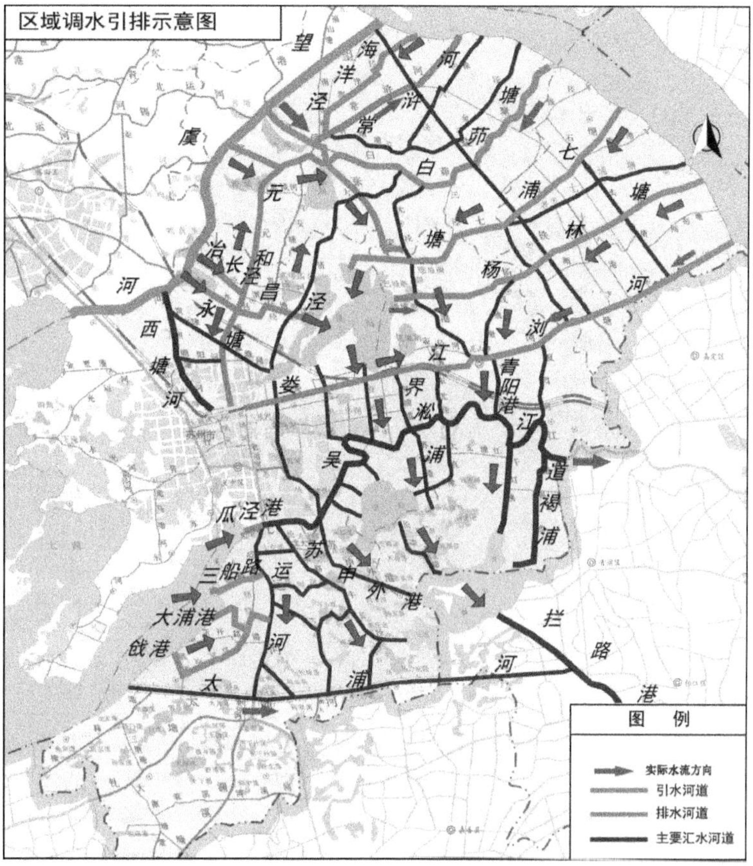

图 3.1-49 2017 年 3 月 14—18 日换水改善期(前期)引排路线示意图

综上,换水改善期后期,水体流动性较差,特别是阳澄区引排河道基本处于滞流状态,不利于调水试验目标的达成。

3.1.4.2 流速评价

根据本次调水试验实测资料分析,本次调水试验处于非汛期,沿江主要引排河道断面平均流速均大于 0.15 m/s,全部达到试验方案的设计目标,其中荡茜枢纽引水时平均流速达到 0.67 m/s,最高达 0.92 m/s;望虞河东岸口门及东太湖引水口门断面平均流速在 0.05~0.15 m/s 之间,永昌泾桥断面、车轮桥断面平均流速均大于 0.07 m/s,达到试验方案的设计目标,张家港西三环湖桥引水准备期断面平均流速 0.11 m/s,换水改善期流速较小,整个调水试验期间平均流速 0.05 m/s,未能达到试验方案设计的目标;东太湖引水口门平均流速均大于 0.07 m/s,达到试验方案的设计目标;环阳澄湖各入湖口门断面平均流速在 0.01~0.07 m/s 之间,除蠡塘河入湖口断面平均流速达到 0.07 m/s 外,界泾河入湖口、永昌泾入湖口、七浦塘桥断面平均流速均小于 0.07 m/s,未能达到试验方案的设计目标,但界泾河入湖口调水试验期间断面平均流速逐渐增大,在换水改善期后期平均流速达到 0.07 m/s;环阳澄湖各出湖口门断面平均流速在 0~0.14 m/s 之间,除野尤泾闸、西港河出湖口关闸断面平均流速为 0 m/s 外,其余巴城工农桥断面、陆泾出湖口断面平均流速均大于 0.07 m/s,达到试验方案的设计目标,且陆泾出湖口调水试验期间断面平均流速逐渐增大;元和塘周塘河

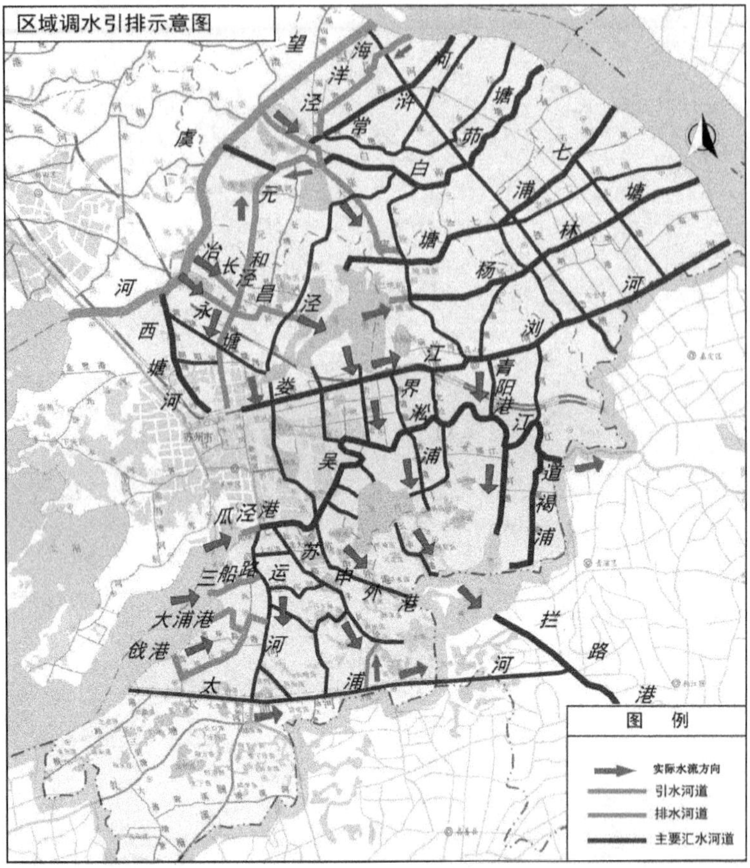

图 3.1-50　2017 年 3 月 19—23 日换水改善期(后期)引排路线示意图

桥断面、爱格豪路桥断面、建元路桥断面平均流速在 0.04～0.10 m/s 之间，除建元路桥断面平均流速大于 0.07 m/s，达到试验方案的设计目标外，周塘河桥、爱格豪路桥断面均未达到 0.07 m/s 的设计目标；盐铁塘常太交界闸、城南桥断面、新丰新星桥断面平均流速在 0.02～0.18 m/s 之间，除了新丰新星桥断面流速较小未达到试验方案设计目标外，常太交界闸、城南桥断面均达到 0.07 m/s 的设计目标，且断面平均流速在调水试验期间均逐渐增大；娄江—浏河一线，娄江大桥、西河大桥、通城河桥、青阳港大桥、石头塘长桥断面平均流速在 0.01～0.16 m/s 之间，通城河桥断面、青阳港大桥断面、石头塘长桥断面平均流速均大于 0.07 m/s，达到试验方案的设计目标，娄江大桥断面、西河大桥断面流速较小，未能达到试验方案的设计目标；淀泖区骨干河道斜塘河、界江大桥断面、大直港桥断面、花桥吴淞江大桥断面、牛长泾断面平均流速在 0.01～0.16 m/s，除斜塘河、界江大桥断面平均流速较小未达到 0.07 m/s 的设计目标外，大直港桥断面、花桥吴淞江大桥断面、牛长泾断面平均流速均达到 0.07 m/s；太浦河干流断面平均流速均大于 0.07 m/s，其中芦墟大桥断面平均流速达到 0.30 m/s，最高达 0.56 m/s；太浦河北岸支流科林大桥断面、窑港桥断面平均流速均达到 0.07 m/s 的设计目标；淀泖区省际边界千灯浦闸、大朱砂桥断面、周庄大桥断面、白石矶大桥断面平均流速在 0.10～0.25 m/s 之间，全部达到 0.07 m/s 的设计目标。

综上所述，整个调水试验期间，67%的监测断面平均流速达到了调水试验方案的流速设计目标。详见表 3.1-29。

表 3.1-29 2017 年 3 月 9—23 日阳澄淀泖区骨干河道流速统计表 单位:m/s

断面名称	设计流速	引水准备期		换水改善期前期		换水改善期后期	
		平均流速	最大流速	平均流速	最大流速	平均流速	最大流速
西三环湖桥	0.07	0.11	0.19	0.02	0.04	0.03	0.07
永昌泾桥	0.07	0.10	0.14	0.11	0.15	0.10	0.12
车轮桥	0.07	0.08	0.15	0.18	0.23	0.19	0.24
吴家港桥	0.07	0.11	0.23	0.06	0.14	0.05	0.14
联湖桥	0.07	0.18	0.27	0.10	0.16	0.12	0.21
界泾河入湖口	0.07	0.04	0.13	0.05	0.09	0.07	0.12
永昌泾入湖口	0.07	0.02	0.04	0.01	0.04	0.02	0.03
蠡塘河入湖口	0.07	0.04	0.10	0.06	0.11	0.10	0.18
七浦塘桥	0.07	0.03	0.12	0.01	0.03	0.00	0.02
巴城工农桥	0.07	0.13	0.15	0.08	0.13	0.10	0.11
陆泾出湖口	0.07	0.13	0.15	0.13	0.16	0.15	0.17
野尤泾闸	0.07	0.00	0.00	0.00	0.00	0.00	0.00
西港河出湖口	0.07	0.00	0.00	0.00	0.00	0.00	0.00
周塘河桥	0.07	0.06	0.13	0.05	0.06	0.03	0.06
爱格豪路桥	0.07	0.03	0.07	0.03	0.06	0.05	0.07
建元路桥	0.07	0.12	0.14	0.11	0.17	0.08	0.12
盐铁塘常太交界闸	0.07	0.11	0.53	0.12	0.37	0.14	0.32
南园桥	0.07	0.16	0.31	0.18	0.23	0.20	0.40
新丰新星桥	0.07	0.03	0.06	0.01	0.03	0.03	0.08
娄江大桥	0.07	0.01	0.02	0.03	0.07	0.01	0.02
西河大桥	0.07	0.00	0.01	0.01	0.03	0.02	0.06
通城河桥	0.07	0.15	0.20	0.08	0.13	0.16	0.27
青阳港大桥	0.07	0.18	0.25	0.14	0.19	0.15	0.23
石头塘长桥	0.07	0.17	0.40	0.09	0.14	0.10	0.22
斜塘河	0.07	0.01	0.03	0.00	0.00	0.02	0.05
界江大桥	0.07	0.06	0.08	0.05	0.07	0.05	0.06
大直港桥	0.07	0.19	0.21	0.15	0.16	0.15	0.19
吴淞江大桥	0.07	0.11	0.15	0.11	0.16	0.14	0.16
牛长泾	0.07	0.14	0.16	0.11	0.12	0.11	0.13
芦墟大桥	0.07	0.38	0.56	0.30	0.46	0.15	0.36
科林大桥	0.07	0.21	0.31	0.10	0.13	0.13	0.16
窑港桥	0.07	0.52	0.74	0.42	0.51	0.34	0.62

续 表

断面名称	设计流速	引水准备期		换水改善期前期		换水改善期后期	
		平均流速	最大流速	平均流速	最大流速	平均流速	最大流速
千灯浦闸	0.07	0.39	0.49	0.18	0.31	0.19	0.48
大朱砂港桥	0.07	0.20	0.25	0.11	0.19	0.15	0.30
周庄大桥	0.07	0.12	0.21	0.04	0.08	0.15	0.21
白石矶大桥	0.07	0.12	0.16	0.11	0.13	0.11	0.17

3.1.4.3　水量评价

(1) 调水试验期间，阳澄淀泖区平均面雨量 45.0 mm，地表产流 0.524 5 亿 m^3，折合径流深 12.8 mm。阳澄湖水面产流 5.244 百万 m^3。

(2) 引水准备期(3 月 9—13 日)，沿江闸站共引水 50.81 百万 m^3，望虞河东岸口门共引水 8.827 百万 m^3，东太湖口门共引水 14.21 百万 m^3，省际边界流入水量 0.522 7 百万 m^3，共引水 0.743 7 亿 m^3 进入阳澄淀泖区；沿江闸站共排水 7.190 百万 m^3，望虞河东岸口门共排水 3.422 百万 m^3，太浦河北岸口门共排水 34.45 百万 m^3，省际边界共排水 69.35 百万 m^3，共排水 1.144 亿 m^3 出阳澄淀泖区。

(3) 换水改善期前期(3 月 14—18 日)，沿江闸站共引水 53.34 百万 m^3，望虞河东岸口门共引水 10.43 百万 m^3，东太湖口门共引水 7.744 百万 m^3，共引水 0.715 1 亿 m^3 进入阳澄淀泖区；沿江闸站共排水 5.820 百万 m^3，望虞河东岸口门共排水 0.727 5 百万 m^3，东太湖口门共排水 3.438 百万 m^3，太浦河北岸口门共排水 23.01 百万 m^3，省际边界共排水 44.30 百万 m^3，共排水 0.773 0 亿 m^3 出阳澄淀泖区。

(4) 换水改善期后期(3 月 19—23 日)，沿江闸站共引水 4.470 百万 m^3，望虞河东岸口门共引水 11.40 百万 m^3，东太湖口门共引水 7.593 百万 m^3，太浦河北岸口门流入水量 6.584 百万 m^3，省际边界引水 2.419 百万 m^3，共引水 0.324 7 亿 m^3 进入阳澄淀泖区；望虞河东岸口门排水 0.859 7 百万 m^3，东太湖口门排水 1.935 百万 m^3，太浦河北岸口门排水 18.14 百万 m^3，省际边界排水 67.51 百万 m^3，共排水 0.884 4 亿 m^3 出阳澄淀泖区。见表 3.1-30。

表 3.1-30　2017 年 3 月 9—23 日阳澄淀泖区引排水量统计表　　单位：百万 m^3

引排水量		引水准备期	换水改善期前期	换水改善期后期	总计
引水量	引江水量	50.81	53.34	4.470	108.6
	引望虞河水量	8.827	10.43	11.40	30.65
	引太湖水量	14.21	7.744	7.593	29.55
	引太浦河水量	0	0	6.584	6.584
	省际边界流入水量	0.522 7	0	2.419	2.942
排水量	排江水量	7.190	5.820	0	13.01
	排望虞河水量	3.422	0.727 5	0.859 7	5.009
	排太湖水量	0	3.438	1.935	5.373
	排太浦河水量	34.45	23.01	18.14	75.60
	省际边界流出水量	69.35	44.30	67.51	181.2

综合整个调水试验期间(3月9—23日),阳澄淀泖区降雨地表产流0.5245亿m^3,沿江闸站共引水108.6百万m^3,望虞河东岸口门共引水30.65百万m^3,东太湖口门共引水29.55百万m^3,太浦河北岸口门共引水6.584百万m^3,省际边界流入水量2.942百万m^3,共引水2.308亿m^3进入阳澄淀泖区;沿江闸站共排水13.01百万m^3,望虞河东岸口门共排水5.009百万m^3,东太湖口门共排水5.373百万m^3,太浦河北岸口门共排水75.60百万m^3,省际边界共排水181.2百万m^3,共排水2.802亿m^3出阳澄淀泖区。

表3.1-31 2017年3月9—23日阳澄淀泖区出入境水量表 单位:百万m^3

入境水量	降雨产流量	52.45
	引江水量	108.6
	引望虞河水量	30.65
	引太湖水量	29.55
	引太浦河水量	6.584
	省际边界流入水量	2.942
出境水量	排江水量	13.01
	排望虞河水量	5.009
	排太湖水量	5.373
	排太浦河水量	75.60
	排出省际边界水量	181.2

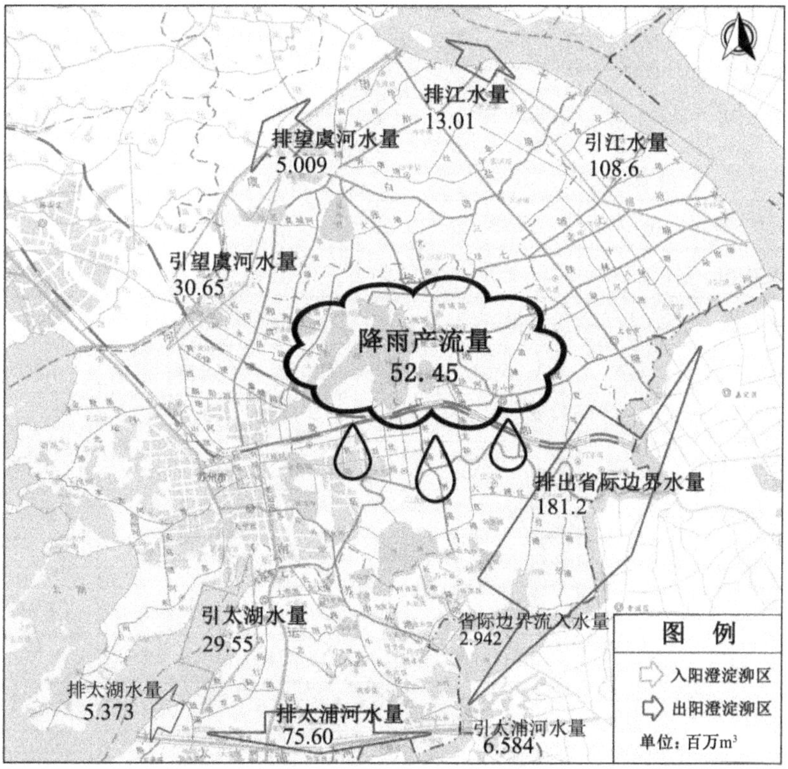

注:图中标注仅为示意,不代表具体范围。

图3.1-51 2017年3月9—23日阳澄淀泖区调水试验引排水量示意图

3.2 水质监测与效果评估

3.2.1 水质监测成果

阳澄淀泖区水网纵横交错，水利工程较多。根据调水试验的要求，为全面反映有序流动调水试验的效果，参照《地表水环境质量标准》(GB 3838—2002)，对监测成果进行分区分析评价(水质指标总氮不参与评价)。

结合调水试验方案、降雨情况和实际工程调度情况，将原方案中的引水准备期(3 月 9—13 日)、换水改善期(3 月 14—23 日)进行细分，划分为引水准备期(3 月 9—13 日)、换水改善期前期(3 月 14—18 日)、换水改善期后期(3 月 19—23 日)，对不同时期的水质监测成果均值进行综合指标评价。

3.2.1.1 引水水源各口门水质监测成果

本次调水试验，长江及太湖作为优质水源引入腹部河网。引水水源口门有沿江口门、望虞河口门、东太湖口门。

1. 沿江口门水质监测成果

试验期间，沿江口门监测断面有 7 处，其中望虞闸(上)、荡茜枢纽(上)、七浦闸(上)、杨林塘(上)作为沿江口门引水断面；浏河闸(上)、浒浦闸(上)、白茆闸(上)作为沿江口门排水断面。水质监测成果详见表 3.2-1，水质类别评价表见表 3.2-2。

表 3.2-1 沿江口门水质监测成果表

断面名称		pH 值	溶解氧	高锰酸盐指数	化学需氧量	总磷	氨氮	总氮
		无量纲	mg/L					
望虞闸(上)	平均值	8.28	10.32	2.6	<15	0.149	0.17	2.70
	最大值	8.39	10.69	3.5	<15	0.232	0.23	4.13
	最小值	8.17	9.81	2.1	<15	0.111	0.06	1.53
浒浦闸(上)	平均值	8.18	6.74	4.0	<15	0.172	0.91	4.18
	最大值	8.27	8.56	4.9	17.0	0.191	1.93	5.56
	最小值	7.96	5.22	2.9	<15	0.145	0.34	2.68
白茆闸(上)	平均值	8.24	9.29	2.7	<15	0.165	0.83	2.98
	最大值	8.39	10.08	4.1	<15	0.205	2.64	4.63
	最小值	8.03	8.04	2.1	<15	0.127	0.18	2.01
荡茜枢纽(上)	平均值	8.27	9.93	2.6	<15	0.172	0.23	2.58
	最大值	8.45	10.45	4.0	<15	0.211	0.43	3.25
	最小值	8.06	9.51	2.1	<15	0.142	0.12	1.95

续 表

断面名称		pH值	溶解氧	高锰酸盐指数	化学需氧量	总磷	氨氮	总氮
		无量纲	mg/L					
七浦闸（上）	平均值	8.19	8.86	2.8	＜15	0.182	0.36	2.84
	最大值	8.45	12.54	3.8	＜15	0.263	1.10	3.91
	最小值	7.93	6.97	2.0	＜15	0.122	0.12	1.61
杨林闸（上）	平均值	7.80	5.49	5.2	17.6	0.695	1.18	4.94
	最大值	8.24	8.82	8.1	28.1	1.233	2.74	9.54
	最小值	7.00	0.32	2.3	＜15	0.133	0.13	2.77
浏河闸（上）	平均值	8.18	9.16	2.8	＜15	0.202	0.47	2.57
	最大值	8.30	9.62	4.4	15.7	0.256	0.83	3.54
	最小值	8.09	8.44	2.2	＜15	0.140	0.27	1.48

表 3.2-2 沿江口门水质类别评价表

河流名称	断面名称	调水试验期间（3月9—23日）						引水准备期（9—13日）	换水改善期（14—23日）	换水改善前期（14—18日）	换水改善后期（19—23日）
		单项指标均值评价					综合评价	综合评价	综合评价	综合评价	综合评价
		溶解氧	高锰酸盐指数	化学需氧量	总磷	氨氮					
望虞河	望虞闸（上）	Ⅰ	Ⅱ	Ⅰ	Ⅲ	Ⅱ	Ⅲ	Ⅲ	Ⅲ	Ⅲ	Ⅲ
常浒河	浒浦闸（上）	Ⅱ	Ⅱ	Ⅰ	Ⅲ	Ⅲ	Ⅲ	Ⅲ	Ⅳ	Ⅳ	Ⅳ
白茆塘	白茆闸（上）	Ⅰ	Ⅱ	Ⅰ	Ⅲ	Ⅲ	Ⅲ	Ⅲ	Ⅳ	Ⅲ	Ⅴ
新荡茜	荡茜枢纽（上）	Ⅰ	Ⅱ	Ⅰ	Ⅲ	Ⅱ	Ⅲ	Ⅲ	Ⅲ	Ⅲ	Ⅲ
七浦塘	七浦闸（上）	Ⅰ	Ⅱ	Ⅰ	Ⅲ	Ⅱ	Ⅲ	Ⅲ	Ⅲ	Ⅲ	Ⅲ
杨林塘	杨林闸（上）	Ⅲ	Ⅲ	Ⅰ	劣Ⅴ	Ⅳ	劣Ⅴ	劣Ⅴ	劣Ⅴ	劣Ⅴ	劣Ⅴ
浏河	浏河闸（上）	Ⅰ	Ⅱ	Ⅰ	Ⅳ	Ⅱ	Ⅳ	Ⅳ	Ⅲ	Ⅲ	Ⅳ

以水质综合评价来看，调水试验期间，Ⅲ、Ⅳ、劣Ⅴ类水断面占比为71.4%、14.3%、14.3%，其中引水准备期及换水改善期前期水质类别断面占比互相持平。换水改善期后期Ⅲ、Ⅳ、Ⅴ、劣Ⅴ类水断面占比为42.9%、28.6%、14.3%、14.3%，换水改善后期因降雨关闸等因素影响，Ⅲ类水断面占比较前期下降28.5%，Ⅳ、Ⅴ类水断面占比均上升了14.3%。

沿江口门望虞闸（上）、荡茜枢纽（上）、七浦闸（上）水质稳定，不同时期水质综合评价均稳定在Ⅲ类水。

浏河闸（上）在调水试验期间，水质综合评价为Ⅳ类水。引水准备期水质综合评价为Ⅳ

类水，换水改善前期水质综合评价为Ⅲ类水，换水改善后期受降雨关闸等因素影响，水质综合评价为Ⅳ类水。主要影响因子为总磷，其余评价指标均达到Ⅲ类水。

浒浦闸(上)在调水试验期间，水质综合评价为Ⅲ类水。引水准备期水质综合评价为Ⅲ类水，换水改善前期及换水改善后期水质综合评价均为Ⅳ类水。

白茆闸(上)在调水试验期间，水质综合评价为Ⅲ类水。引水准备期及换水改善期前期，水质综合评价为Ⅲ类水。换水改善期后期因降雨关闸等因素影响，水质综合评价为Ⅴ类水，主要影响因子为氨氮，其余评价指标均达到Ⅲ类水。

杨林闸(上)各阶段水质综合评价为劣Ⅴ类水。不同时期水质综合评价均为劣Ⅴ类水。主要污染因子为总磷，其次为氨氮和溶解氧。在3月13—17日持续引水，氨氮和溶解氧改善效果较快，总磷有改善，效果相对较慢。各项水质指标的最差值均出现在13日。

2. 望虞河东岸口门水质监测成果

本次调水试验期间，望虞河东岸口门水质监测断面有张家港西三环湖桥、永昌泾闸、车轮桥。水质监测成果详见表3.2-3，水质类别评价见表3.2-4。

以水质综合评价来看，调水试验期间Ⅱ、Ⅲ、Ⅳ类水断面占比分别为33.3%、33.3%、33.3%；引水准备期Ⅱ、Ⅲ类水断面占比分别为66.7%、33.3%，换水改善期前期与之持平。换水改善期后期受降雨关闸等因素影响，Ⅱ、Ⅲ、Ⅴ类水断面占比为33.3%、33.3%、33.3%。

永昌泾闸处于漕湖出湖口，水质优质且稳定，不同时期水质综合评价均为Ⅱ类水。

车轮桥调水试验期间，不同时段，水质均达到Ⅲ类水。引水准备期与换水改善期前期水质为Ⅱ类水，换水改善后期受降雨及口门关闸等因素，氨氮、总磷等水质指标逐渐回升，水质综合评价为Ⅲ类。

张家港西三环湖桥引水准备期水质综合评价为Ⅲ类水，换水改善期水质综合评价为Ⅴ类水，主要影响因子为氨氮。

表3.2-3　望虞河东岸口门水质监测成果表

断面名称		pH值	溶解氧	高锰酸盐指数	化学需氧量	总磷	氨氮	总氮
		无量纲	mg/L					
西三环湖桥	平均值	7.74	6.68	4.5	19.3	0.119	1.50	4.17
	最大值	8.08	10.33	6.1	29.1	0.148	2.09	5.29
	最小值	7.56	3.97	1.6	<15	0.086	0.23	2.35
永昌泾闸内	平均值	8.32	10.99	2.7	<15	0.023	0.11	2.20
	最大值	8.40	11.47	3.2	20.3	0.047	0.22	2.70
	最小值	8.23	10.41	2.4	<15	0.009	0.04	1.69
车轮桥	平均值	7.68	9.32	2.5	<15	0.092	0.53	2.94
	最大值	7.89	10.00	2.9	29.1	0.142	1.19	4.00
	最小值	7.47	8.66	2.3	<15	0.073	0.30	2.56

表 3.2-4 望虞河东岸口门水质类别评价表

河流名称	断面名称	调水试验期间(3 月 9—23 日)						引水准备期(9—13 日)	换水改善期(14—23 日)	换水改善前期(14—18 日)	换水改善后期(19—23 日)
		单项指标均值评价					综合评价	综合评价	综合评价	综合评价	综合评价
		溶解氧	高锰酸盐指数	化学需氧量	总磷	氨氮					
张家港	西三环湖桥	Ⅱ	Ⅲ	Ⅲ	Ⅲ	Ⅳ	Ⅳ	Ⅲ	Ⅴ	Ⅴ	Ⅴ
永昌泾	永昌泾闸内	Ⅰ	Ⅱ	Ⅰ	Ⅰ	Ⅰ	Ⅱ	Ⅱ	Ⅱ	Ⅱ	Ⅱ
琳桥港	车轮桥	Ⅰ	Ⅱ	Ⅰ	Ⅱ	Ⅲ	Ⅲ	Ⅱ	Ⅲ	Ⅱ	Ⅲ

3. 东太湖口门水质监测成果

本次调水试验期间，在东太湖口门设置监测断面为瓜泾口、吴家港桥、联湖桥、太浦闸（下）。水质监测成果详见表 3.2-5，水质类别评价见表 3.2-6。

以水质综合评价来看，东太湖口门各断面水质综合评价均达到Ⅲ类水。调水试验期间Ⅱ、Ⅲ类水断面占比分别为 25.0%、75.0%；引水准备期Ⅲ类水断面占比为 100%；换水改善期Ⅱ、Ⅲ类水的断面占比分别为 25.0%、75.0%。换水改善期优于引水准备期，且换水改善期前期水质优于换水改善期后期水质。

表 3.2-5 东太湖口门水质监测成果表

断面名称		pH 值	溶解氧	高锰酸盐指数	化学需氧量	总磷	氨氮	总氮
		无量纲	mg/L					
瓜泾口	平均值	8.18	9.57	3.1	<15	0.156	0.41	2.33
	最大值	8.36	10.64	4.4	15.3	0.379	1.20	3.84
	最小值	8.01	7.35	2.3	<15	0.054	0.13	1.13
吴家港桥	平均值	8.12	8.71	3.6	<15	0.120	0.35	1.16
	最大值	8.30	10.33	5.1	17.6	0.205	0.74	1.68
	最小值	7.77	2.01	2.8	<15	0.070	0.20	0.78
联湖桥	平均值	8.18	9.76	3.3	<15	0.091	0.23	1.33
	最大值	8.37	10.42	4.6	16.0	0.168	0.30	1.74
	最小值	7.97	8.45	2.6	<15	0.055	0.20	0.82
太浦闸（下）	平均值	8.16	10.29	3.4	<15	0.114	0.35	1.97
	最大值	8.35	10.96	4.6	16.0	0.155	0.46	2.49
	最小值	7.79	8.40	2.7	<15	0.087	0.18	1.19

表 3.2-6　东太湖口门水质类别评价表

河流名称	断面名称	调水试验期间(3月9—23日)						引水准备期(9—13日)	换水改善期(14—23日)	换水改善前期(14—18日)	换水改善后期(19—23日)
		单项指标均值评价					综合评价	综合评价	综合评价	综合评价	综合评价
		溶解氧	高锰酸盐指数	化学需氧量	总磷	氨氮					
瓜泾港	瓜泾口	Ⅰ	Ⅱ	Ⅰ	Ⅲ	Ⅱ	Ⅲ	Ⅲ	Ⅲ	Ⅲ	Ⅲ
吴家港	吴家港桥	Ⅰ	Ⅱ	Ⅰ	Ⅲ	Ⅱ	Ⅲ	Ⅲ	Ⅲ	Ⅱ	Ⅲ
大浦港	联湖桥	Ⅰ	Ⅱ	Ⅰ	Ⅱ	Ⅱ	Ⅱ	Ⅲ	Ⅱ	Ⅱ	Ⅱ
太浦河	太浦闸(下)	Ⅰ	Ⅱ	Ⅰ	Ⅲ	Ⅱ	Ⅲ	Ⅲ	Ⅲ	Ⅱ	Ⅲ

3.2.1.2　阳澄湖出入河道及阳澄湖水质监测成果

阳澄湖及出入湖河道设置监测断面9处,以水质综合评价来看,调水试验期间Ⅱ、Ⅲ、Ⅳ、Ⅴ类水断面占比分别为55.6%、22.2%、11.1%、11.1%;引水准备期Ⅱ、Ⅲ、Ⅳ、Ⅴ类水断面占比分别为22.2%、33.3%、22.2%、22.2%;换水改善期Ⅱ、Ⅲ、Ⅳ、Ⅴ类水断面占比分别为66.7%、11.1%、11.1%、11.1%。其中换水改善期前期Ⅱ、Ⅲ、Ⅳ、Ⅴ类水断面占比为44.4%、33.3%、11.1%、11.1%。换水改善期Ⅱ、Ⅲ类水断面占比较引水准备期提高了22.2%。通过调水试验,阳澄湖及出入湖河道水质改善效果显著。

1. 阳澄湖入湖河道水质监测成果

阳澄湖入湖河道主要分布在西岸和北岸。调水试验期间,阳澄湖西岸入湖口监测断面有界泾河入湖口、永昌泾入湖口、蠡塘河入湖口;北岸入湖口监测断面为七浦塘桥。水质监测成果详见表3.2-7,水质类别评价见表3.2-8。

表 3.2-7　阳澄湖入湖河道水质监测成果表

河流	断面名称		pH值	溶解氧	高锰酸盐指数	化学需氧量	总磷	氨氮	总氮
			无量纲	mg/L					
永昌泾	永昌泾入湖口	平均值	7.72	8.53	3.9	16.2	0.065	0.42	3.10
		最大值	8.07	10.75	4.2	21.5	0.136	0.52	3.50
		最小值	7.40	7.38	3.7	<15	0.040	0.27	2.79
界泾河	界泾河入湖口	平均值	7.84	9.77	3.9	<15	0.062	0.33	3.36
		最大值	8.19	12.52	4.5	22.7	0.097	0.57	3.72
		最小值	7.64	7.86	3.3	<15	0.040	0.17	2.99
蠡塘河	蠡塘河入湖口	平均值	7.42	6.55	4.8	23.1	0.242	1.91	4.56
		最大值	7.68	8.91	6.3	29.9	0.334	2.56	5.55
		最小值	7.24	4.19	3.9	<15	0.178	1.57	3.73
七浦塘	七浦塘桥	平均值	7.98	10.25	3.4	<15	0.054	0.31	2.69
		最大值	8.14	12.39	4.2	19.9	0.094	0.67	3.75
		最小值	7.77	8.68	2.5	<15	0.014	<0.025	2.23

表 3.2-8 阳澄湖入湖河道水质类别评价表

<table>
<tr><td rowspan="3">河流名称</td><td rowspan="3">断面名称</td><td colspan="6">调水试验期间(3 月 9—23 日)</td><td>引水准备期(9—13 日)</td><td>换水改善期(14—23 日)</td><td>换水改善前期(14—18 日)</td><td>换水改善后期(19—23 日)</td></tr>
<tr><td colspan="5">单项指标均值评价</td><td rowspan="2">综合评价</td><td rowspan="2">综合评价</td><td rowspan="2">综合评价</td><td rowspan="2">综合评价</td><td rowspan="2">综合评价</td></tr>
<tr><td>溶解氧</td><td>高锰酸盐指数</td><td>化学需氧量</td><td>总磷</td><td>氨氮</td></tr>
<tr><td>永昌泾</td><td>永昌泾入湖口</td><td>Ⅰ</td><td>Ⅱ</td><td>Ⅲ</td><td>Ⅱ</td><td>Ⅱ</td><td>Ⅲ</td><td>Ⅲ</td><td>Ⅲ</td><td>Ⅲ</td><td>Ⅲ</td></tr>
<tr><td>界泾河</td><td>界泾河入湖口</td><td>Ⅰ</td><td>Ⅱ</td><td>Ⅰ</td><td>Ⅱ</td><td>Ⅱ</td><td>Ⅱ</td><td>Ⅲ</td><td>Ⅱ</td><td>Ⅱ</td><td>Ⅱ</td></tr>
<tr><td>蠡塘河</td><td>蠡塘河入湖口</td><td>Ⅱ</td><td>Ⅲ</td><td>Ⅳ</td><td>Ⅳ</td><td>Ⅴ</td><td>Ⅴ</td><td>Ⅴ</td><td>Ⅴ</td><td>Ⅴ</td><td>>Ⅴ</td></tr>
<tr><td>七浦塘</td><td>七浦塘桥</td><td>Ⅰ</td><td>Ⅱ</td><td>Ⅰ</td><td>Ⅱ</td><td>Ⅱ</td><td>Ⅱ</td><td>Ⅱ</td><td>Ⅱ</td><td>Ⅲ</td><td>Ⅱ</td></tr>
</table>

以水质综合评价来看，换水改善期水质优于引水准备期水质的断面为界泾河入湖口，调水试验期间水质综合评价为Ⅱ类水；换水改善期水质与引水准备期水质综合评价一致的断面有 3 处，分别为七浦塘桥、永昌泾入湖口、蠡塘河入湖口，调水试验期间水质综合评价分别为Ⅱ、Ⅲ、Ⅴ类水。

2. 阳澄湖出湖河道水质监测成果

阳澄湖出湖河道主要分布在南岸和东岸。水质监测成果详见表 3.2-9，水质类别评价见表 3.2-10。

以水质综合评价来看，换水改善期水质优于引水准备期水质的断面为西港河出湖口，调水试验期间水质综合评价为Ⅱ类水；换水改善期水质与引水准备期水质综合评价一致的断面有 2 处，分别为巴城工农桥和陆泾出湖口，调水试验期间水质综合评价分别为Ⅱ、Ⅳ类水。

表 3.2-9 阳澄湖出湖河道水质监测成果表

<table>
<tr><td rowspan="2">河流</td><td colspan="2" rowspan="2">断面名称</td><td>pH 值</td><td>溶解氧</td><td>高锰酸盐指数</td><td>化学需氧量</td><td>总磷</td><td>氨氮</td><td>总氮</td></tr>
<tr><td>无量纲</td><td colspan="6">mg/L</td></tr>
<tr><td rowspan="3">陆泾</td><td rowspan="3">陆泾出湖口</td><td>平均值</td><td>8.52</td><td>11.93</td><td>4.5</td><td>26.2</td><td>0.109</td><td>0.90</td><td>3.86</td></tr>
<tr><td>最大值</td><td>8.84</td><td>14.23</td><td>5.4</td><td>32.7</td><td>0.143</td><td>1.41</td><td>5.09</td></tr>
<tr><td>最小值</td><td>8.01</td><td>9.49</td><td>3.3</td><td><15</td><td>0.075</td><td>0.24</td><td>3.20</td></tr>
<tr><td rowspan="3">西港河</td><td rowspan="3">西港河出湖口</td><td>平均值</td><td>8.38</td><td>10.63</td><td>3.5</td><td>15.4</td><td>0.032</td><td>0.18</td><td>2.44</td></tr>
<tr><td>最大值</td><td>8.70</td><td>12.58</td><td>4.2</td><td>23.9</td><td>0.036</td><td>0.32</td><td>2.78</td></tr>
<tr><td>最小值</td><td>8.18</td><td>6.71</td><td>3.0</td><td><15</td><td><0.01</td><td>0.06</td><td>2.01</td></tr>
<tr><td rowspan="3">杨林塘</td><td rowspan="3">巴城工农桥</td><td>平均值</td><td>8.36</td><td>10.68</td><td>3.0</td><td><15</td><td>0.030</td><td>0.13</td><td>1.77</td></tr>
<tr><td>最大值</td><td>8.73</td><td>11.28</td><td>3.6</td><td>17.1</td><td>0.043</td><td>0.23</td><td>2.08</td></tr>
<tr><td>最小值</td><td>8.16</td><td>10.08</td><td>2.2</td><td><15</td><td>0.015</td><td>0.06</td><td>1.41</td></tr>
</table>

表 3.2-10　阳澄湖出湖河道水质类别评价表

河流名称	断面名称	调水试验期间(3 月 9—23 日)						引水准备期(9—13 日)	换水改善期(14—23 日)	换水改善前期(14—18 日)	换水改善后期(19—23 日)
		单项指标均值评价					综合评价	综合评价	综合评价	综合评价	综合评价
		溶解氧	高锰酸盐指数	化学需氧量	总磷	氨氮					
陆泾	陆泾出湖口	Ⅰ	Ⅲ	Ⅳ	Ⅲ	Ⅳ	Ⅳ	Ⅴ	Ⅳ	Ⅳ	Ⅳ
阳澄湖	西港河出湖口	Ⅰ	Ⅱ	Ⅲ	Ⅰ	Ⅰ	Ⅲ	Ⅲ	Ⅱ	Ⅱ	Ⅲ
杨林塘	巴城工农桥	Ⅰ	Ⅱ	Ⅰ	Ⅱ	Ⅰ	Ⅱ	Ⅱ	Ⅱ	Ⅱ	Ⅱ

3. 阳澄湖水质监测成果

调水期间，阳澄湖布设的监测站点为野尤泾闸和阳澄东湖。水质监测成果见表 3.2-11，水质类别评价见表 3.2-12。

以水质综合评价来看，阳澄湖野尤泾桥段和阳澄东湖水质综合评价为Ⅱ类水，且换水改善期水质明显优于引水准备期水质。

表 3.2-11　阳澄湖水质成果表

河流	断面名称		水温	pH 值	溶解氧	高锰酸盐指数	化学需氧量	总磷	氨氮	总氮
			℃	无量纲	mg/L					
阳澄湖	野尤泾桥	平均值	12.2	8.17	9.61	3.2	<15	<0.01	0.14	0.95
		最大值	13.3	8.60	10.73	3.9	22.7	0.025	0.25	1.07
		最小值	11.5	7.99	8.58	2.5	<15	<0.01	<0.025	0.81
阳澄湖	阳澄东湖	平均值	11.7	8.28	10.90	3.2	<15	<0.01	0.14	1.02
		最大值	12.4	8.53	11.60	3.7	24.7	0.023	0.16	1.23
		最小值	10.8	8.20	10.33	2.4	<15	<0.01	0.09	0.77

表 3.2-12　阳澄湖水质类别评价表

河流名称	断面名称	调水试验期间(3 月 9—23 日)						引水准备期(9—13 日)	换水改善期(14—23 日)	换水改善前期(14—18 日)	换水改善后期(19—23 日)
		单项指标均值评价					综合评价	综合评价	综合评价	综合评价	综合评价
		溶解氧	高锰酸盐指数	化学需氧量	总磷	氨氮					
阳澄湖	野尤泾桥	Ⅰ	Ⅱ	Ⅰ	Ⅰ	Ⅰ	Ⅱ	Ⅳ	Ⅱ	Ⅲ	Ⅱ
阳澄湖	阳澄东湖	Ⅰ	Ⅱ	Ⅰ	Ⅰ	Ⅰ	Ⅱ	Ⅳ	Ⅱ	Ⅱ	Ⅱ

3.2.1.3　阳澄区主干河道水质监测成果

阳澄区骨干河道设置监测断面 11 处，以水质综合评价来看，调水试验期间Ⅱ、Ⅳ、Ⅴ、劣

Ⅴ类水断面占比分别为18.2%、27.3%、45.5%、9.1%；引水准备期Ⅱ、Ⅲ、Ⅳ、Ⅴ类水断面占比分别为9.1%、9.1%、18.2%、63.6%；换水改善期Ⅱ、Ⅳ、Ⅴ类、劣水Ⅴ类断面占比分别为18.2%、18.2%、45.5%、18.2%。其中换水改善期前期Ⅱ、Ⅲ、Ⅳ、Ⅴ、劣Ⅴ类水断面占比为9.1%、9.1%、9.1%、45.5%、27.3%，换水改善期后期Ⅲ、Ⅳ、Ⅴ、劣Ⅴ类水断面占比为18.2%、9.1%、54.5%、18.2%。

1. 元和塘水质监测成果

调水试验期间，元和塘布设3个监测断面，分别为周塘河桥、元和塘常相交界、元和塘南段。水质监测成果详见表3.2-13，水质类别评价见表3.2-14。

以水质综合评价来看，换水改善期水质与引水准备期水质综合评价一致的断面有2处，分别为元和塘常相交界和元和塘南段，调水试验期间水质综合评价分别为Ⅱ、Ⅴ类水；换水改善期水质劣于引水准备期水质的断面为周塘河桥，且换水改善期前期优于换水改善期后期；调水试验期间水质综合评价分别为劣Ⅴ类水。

表3.2-13 元和塘水质监测成果表

河流	断面名称		pH值	溶解氧	高锰酸盐指数	化学需氧量	总磷	氨氮	总氮
			无量纲	mg/L					
元和塘	周塘河大桥	平均值	7.47	6.37	4.9	26.8	0.404	1.55	4.83
		最大值	7.71	7.43	6.2	34.3	0.995	2.43	5.45
		最小值	6.37	4.33	3.3	22.3	0.156	1.11	4.30
元和塘	元和塘常相交界处	平均值	7.35	7.72	3.2	<15	0.081	0.48	4.18
		最大值	7.78	8.58	3.7	18.7	0.127	0.78	6.93
		最小值	6.55	6.23	2.5	<15	0.052	0.31	2.90
元和塘	元和塘南段	平均值	7.58	7.46	4.3	28.0	0.227	1.53	4.41
		最大值	7.80	9.61	5.5	35.1	0.276	1.77	5.15
		最小值	7.24	6.00	3.3	21.5	0.161	1.33	3.69

表3.2-14 元和塘水质类别评价表

河流名称	断面名称	调水试验期间(3月9—23日)						引水准备期(9—13日)	换水改善期(14—23日)	换水改善前期(14—18日)	换水改善后期(19—23日)
		单项指标均值评价					综合评价	综合评价	综合评价	综合评价	综合评价
		溶解氧	高锰酸盐指数	化学需氧量	总磷	氨氮					
元和塘	周塘河桥	Ⅱ	Ⅲ	Ⅳ	劣Ⅴ	Ⅴ	劣Ⅴ	Ⅴ	劣Ⅴ	Ⅴ	劣Ⅴ
元和塘	元和塘常相交界处	Ⅰ	Ⅱ	Ⅰ	Ⅱ	Ⅱ	Ⅱ	Ⅱ	Ⅱ	Ⅱ	Ⅲ
元和塘	元和塘南段	Ⅱ	Ⅲ	Ⅳ	Ⅳ	Ⅴ	Ⅴ	Ⅴ	Ⅴ	Ⅴ	Ⅴ

2. 盐铁塘水质监测成果

本次调水试验期间，盐铁塘布设 3 个监测断面，分别为盐铁塘常太交界、城南桥、新丰新星桥（省际边界断面）。水质监测成果见表 3.2-15，水质类别评价见表 3.2-16。

以水质综合评价来看，换水改善期水质与引水准备期水质综合评价一致的断面有 2 处，分别为盐铁塘常太交界和新丰新星桥，调水试验期间水质综合评价分别为Ⅳ、Ⅴ类水；换水改善期水质劣于引水准备期水质的断面为城南桥，调水试验期间水质综合评价分别为Ⅴ类水。

表 3.2-15　盐铁塘水质监测成果表

河流	断面名称		pH 值	溶解氧	高锰酸盐指数	化学需氧量	总磷	氨氮	总氮
			无量纲	mg/L					
盐铁塘	盐铁塘常太交界	平均值	8.09	7.53	4.0	<15	0.207	1.01	3.98
		最大值	8.21	9.88	5.6	19.6	0.252	2.22	5.87
		最小值	7.97	3.15	2.1	<15	0.155	0.15	2.74
盐铁塘	城南桥（南园桥）	平均值	8.00	4.95	4.7	<15	0.294	1.97	4.69
		最大值	8.28	7.37	6.3	22.2	0.401	2.42	5.71
		最小值	7.75	2.67	4.0	<15	0.239	1.53	3.09
盐铁塘	新丰新星桥	平均值	8.10	7.10	4.3	<15	0.285	1.64	4.14
		最大值	8.34	9.05	5.1	17.6	0.338	2.26	4.85
		最小值	7.85	5.89	3.6	<15	0.257	0.94	3.22

表 3.2-16　盐铁塘水质类别评价表

河流名称	断面名称	调水试验期间（3 月 9—23 日）						引水准备期（9—13 日）	换水改善期（14—23 日）	换水改善前期（14—18 日）	换水改善后期（19—23 日）
		单项指标均值评价					综合评价	综合评价	综合评价	综合评价	综合评价
		溶解氧	高锰酸盐指数	化学需氧量	总磷	氨氮					
盐铁塘	盐铁塘常太交界	Ⅰ	Ⅱ	Ⅰ	Ⅳ	Ⅳ	Ⅳ	Ⅳ	Ⅳ	Ⅳ	Ⅴ
盐铁塘	城南桥	Ⅳ	Ⅲ	Ⅰ	Ⅳ	Ⅴ	Ⅴ	Ⅴ	劣Ⅴ	劣Ⅴ	劣Ⅴ
盐铁塘	新丰新星桥	Ⅱ	Ⅲ	Ⅰ	Ⅳ	Ⅴ	Ⅴ	Ⅴ	Ⅴ	Ⅴ	Ⅴ

3. 娄江—浏河及沿线河道水质监测成果

本次调水试验期间，娄江布设监测站点 2 处，分别为娄江大桥和西河大桥；在河道张家港、青阳港、石头塘桥分别布设监测站点为通城河桥、青阳港大桥、石头塘长桥。水质监测成果详见表 3.2-17，水质类别评价见表 3.2-18。

表 3.2-17 娄江—浏河及沿线河道水质监测成果表

河流	断面名称		pH 值	溶解氧	高锰酸盐指数	化学需氧量	总磷	氨氮	总氮
			无量纲	mg/L					
娄江	娄江大桥	平均值	8.11	9.72	3.0	<15	0.038	0.43	1.92
		最大值	8.22	10.76	4.0	23.5	0.084	1.10	3.44
		最小值	7.89	7.77	2.4	<15	0.018	0.16	1.36
娄江	西河大桥	平均值	7.97	4.44	5.4	<15	0.233	1.58	4.46
		最大值	8.19	7.58	8.2	28.7	0.314	2.43	5.40
		最小值	7.75	1.98	3.8	<15	0.109	0.06	3.27
张家港	通城河桥	平均值	8.03	4.87	4.9	<15	0.217	1.48	4.43
		最大值	8.23	6.84	5.6	19.6	0.385	3.04	6.08
		最小值	7.66	2.74	3.5	<15	0.104	0.09	3.41
青阳港	青阳港大桥	平均值	8.13	3.93	6.1	21.3	0.286	1.50	4.86
		最大值	8.60	6.61	7.8	27.4	0.362	2.36	5.86
		最小值	7.71	1.27	4.7	16.6	0.129	0.15	4.05
石头塘	石头塘长桥	平均值	8.05	6.93	4.2	<15	0.354	1.06	3.86
		最大值	8.24	8.20	5.5	19.3	0.454	1.51	5.48
		最小值	7.90	3.71	3.1	<15	0.268	0.68	2.39

表 3.2-18 娄江—浏河及沿线河道水质类别评价表

河流名称	断面名称	调水试验期间(3 月 9—23 日)						引水准备期(9—13 日)	换水改善期(14—23 日)	换水改善前期(14—18 日)	换水改善后期(19—23 日)
		单项指标均值评价					综合评价	综合评价	综合评价	综合评价	综合评价
		溶解氧	高锰酸盐指数	化学需氧量	总磷	氨氮					
娄江	娄江大桥	Ⅰ	Ⅱ	Ⅰ	Ⅰ	Ⅱ	Ⅱ	Ⅲ	Ⅱ	Ⅲ	Ⅲ
娄江	西河大桥	Ⅳ	Ⅲ	Ⅰ	Ⅳ	Ⅴ	Ⅴ	Ⅳ	Ⅴ	劣Ⅴ	Ⅴ
张家港	通城河桥	Ⅳ	Ⅲ	Ⅰ	Ⅳ	Ⅳ	Ⅳ	Ⅴ	Ⅳ	劣Ⅴ	Ⅳ
青阳港	青阳港大桥	Ⅳ	Ⅳ	Ⅳ	Ⅳ	Ⅳ	Ⅳ	Ⅴ	Ⅴ	Ⅴ	Ⅴ
石头塘	石头塘长桥	Ⅱ	Ⅲ	Ⅰ	Ⅴ	Ⅳ	Ⅴ	Ⅴ	Ⅴ	Ⅴ	Ⅴ

以水质综合评价来看，换水改善期水质优于引水准备期水质的有 2 处，分别为娄江大桥和通城河桥，调水试验期间水质综合评价分别为Ⅱ、Ⅳ类水；换水改善期水质与引水准备期水质综合评价一致的断面有 2 处，分别为青阳港大桥和石头糖长桥，调水试验期间水质综合评价分别为Ⅳ、Ⅴ类水；换水改善期水质劣于引水准备期水质的断面为西河大桥，调水试验

期间水质综合评价分别为Ⅴ类水。

3.2.1.4 淀泖区河道水质监测成果

淀泖区骨干河道设置监测断面10处，以水质综合评价来看，调水试验期间Ⅲ、Ⅳ、Ⅴ、劣Ⅴ类水断面占比分别为50.0%、30.0%、10.0%、10.0%；引水准备期Ⅱ、Ⅲ、Ⅳ、Ⅴ、劣Ⅴ类水断面占比分别为10.0%、40.0%、30.0%、10.0%、10.0%；换水改善期前期与之持平。换水改善期Ⅲ、Ⅳ、Ⅴ类、劣Ⅴ类水断面占比分别为50.0%、30.0%、10.0%、10.0%。

1. 淀泖区骨干河道水质监测成果

调水试验期间，淀泖区在斜塘河、牛长泾布设监测站点斜塘河、牛长泾桥；在界浦港布设站点界江大桥；在大直港布设站点机场路大直港桥；在吴淞江省际边界布设站点花桥吴淞江大桥。水质监测成果详见表3.2-19，水质类别评价见表3.2-20。

以水质综合评价来看，换水改善期水质优于引水准备期水质的为机场路大直港桥段，调水试验期间水质综合评价为Ⅴ类水；换水改善期水质与引水准备期水质综合评价一致的断面有3处，分别为斜塘河桥、牛长泾桥和花桥吴淞江大桥，调水试验期间水质综合评价分别为Ⅲ、Ⅳ、劣Ⅴ类水；换水改善期水质劣于引水准备期水质的断面为界江大桥，调水试验期间水质综合评价分别为Ⅳ类水。

表3.2-19 淀泖区骨干河道水质成果表

河流	断面名称		pH值	溶解氧	高锰酸盐指数	化学需氧量	总磷	氨氮	总氮
			无量纲	mg/L					
斜塘河	斜塘河桥	平均值	8.25	9.99	4.3	<15	0.099	0.41	3.19
		最大值	8.51	11.86	5.7	19.9	0.154	1.62	4.46
		最小值	8.06	9.28	3.7	<15	0.082	0.06	2.23
界浦港	界江大桥	平均值	8.11	6.57	4.6	<15	0.158	1.39	3.73
		最大值	8.23	7.78	6.6	23.2	0.209	3.31	5.52
		最小值	7.89	5.45	4.0	<15	0.110	0.13	2.34
大直港	机场路大直港桥	平均值	8.02	5.84	5.0	16.5	0.210	1.53	4.42
		最大值	8.23	7.18	5.6	19.6	0.323	2.30	5.81
		最小值	7.66	4.19	4.4	<15	0.119	0.14	2.85
吴淞江	花桥吴淞江大桥	平均值	8.03	5.82	6.3	21.2	0.276	2.65	5.36
		最大值	8.16	8.44	8.1	28.4	0.335	3.25	6.22
		最小值	7.67	4.47	4.2	<15	0.215	2.18	4.83
牛长泾	牛长泾桥	平均值	7.91	8.78	5.5	18.0	0.242	0.90	3.20
		最大值	8.26	10.24	6.7	23.5	0.303	1.47	4.44
		最小值	7.34	6.75	3.9	<15	0.211	0.22	2.12

表 3.2-20 淀泖区骨干河道水质类别评价表

河流名称	断面名称	调水试验期间(3 月 9—23 日)						引水准备期(9—13 日)	换水改善期(14—23 日)	换水改善前期(14—18 日)	换水改善后期(19—23 日)
		单项指标均值评价					综合评价	综合评价	综合评价	综合评价	综合评价
		溶解氧	高锰酸盐指数	化学需氧量	总磷	氨氮					
斜塘	斜塘大桥	Ⅰ	Ⅲ	Ⅰ	Ⅱ	Ⅱ	Ⅲ	Ⅲ	Ⅲ	Ⅲ	Ⅲ
界浦	界江大桥	Ⅱ	Ⅲ	Ⅰ	Ⅲ	Ⅳ	Ⅳ	Ⅳ	Ⅴ	Ⅳ	Ⅴ
大直港	机场路大直港桥	Ⅲ	Ⅲ	Ⅲ	Ⅳ	Ⅴ	Ⅴ	Ⅴ	Ⅳ	Ⅴ	Ⅳ
吴淞江	花桥吴淞江大桥	Ⅲ	Ⅳ	Ⅳ	Ⅳ	劣Ⅴ	劣Ⅴ	劣Ⅴ	劣Ⅴ	劣Ⅴ	劣Ⅴ
牛长泾	牛长泾桥	Ⅰ	Ⅲ	Ⅲ	Ⅳ	Ⅲ	Ⅳ	Ⅳ	Ⅳ	Ⅳ	Ⅳ

2. 太浦河及北岸口门河道水质监测成果

调水试验期间,太浦河布设监测站点为 3 处,分别为太浦闸(下)(东太湖口门)、平望大桥、芦墟大桥(省际边界断面);在太浦河北岸江南运河设置监测站点平望科林大桥段,在北窑港设置监测站点窑港桥。水质监测成果详见表 3.2-21,水质类别评价见表 3.2-22。

表 3.2-21 太浦河及北岸口门河道水质监测成果表

河流	断面名称		pH 值	溶解氧	高锰酸盐指数	化学需氧量	总磷	氨氮	总氮
			无量纲	mg/L					
太浦河	太浦闸(下)	平均值	8.16	10.29	3.4	<15	0.114	0.35	1.97
		最大值	8.35	10.96	4.6	16.0	0.155	0.46	2.49
		最小值	7.79	8.40	2.7	<15	0.087	0.18	1.19
太浦河	平望大桥	平均值	8.15	9.40	4.0	<15	0.104	0.61	2.03
		最大值	8.33	10.43	6.4	22.5	0.137	2.22	2.78
		最小值	7.95	8.68	2.3	<15	0.087	0.17	1.24
太浦河	芦墟大桥	平均值	8.00	7.97	4.2	<15	0.090	0.48	2.17
		最大值	8.27	8.42	6.0	20.9	0.110	0.75	2.96
		最小值	7.71	7.12	3.4	<15	0.056	0.30	1.50
江南运河	平望科林大桥	平均值	8.10	7.59	3.9	<15	0.165	1.15	2.87
		最大值	8.40	8.50	5.3	18.6	0.262	1.50	3.82
		最小值	7.81	7.07	3.2	<15	0.091	0.86	2.20
北窑港	窑港桥	平均值	8.06	8.28	4.3	<15	0.128	0.40	2.02
		最大值	8.32	9.07	5.2	18.3	0.202	0.80	2.84
		最小值	7.83	7.01	3.7	<15	0.084	0.19	1.71

表 3.2-22　太浦河及北岸口门河道水质类别评价表

河流名称	断面名称	调水试验期间(3月9—23日)						引水准备期(9—13日)	换水改善期(14—23日)	换水改善前期(14—18日)	换水改善后期(19—23日)
		单项指标均值评价					综合评价	综合评价	综合评价	综合评价	综合评价
		溶解氧	高锰酸盐指数	化学需氧量	总磷	氨氮					
太浦河	太浦闸(下)	Ⅰ	Ⅱ	Ⅰ	Ⅲ	Ⅱ	Ⅲ	Ⅲ	Ⅲ	Ⅱ	Ⅲ
太浦河	平望大桥	Ⅰ	Ⅱ	Ⅰ	Ⅲ	Ⅲ	Ⅲ	Ⅲ	Ⅲ	Ⅲ	Ⅲ
太浦河	芦墟大桥	Ⅰ	Ⅲ	Ⅰ	Ⅱ	Ⅱ	Ⅲ	Ⅱ	Ⅲ	Ⅲ	Ⅲ
江南运河	平望科林大桥	Ⅰ	Ⅱ	Ⅰ	Ⅲ	Ⅳ	Ⅳ	Ⅳ	Ⅳ	Ⅳ	Ⅳ
北窑港	窑港桥	Ⅰ	Ⅲ	Ⅰ	Ⅲ	Ⅱ	Ⅲ	Ⅲ	Ⅲ	Ⅲ	Ⅲ

以水质综合评价来看，换水改善期水质与引水准备期水质综合评价一致的断面有4处，分别为太浦闸(下)、平望大桥、窑港桥和平望科林大桥，调水试验期间平望科林大桥水质综合评价为Ⅳ类水，其余为Ⅲ类水；换水改善期水质劣于引水准备期水质的断面为芦墟大桥，调水试验期间水质综合评价分别为Ⅲ类水。

3.2.1.5　省际边界断面水质监测成果

省际边界河道设监测断面7处，分别为新丰新星桥(表3.2-16)、花桥吴淞江大桥(表3.2-20)、芦墟大桥(表3.2-22)、大朱砂港桥、白石矶桥、千灯浦闸、周庄大桥。调水试验期间Ⅲ、Ⅳ、Ⅴ、劣Ⅴ类水断面占比分别为42.9%、28.6%、14.3%、14.3%；引水准备期Ⅱ、Ⅲ、Ⅳ、Ⅴ、劣Ⅴ类水断面占比分别为14.3%、28.6%、28.6%、14.3%、14.3%；换水改善期Ⅲ、Ⅳ、Ⅴ类、劣Ⅴ类水断面占比分别为42.9%、14.3%、28.6%、14.3%。水质监测成果详见表3.2-23，水质类别评价见表3.2-24。

表 3.2-23　省际边界断面水质监测成果表

河流	断面名称		pH值	溶解氧	高锰酸盐指数	化学需氧量	总磷	氨氮	总氮
			无量纲	mg/L					
千灯浦	千灯浦闸	平均值	8.06	7.11	5.1	<15	0.229	1.48	4.72
		最大值	8.27	8.88	6.4	22.5	0.324	2.08	5.55
		最小值	7.72	6.17	3.8	<15	0.192	0.98	3.71
大、小朱砂	大朱砂桥	平均值	8.16	9.13	4.3	<15	0.178	0.53	3.75
		最大值	8.37	9.82	5.6	19.6	0.223	0.98	4.95
		最小值	7.94	7.55	3.6	<15	0.125	0.29	3.00
急水港	周庄大桥	平均值	7.91	8.32	4.1	<15	0.135	1.27	4.01
		最大值	8.16	8.71	5.6	19.3	0.155	1.82	4.97
		最小值	7.52	8.05	3.4	<15	0.122	0.98	3.16

续 表

河流	断面名称		pH 值	溶解氧	高锰酸盐指数	化学需氧量	总磷	氨氮	总氮
			无量纲	mg/L					
元荡	白石矶桥	平均值	8.09	9.69	3.7	<15	0.107	0.28	3.14
		最大值	8.25	10.18	4.7	16.3	0.146	0.72	3.86
		最小值	7.81	9.17	3.4	<15	0.082	0.14	2.06

表 3.2-24 省际边界断面水质类别评价表

河流名称	断面名称	调水试验期间(3 月 9—23 日)						引水准备期(9—13 日)	换水改善期(14—23 日)	换水改善前期(14—18 日)	换水改善后期(19—23 日)
		单项指标均值评价					综合评价	综合评价	综合评价	综合评价	综合评价
		溶解氧	高锰酸盐指数	化学需氧量	总磷	氨氮					
千灯浦	千灯浦闸	Ⅱ	Ⅲ	Ⅰ	Ⅳ	Ⅳ	Ⅳ	Ⅳ	Ⅴ	Ⅴ	Ⅴ
大、小朱砂	大朱砂桥	Ⅰ	Ⅲ	Ⅰ	Ⅲ	Ⅲ	Ⅲ	Ⅲ	Ⅲ	Ⅲ	Ⅲ
急水港	周庄大桥	Ⅰ	Ⅲ	Ⅰ	Ⅲ	Ⅳ	Ⅳ	Ⅳ	Ⅳ	Ⅴ	Ⅳ
元荡入淀山湖口	白石矶桥	Ⅰ	Ⅱ	Ⅰ	Ⅲ	Ⅱ	Ⅲ	Ⅲ	Ⅲ	Ⅲ	Ⅲ

以水质综合评价来看，换水改善期水质与引水准备期水质综合评价一致的断面有 5 处，分别为大朱砂桥、白石矶桥、周庄大桥、新丰新星桥、花桥吴淞江大桥，调水试验期间水质综合评价分别为Ⅲ、Ⅲ、Ⅳ、Ⅴ、劣Ⅴ；换水改善期水质劣于引水准备期水质的断面有 2 处，分别为芦墟大桥和千灯浦闸，调水试验期间水质综合评价分别为Ⅲ、Ⅴ类水。

3.2.1.6 水质监测成果总体评价

本次调水试验期间，在所监测的 47 个断面中，水质综合评价Ⅱ、Ⅲ、Ⅳ、Ⅴ、劣Ⅴ类水断面占比分别为 19.1%、36.2%、23.4%、14.9%、6.4%，累计达到Ⅲ类水的断面占比55.3%。引水准备期Ⅱ、Ⅲ、Ⅳ、Ⅴ、劣Ⅴ断面占比分别为 14.9%、38.3%、21.3%、21.3%、4.3%。换水改善期Ⅱ、Ⅲ、Ⅳ、Ⅴ、劣Ⅴ断面占比分别为 21.3%、31.9%、19.1%、19.1%、8.5%。其中换水改善期前期Ⅱ、Ⅲ、Ⅳ、Ⅴ、劣Ⅴ类水断面占比分别为 21.3%、34.0%、12.8%、21.3%、10.6%。见图 3.2-1。

换水改善期较引水准备期Ⅱ类水断面占比增加 6.4%，Ⅲ、Ⅳ、Ⅴ类水断面占比分别降低了6.2%、2.2%、2.2%，劣Ⅴ水断面占比增加 4.2%。换水改善期前期较引水准备期Ⅱ类水断面占比增加 6.4%，Ⅲ、Ⅳ类水断面占比分别降低了 4.3%、8.5%，Ⅴ类水断面占比持平，劣Ⅴ水断面占比增加 6.3%。

本次调水试验期间，换水改善期水质综合评价维持并达到Ⅲ类水要求的断面为 25 处，占比 53.2%，其中换水改善期前期维持并达到Ⅲ类水要求的断面为 26 处，占比 55.3%。26 处断面中，换水改善期与换水改善前期保持一致的有 25 处，仅白茆闸(上)段换水改善后期氨氮指标评价为Ⅴ类，换水改善期水质综合评价为Ⅳ类。

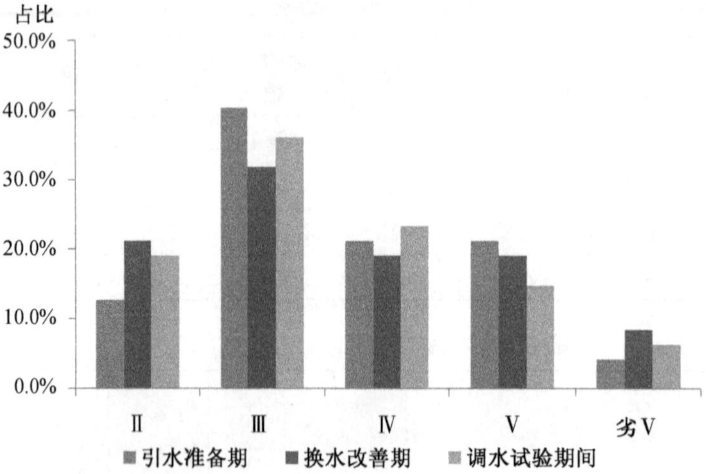

图 3.2-1　水体有序流动监测断面分阶段水质类别占比图

从水质综合评价来看，换水改善期较引水准备期水质类别改善的断面有 10 处，占 21.3%，主要为沿江口门、东太湖口门、阳澄湖及出入湖河道断面，阳澄区娄江大桥断面和张家港通成河桥断面，淀泖区大直港桥断面。换水改善期前期水质优于引水准备期的断面有 9 处，占 19.1%，主要为沿江口门、东太湖口门和阳澄湖及出入湖河道。详见图 3.2-2、图 3.2-3 和表 3.2-25、表 3.2-26。

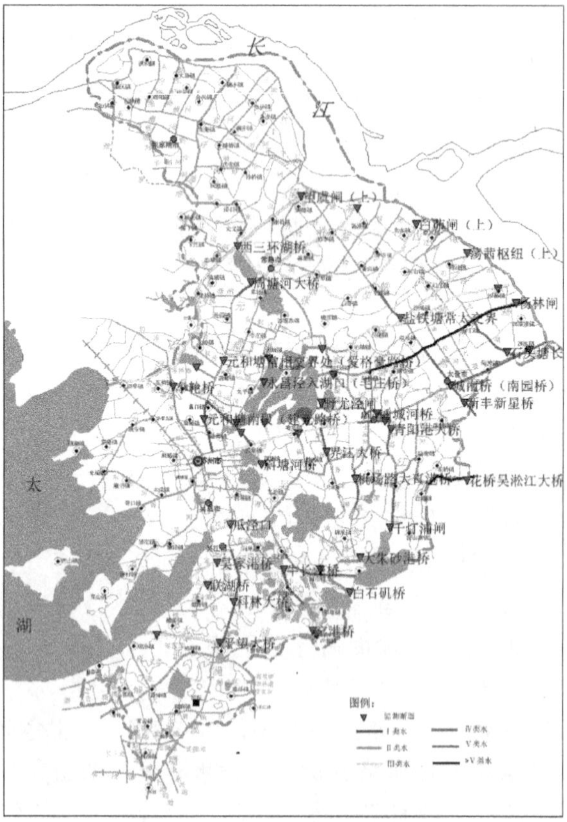

图 3.2-2　水体有序流动引水准备期监测断面水质类别示意图

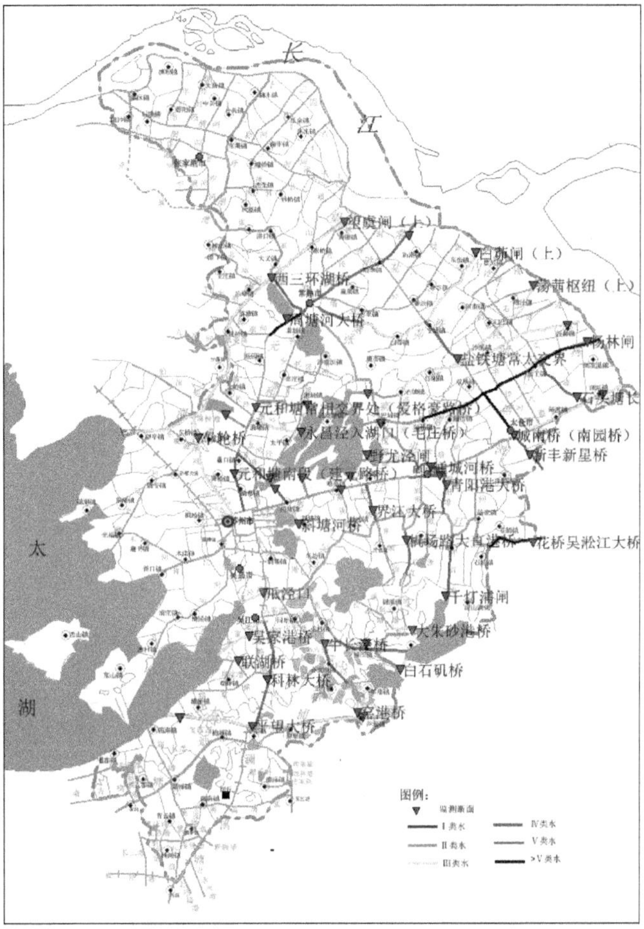

图 3.2-3　水体有序流动换水改善期监测断面水质类别示意图

表 3.2-25　水质综合评价换水改善期优于引水准备期断面列表

区域	河流名称	断面名称	调水试验期（3 月 9—23 日）	引水准备期（3 月 9—13 日）	换水改善期（3 月 14—23 日）
沿江口门	浏河	浏河闸(上)	Ⅳ	Ⅳ	Ⅲ
东太湖口门	大浦港	联湖桥	Ⅱ	Ⅲ	Ⅱ
阳澄湖及出入河道	界泾河	界泾河入湖口	Ⅱ	Ⅲ	Ⅱ
	陆泾	陆泾出湖口	Ⅳ	Ⅴ	Ⅳ
	西港河	西港河出湖口	Ⅲ	Ⅲ	Ⅱ
	阳澄湖	野尤泾桥	Ⅱ	Ⅳ	Ⅱ
	阳澄湖	阳澄东湖	Ⅱ	Ⅳ	Ⅱ
阳澄区主干河道	娄江	娄江大桥	Ⅱ	Ⅲ	Ⅱ
	张家港	通城河桥	Ⅳ	Ⅴ	Ⅳ
淀泖区河道	大直港	机场路大直港桥	Ⅴ	Ⅴ	Ⅳ

表 3.2-26 水质综合评价换水改善期前期优于引水准备期断面列表

区域	河流名称	测站名称	调水试验期综合评价（3 月 9—23 日）	引水准备期（3 月 9—13 日）	换水改善期前期（3 月 14—18 日）
沿江口门	浏河	浏河闸(上)	Ⅳ	Ⅳ	Ⅲ
东太湖口门	吴家港	吴家港桥	Ⅲ	Ⅲ	Ⅱ
	大浦港	联湖桥	Ⅱ	Ⅲ	Ⅱ
	太浦河	太浦闸(下)	Ⅲ	Ⅲ	Ⅱ
阳澄湖及出入河道	界泾河	界泾河入湖口	Ⅱ	Ⅲ	Ⅱ
	陆泾	陆泾出湖口	Ⅳ	Ⅴ	Ⅳ
	西港河	西港河出湖口	Ⅲ	Ⅲ	Ⅱ
	阳澄湖	野尤泾桥	Ⅱ	Ⅳ	Ⅲ
	阳澄湖	阳澄东湖	Ⅱ	Ⅳ	Ⅱ

3.2.2 有序流动水质分析

本次调水试验在保证防洪排涝安全和服从区域引排调度前提下，充分利用长江、望虞河和东太湖优质水源，通过境内沿江口门和望虞河东岸口门及东太湖口门现有水利工程的科学调度，形成平原水网地区河道有序流动，同时改善水环境。

3.2.2.1 沿江口门、望虞河东岸口门调度对元和塘及阳澄湖西岸区域水质影响分析

根据调水试验方案，阳澄湖以北区域，即七浦塘—阳澄湖一线以北至长江及望虞河，以望虞河东岸口门及海洋泾引水为主，以常浒河及白茆塘排水为主。利用大潮期间纳潮河道水体的动能，自流引长江水入腹部河网，引水一段时间后，由常浒河及白茆塘北排入江，形成“长江、望虞河→区域腹部河网→常浒河、白茆塘→长江”的水循环路线，切实改善苏州相城区、常熟市等河网水动力条件，加快水体流动，在一定程度上改善河网水环境。

1. 沿江口门、望虞河东岸口门水质分析

(1) 沿江口门

本工况沿江口门设置监测断面为望虞闸(上)、浒浦闸(上)、白茆闸(上)。

调水试验期间，本工况沿江口门总引水量为 71.42 百万 m^3。望虞闸总引水量为 46.76 百万 m^3。在 3 月 9—12 日持续引水，引水量为 41.35 百万 m^3，其中 11 日引水量最多，达到 16.00 百万 m^3；在 3 月 17—18 日 2 d，共引水 5.410 百万 m^3。调水试验期间，海洋泾持续引水，总引水量为 16.44 百万 m^3；白茆闸相机引水，引水量为 8.220 百万 m^3，11 日引水量最大，为 2.610 百万 m^3。浒浦闸仅在 17、18 日排水，其余时段关闸。

【调水试验期间水质类别变化分析】

调水试验期间，望虞闸(上)段相机引水，水质监测指标中溶解氧、高锰酸盐指数、总磷在引水阶段优于关闸阶段，氨氮指标总体平稳。调水试验期间，望虞闸(上)段水质监测指标溶解氧、高锰酸盐指数、氨氮水质指标均维持在Ⅰ～Ⅱ类水，总磷基本维持在Ⅲ类水。满足调度要求。

调水试验期间浒浦闸(上)水质综合评价为Ⅲ类水。17 日、18 日排水，其余时段均关闸。引水准备期水质综合评价为Ⅲ类水，换水改善期及前、后期水质综合评价均为Ⅳ类水。影响因子为氨氮，其余评价指标均达到Ⅲ类水。氨氮浓度值范围在 0.33.4～1.93 mg/L 间，最高值 1.93 mg/L(Ⅴ)出现在 17 日排水期间，之后逐渐回落到 0.70 mg/L(Ⅲ)。本次调水试验期间，排水时段，氨氮指标出线增高现象。

调水试验期间，白茆闸段水质监测指标中溶解氧、高锰酸盐指数、氨氮水质指标均维持在Ⅰ～Ⅱ类水，总磷为Ⅲ类水；16—23 日关闸期间，除氨氮指标在 21 日、23 日突增外，其余均正常。本次调度换水改善期间未有排水调度。

【调水试验期间浓度变化分析】

调水试验期间，从各项指标的浓度变化上看，望虞闸(上)换水改善期前期总磷的平均浓度为 0.131 mg/L、总氮的平均浓度为 2.13 mg/L，引水准备期总磷的平均浓度为 0.174 mg/L、总氮的平均浓度为 2.92 mg/L，总磷、总氮指标换水改善期前期比引水准备期分别降低了 24.7%和 27.1%；浒浦闸(上)引水准备期总磷的平均浓度为 0.170 mg/L，换水改善期前期的平均浓度为 0.156 mg/L，下降了 8.2%；白茆闸(上)溶解氧由引水准备期的 9.64 mg/L 上升到换水改善期前期的 9.78 mg/L，提升了 1.5%，总磷、氨氮引水准备期的平均浓度分别为 0.166 mg/L、0.20 mg/L，换水改善期前期的平均浓度分别为 0.153 mg/L、0.19 mg/L，下降了 7.8%、6.1%，三项指标均得到了一定的改善。换水改善期，沿江口门各控制断面分别有部分指标得到改善，其中总磷的浓度都得到了有效降低。沿江口门各项水质指标浓度变化见图 3.2-4～图 3.2-7。

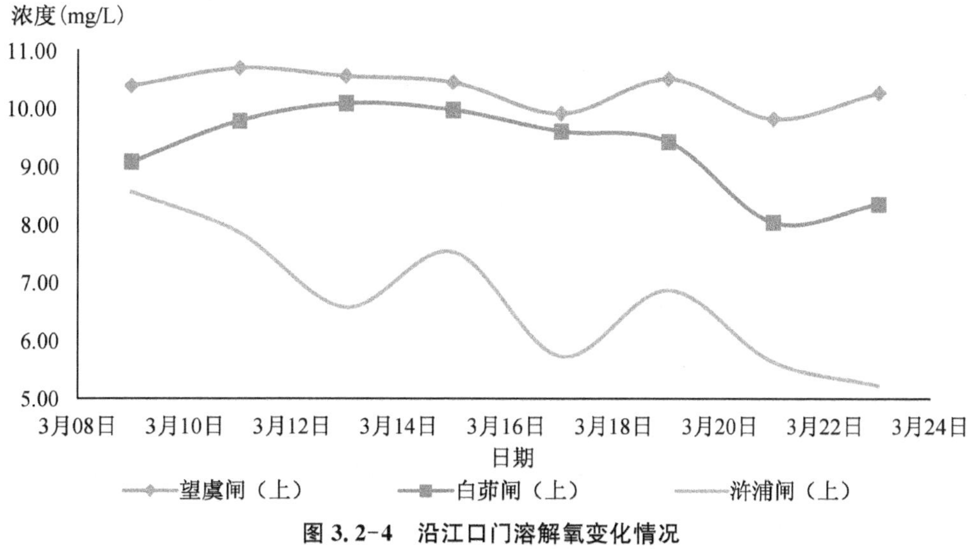

图 3.2-4 沿江口门溶解氧变化情况

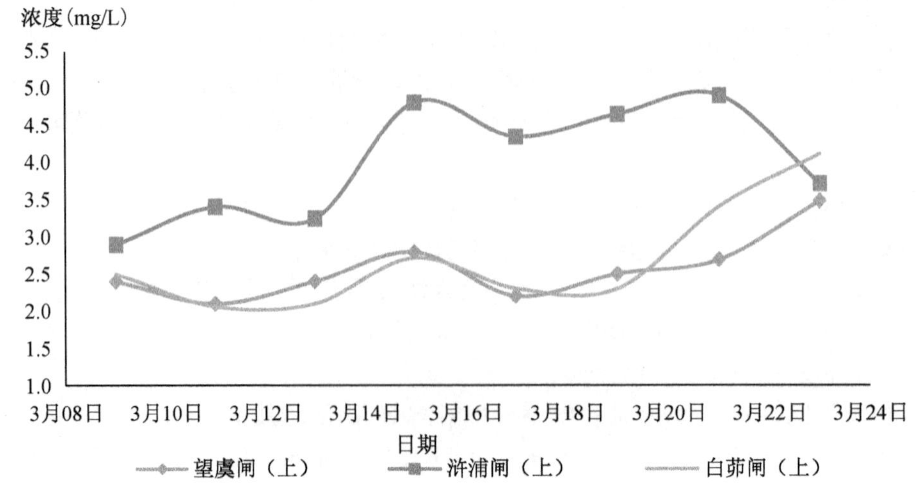

图 3.2-5　沿江口门高锰酸盐指数变化情况

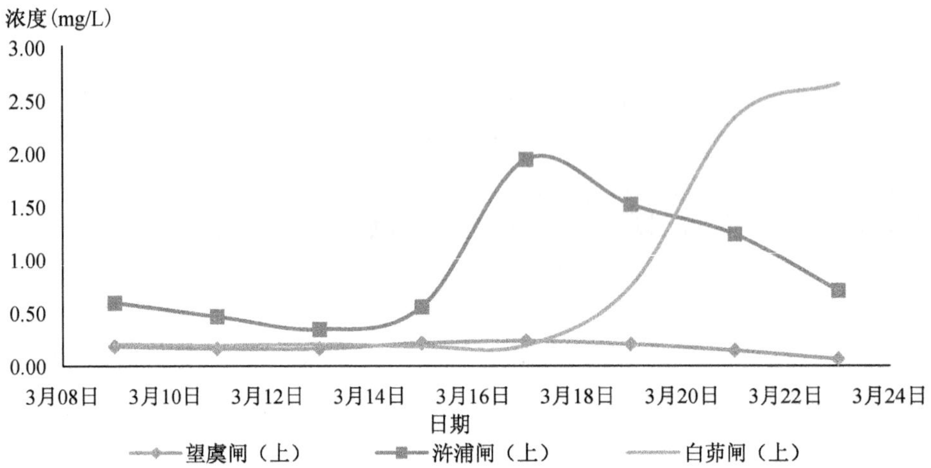

图 3.2-6　沿江口门氨氮变化情况

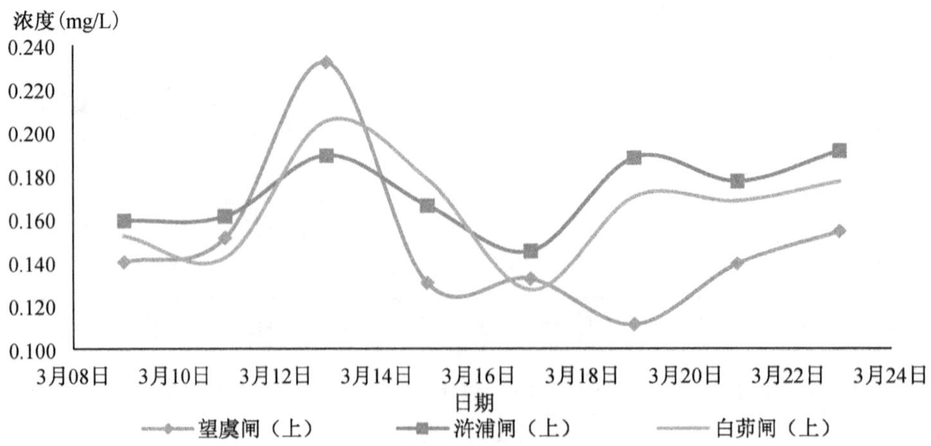

图 3.2-7　沿江口门总磷变化情况

（2）望虞河东岸口门

【调水试验期间水质类别变化分析】

望虞河调水试验期间，水位呈北高南低势。东岸口门永昌泾闸和车轮桥以引望虞河为主，水质较优。张家港西三环湖桥在望虞闸引水期水质较好。

调水试验期间，本工况望虞河东岸口门永昌泾闸内段和车轮桥段以引望虞河为主，调水试验期间车轮桥段引水量为 15.30 百万 m^3，永昌泾闸段引水 10.81 百万 m^3。受望虞河东岸口门调度影响，水质指标趋于稳定，水质较优，水质综合评价均为Ⅱ类水。其中永昌泾闸内段为漕湖出湖口，各项水质指标略优于车轮桥段。调水试验期间，望虞河东岸口门的张家港西三环湖桥段流向不稳定，水质指标波动较大，综合评价为Ⅳ类水。从图中可见，水质指标溶解氧、高锰酸盐指数、氨氮、总磷在望虞闸引水期间 9—12 日较优，且最优值出现在 11 日，之后各项指标均出现不同程度的变差情况。望虞闸引水对张家港西三环湖桥段水质有一定的影响。

【调水试验期间浓度变化分析】

调水试验期间，从各项指标的浓度变化上看，张家港西三环湖桥在引水准备期受望虞闸引水的影响，各指标的浓度值都较优，但换水改善期流向不太稳定，水质波动较大，未见各指标浓度有明显改善的状况。车轮桥引水准备期总磷的平均浓度为 0.082 mg/L，换水改善期前期的平均浓度为 0.079 mg/L，降低了 3.7%；永昌泾闸引水准备期高锰酸盐指数、氨氮、总氮的平均浓度分别为 2.6 mg/L、0.16 mg/L、2.52 mg/L，换水改善期前期的平均浓度分别为 2.5 mg/L、<0.025 mg/L、2.20 mg/L，分别降低了 3.8%、84.4%、12.7%，三项指标均得到了一定的改善。望虞河东岸口门各项水质指标浓度变化见图 3.2-8～图 3.2-11。

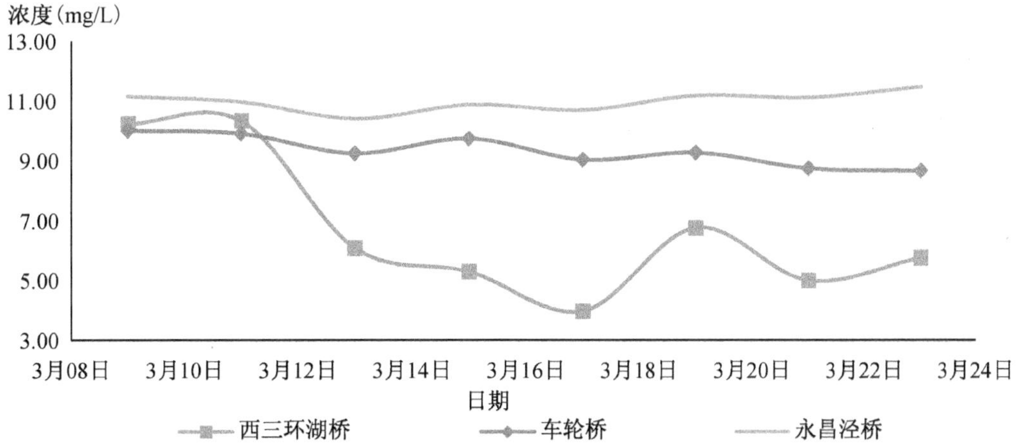

图 3.2-8　望虞河东岸口门溶解氧变化情况

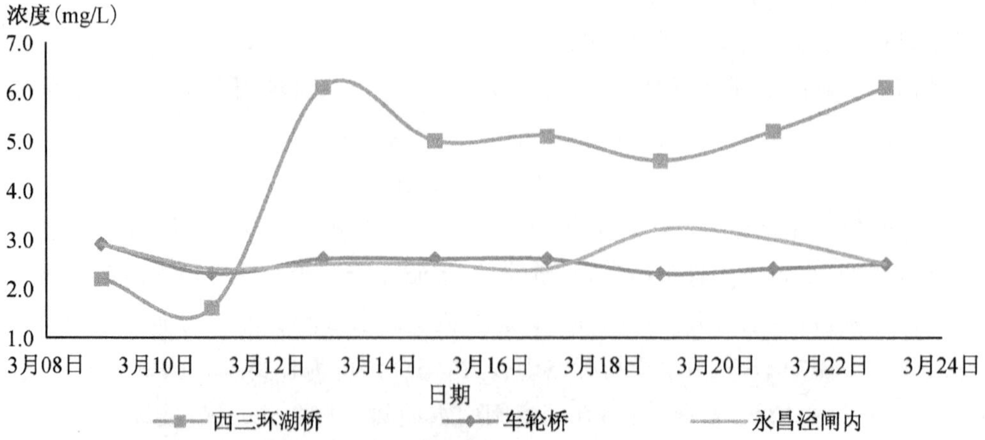

图 3.2-9　望虞河东岸口门高锰酸盐指数变化情况

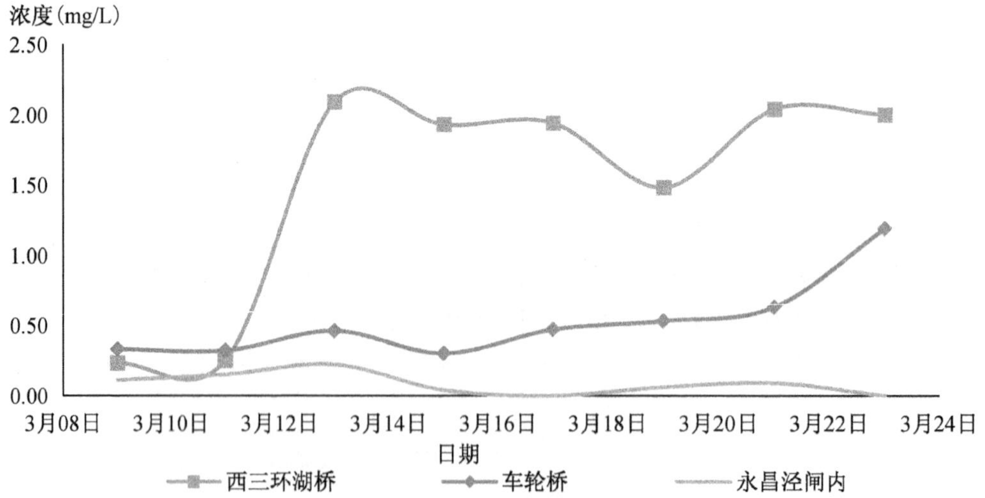

图 3.2-10　望虞河东岸口门氨氮变化情况

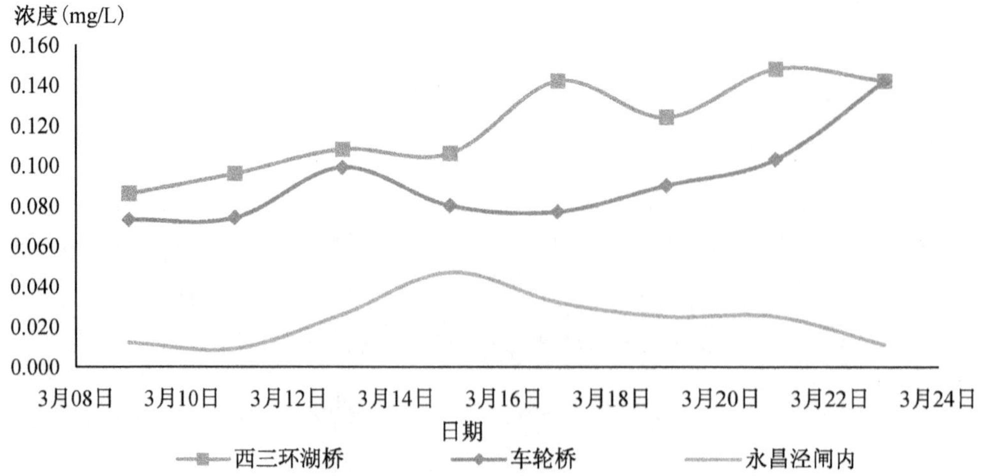

图 3.2-11　望虞河东岸口门总磷变化情况

2. 调度对元和塘及阳澄湖西岸入湖区域水质影响分析

调水期间，沿江口门、望虞河东岸口门的琳桥港车轮桥和永昌泾以引为主，区域腹部河网主要为元和塘及阳澄湖西岸区域。

【调水试验期间水质类别变化分析】

调水试验期间，本工况沿江口门、望虞河东岸口门的调度，使得元和塘常相交界段、界泾河入湖口段、永昌泾入湖口段受上游永昌泾和冶长泾来水，水质维持效果显著，该阶段水质综合指标均达到Ⅲ类水。

调水试验期间，车轮桥段引水量为 15.30 百万 m^3。考虑车轮桥引水，水位变高，使黄埭塘及周边河道排水入元和塘南段的因素，元和塘南段有时流向向南，元和塘南段水质未达到预期效果，综合评价为Ⅴ类水；同时元和塘南段和周边河流对蠡塘河水质影响较大，蠡塘河入湖口氨氮值高，综合评价为Ⅴ类水，未达到预期效果。

调水试验期间，元和塘周塘河桥段流向不稳定，且各项指标波动较大，综合评价为劣Ⅴ类水。本次未能观察出调水试验对周塘河桥的影响。

【调水试验期间浓度变化分析】

调水试验期间，从各项指标的浓度变化上看，永昌泾入湖口段各指标未见有明显改善的状况。界泾河入湖口的高锰酸盐指数平均值从引水准备期的 4.2 mg/L 下降到换水改善期前期的 3.4 mg/L，降低了 19.0%，总磷指数平均值从 0.072 mg/L 下降到0.053 mg/L，相应降低了 26.7%；蠡塘河引水准备期氨氮、总氮的平均浓度分别为1.82 mg/L、4.96 mg/L，换水改善期前期的平均浓度分别为 1.79 mg/L、4.45 mg/L，分别降低了 1.9%、10.4%。

周塘河桥引水准备期总磷、总氮的平均浓度分别为 0.356 mg/L、5.03 mg/L，换水改善期前期的平均浓度为 0.159 mg/L、4.65 mg/L，分别下降了 55.3%、7.6%；元和塘常相交界处引水准备期溶解氧平均值从引水准备期的 7.60 mg/L 上升到换水改善期前期的 7.78 mg/L，提升了 2.4%，氨氮的平均浓度从 0.46 mg/L 降低到 0.38 mg/L，下降了 17.4%；元和塘南段的总氮均值从引水准备期的 4.84 mg/L 下降到换水改善期前期的 4.29 mg/L，降低了11.4%。总体来说，阳澄湖西岸入湖口门和元和塘的部分水质指标浓度在换水改善时期确有好转。元和塘—阳澄湖西岸区域各项水质指标浓度变化见图 3.2-12～图 3.2-15。

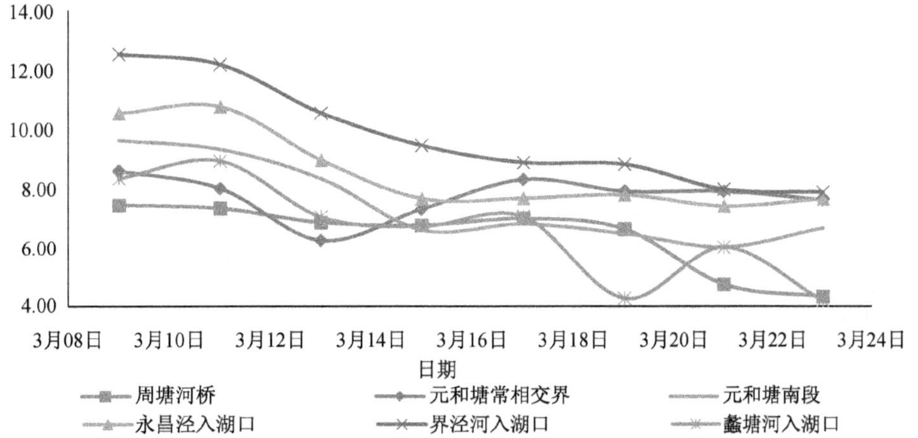

图 3.2-12　元和塘—阳澄湖西岸区域溶解氧变化情况

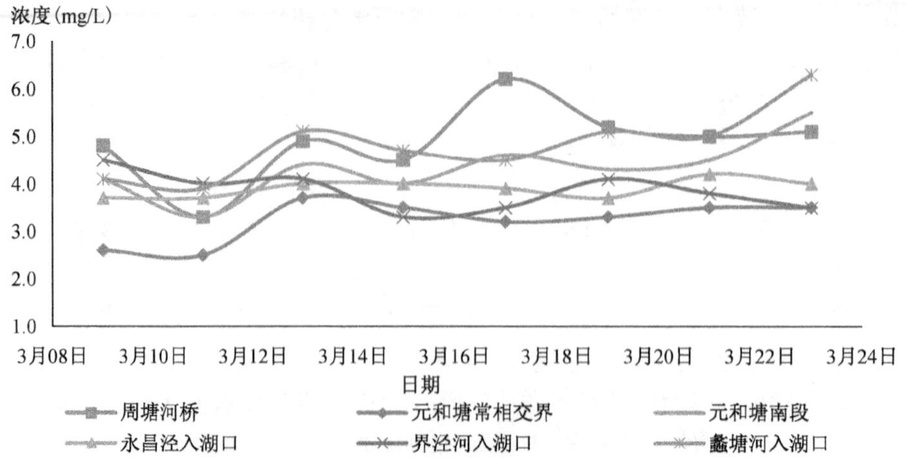

图 3.2-13　元和塘—阳澄湖西岸区域高锰酸盐指数变化情况

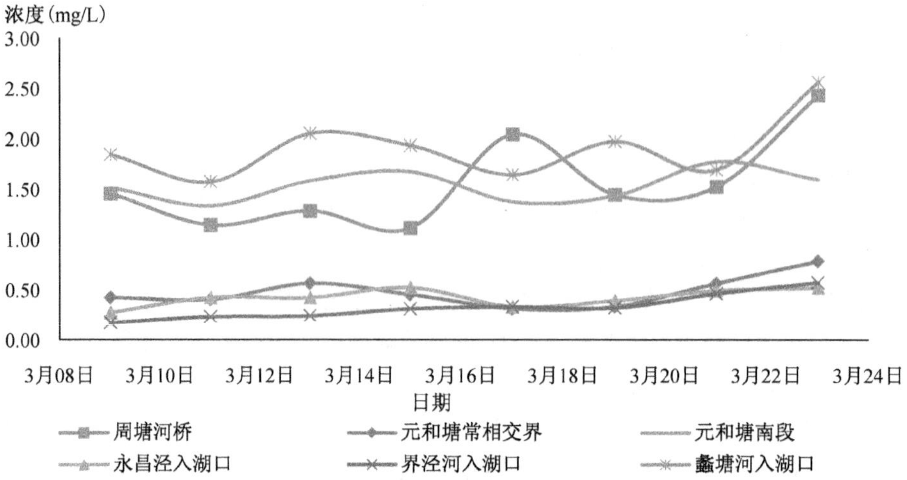

图 3.2-14　元和塘—阳澄湖西岸区域氨氮变化情况

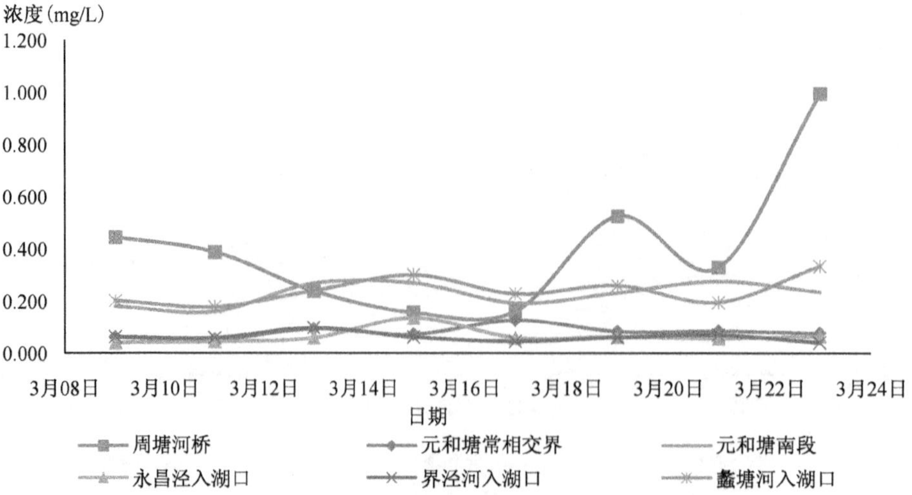

图 3.2-15　元和塘—阳澄湖西岸区域氨氮变化情况

3.2.2.2 沿长江口门调度对七浦塘—阳澄湖—浏河区域水质影响分析

阳澄区七浦塘—阳澄湖一线以南至浏河区域，根据调水试验方案考虑长江水源，首先由浏河排江腾空库容，再由七浦塘、杨林塘引水，以期为阳澄区腹部地区提供更加丰富的优质水源。改善阳澄湖水环境的同时也同步促进河道沿线水体有序流动，形成引排有序的水循环格局，形成“长江→阳澄区腹部、阳澄湖→浏河”水循环线路。

1. 沿江口门水质分析

本工况沿江口门设置监测断面为荡茜枢纽(上)、七浦闸(上)、杨林闸(上)、浏河闸(上)。

调水试验期间，本工况沿江口门总引水量为95.61百万m^3。荡茜枢纽(上)段总引水量为61.67百万m^3，期间9日—11日引水量为34.25百万m^3，14—18日引水量为27.42百万m^3，其中11日引水量最大，达到12.91百万m^3。七浦闸(上)段在14—17日引水，总引水量为2.160百万m^3；11—12日排水，排水量为1.990百万m^3。杨林闸(上)段13—17日引水，总引水量为7.320百万m^3。浏河闸(上)在11日、14—18日引水，总引水量为12.81百万m^3；在12日排水，排水量为5.200百万m^3。

【调水试验期间水质类别变化分析】

调水试验期间，七浦塘荡茜枢纽(上)段相机引水，水质指标溶解氧、高锰酸盐指数、氨氮为Ⅰ～Ⅱ类水、总磷为Ⅲ类水，总体水质趋于平稳。综合评价为Ⅲ类水。

七浦闸(上)段水质指标高锰酸盐指数、氨氮和总磷在排水(12日)—关闸(13日)期间出现最高值；引水(14—17日)期，有所回落。水质指标总体趋于平稳，综合评价为Ⅲ类水。水质评价为Ⅲ类水。

杨林闸(上)各阶段水质综合评价为劣Ⅴ类水。杨林闸13—17日引水，其余时段关闸。水质综合指标17日为Ⅲ类水，19日为Ⅳ类水，其余时段均为劣Ⅴ类。各项水质指标的最差值均出现在13日，通过13—17日持续引长江水，多项指标的最优值出现在17日。引水准备期高锰酸盐指数及化学需氧量评价为Ⅳ类水，其余各类指标水质评价为劣Ⅴ类。通过引水，溶解氧、氨氮、高锰酸盐指数、化学需氧量水质指标在15日均回落至Ⅱ类水，总磷指标回落速度较慢，15日仍为0.875 mg/L(劣Ⅴ)，17日回落至0.133 mg/L(Ⅲ)。换水改善后期，受降雨关闸的影响，各类指标开始反弹变差。

浏河闸(上)段仅在12日排水，11日、14—16日引水，其余时段关闸。水质指标溶解氧、高锰酸盐指数、氨氮均维持在Ⅰ～Ⅲ类水，总磷为Ⅲ～Ⅳ类水。总体水质情况趋于平稳，综合评价为Ⅳ类水。

【调水试验期间浓度变化分析】

调水试验期间，由于荡茜枢纽(上)、七浦闸(上)、杨林闸(上)、浏河闸(上)在引水准备期基本都是关闸状态，从各项指标的浓度变化上看，换水改善期前期四个口门的水质指标得到了明显改善。其中，杨林闸(上)五项指标都有显著改善，溶解氧从0.49 mg/L提升到了8.24 mg/L，高锰酸盐指数从7.6 mg/L下降到2.5 mg/L，总磷从0.970 mg/L下降到0.504 mg/L，氨氮从2.51 mg/L下降到0.22 mg/L，总氮从6.77 mg/L下降到4.34 mg/L，改善幅度都较大。考虑在引水准备期杨林闸(上)段附近范围内可能存在污染源的汇入，闸门关闭的情况下，水体不流通，污染物扩散，导致该阶段各项指标的浓度值都较差，在换水改善期水体的有序流动下，各项指标的浓度均呈现出明显好转的状况。

浏河闸(上)换水改善期前期溶解氧平均值较引水准备期提升了 2.2%，高锰酸盐指数、总磷和氨氮较引水准备期分别降低了 8.0%、9.0%和 27.1%，除总氮指标外的四个指标都得到一定改善；七浦闸(上)的高锰酸盐指数和氨氮均值换水改善期前期比引水准备期分别降低了 27.6%和 30.2%；荡茜枢纽(上)的总磷平均值，换水改善期前期比引水准备期下降了 1.7%。

七浦塘以南、沿江口门各项水质指标浓度变化见图 3.2-16～图 3.2-19。

可见，沿江口门的水质指标浓度在换水改善期的改善效果比较明显，且改善的指标数也较多。

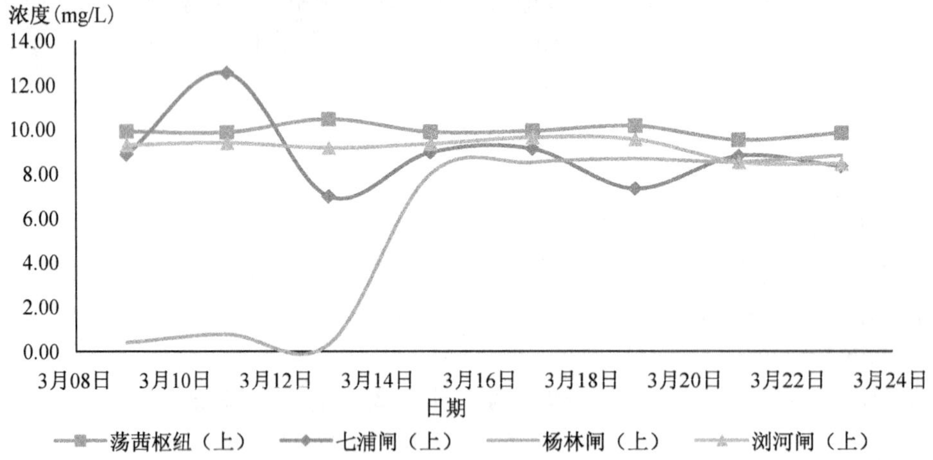

图 3.2-16　沿江口门溶解氧变化情况

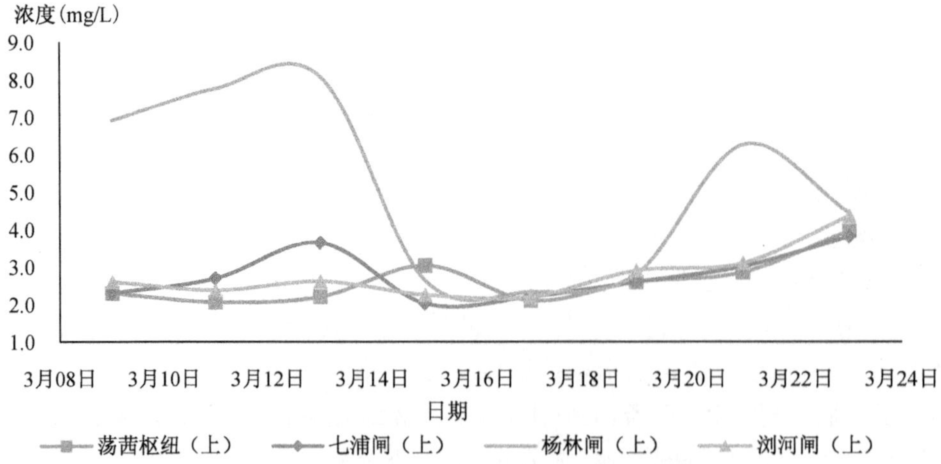

图 3.2-17　沿江口门高锰酸盐指数变化情况

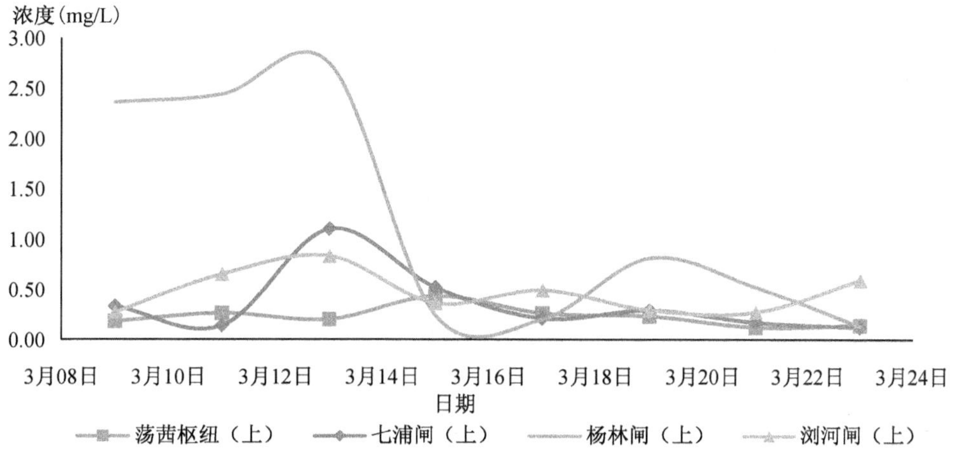

图 3.2-18　沿江口门氨氮变化情况

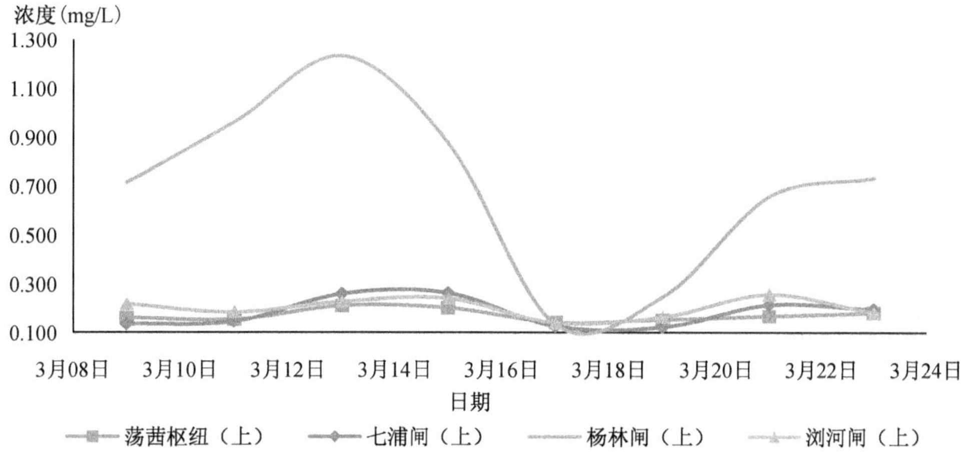

图 3.2-19　沿江口门总磷变化情况

2. 沿江口门调度对七浦塘—阳澄湖—浏河区域水质影响分析

调水试验期间，本工况沿江口门调度，总引水量为 83.96 百万 m^3。通过七浦塘桥引部分长江水入阳澄湖，加快了阳澄湖水体流动，改善了阳澄东湖体及出湖河道的水质，并能长期处于良性循环的状态。长江引水，阳澄湖出湖的优质水质，对阳澄区水网水质有一定的影响。

(1) 阳澄湖及阳澄湖东岸、南岸水质分析

【调水试验期间水质类别变化分析】

调水试验期间，七浦塘桥引水 4 天(3 月 10 日、11 日、16 日、17 日)，总引水量为 26.04 百万 m^3。调水试验期间，七浦塘桥各项水质指标均较好，综合评价为Ⅱ类。

调水试验期间，本工况沿江口门的调度，使得阳澄湖野尤泾闸段、阳澄东湖段，阳澄湖东岸巴城工农桥段、阳澄湖南岸西港河出湖口水质保持稳定，各项水质指标较好，水质综合评价均为Ⅱ类水。

阳澄湖南岸陆泾出湖口段水质指标较高，且浮动较大，综合评价为Ⅳ类水。陆泾河桥段为阳澄西湖西南出湖口，距蠡塘河较近，受蠡塘河(蠡塘河入湖口综合评价为Ⅴ类水)及周边河流影响较大。

【调水试验期间浓度变化分析】

调水试验期间，从各项指标的浓度变化上看，阳澄东湖和阳澄湖南岸的西港河出湖口、陆泾出湖口换水改善期前期水质指标浓度得到了明显改善。其中，阳澄东湖的溶解氧提升了 7.5%，高锰酸盐指数、氨氮和总氮分别降低了 30.6%、80.8%和 28.2%；西港河出湖口的高锰酸盐指数、总磷、氨氮和总氮较引水准备期分别降低了 8.6%、50.0%、35.3%和 12.6%；陆泾出湖口的高锰酸盐指数、总磷、氨氮和总氮较引水准备期分别降低了 2.2%、13.3%、29.6%和 6.5%。

野尤泾的氨氮平均值从引水准备期的 0.13 mg/L 降低到换水改善期前期的 0.04 mg/L，下降了 69.9%；七浦塘桥和巴城工农桥的高锰酸盐指数均值，换水改善期前期较引水准备期分别下降了 30.0%和 18.8%。

阳澄湖及其东岸、南岸各项水质指标浓度变化见图 3.2-20～图 3.2-23。

可见换水改善期对阳澄湖及其东岸、南岸水质有较好的影响，高锰酸盐指数的浓度基本都得到了有效降低，其次是氨氮。

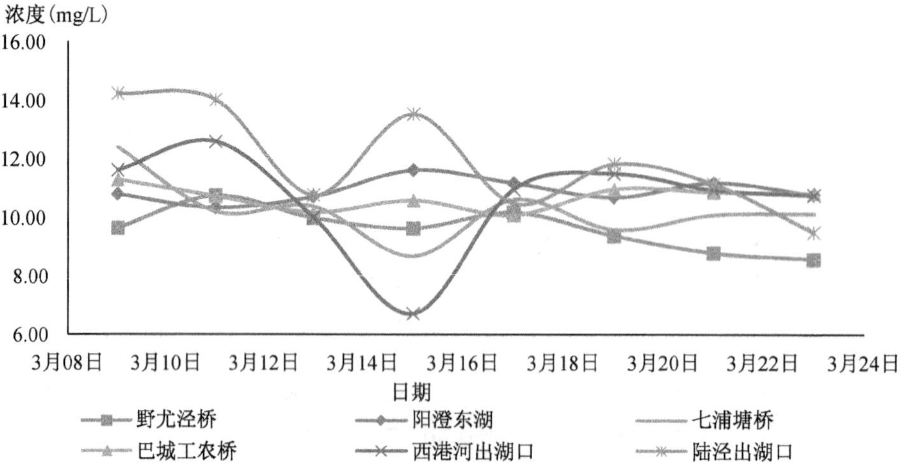

图 3.2-20　阳澄湖及阳澄湖东岸、南岸溶解氧变化情况

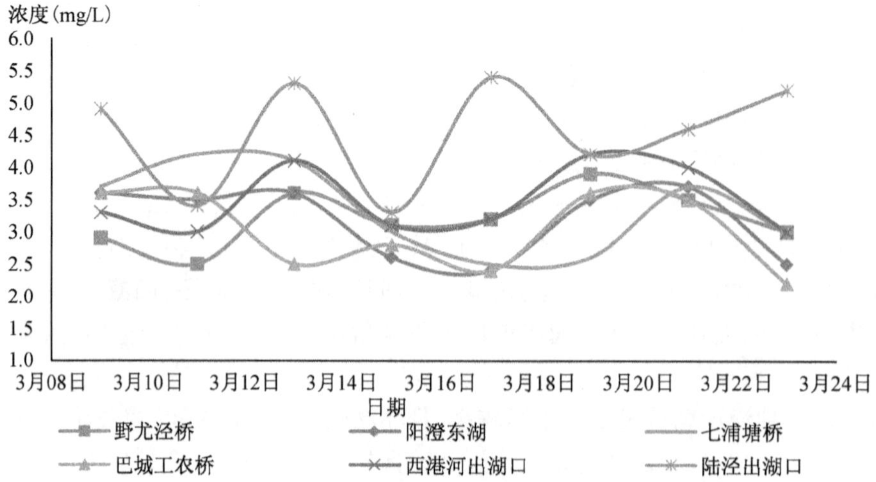

图 3.2-21　阳澄湖及阳澄湖东岸、南岸高锰酸盐指数变化情况

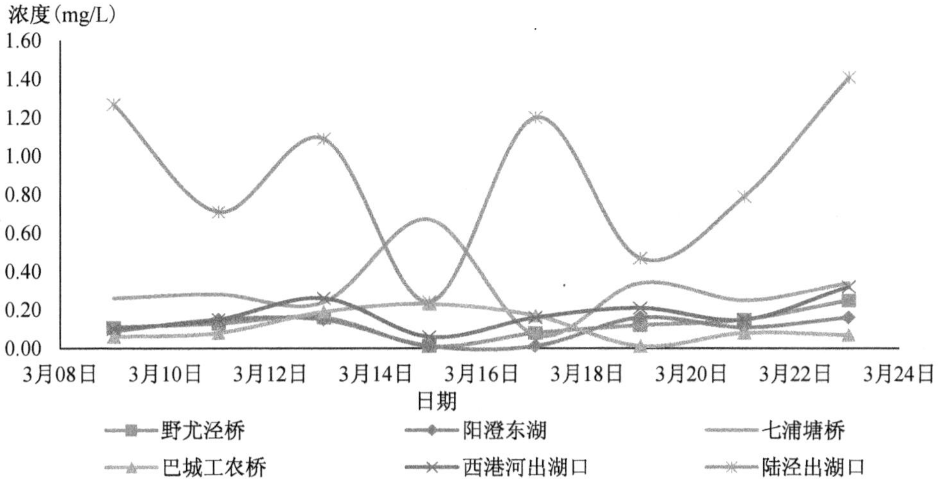

图 3.2-22　阳澄湖及阳澄湖东岸、南岸氨氮变化情况

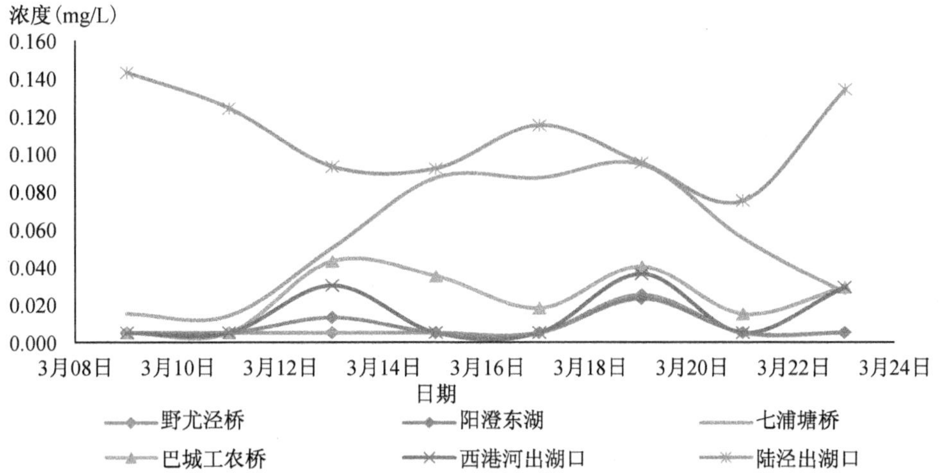

图 3.2-23　阳澄湖及阳澄湖东岸、南岸总磷变化情况

(2) 阳澄区骨干河道水质分析

本次调水试验阳澄区骨干河道为元和塘、张家港、盐铁塘、石头塘、青阳港和娄江。

本次调水试验，元和塘由北向南设置的监测站点为周塘河桥、元和塘常相交界、元和塘南段。元和塘水质情况详见 3.2.2.1。

【调水试验期间水质类别变化分析】

本次调水试验，盐铁塘监测站点由北往南分别为盐铁塘常太交界、城南桥和新丰新星桥。盐铁塘常太交界段水质综合指标为Ⅳ类，优于城南桥段(Ⅴ类)和新丰新星桥段(Ⅴ类)。从本工况沿江口门调度效果来看，荡茜闸(上)大量引水，但浏河闸(上)未达到排水预定要求，本次调度换水改善期前期对盐铁塘常太交界段有一定的维持效果，水质改善效果不显著；城南桥段、新丰新星桥段水质改善效果不显著。

本次调水试验，娄江监测站点为娄江大桥和西河大桥，娄江大桥段、西河大桥段水质综合评价分别为Ⅲ类、Ⅴ类。从本工况沿江口门调度效果来看，通过长江引水，阳澄湖出水，使得娄江大桥段各项指标均优于西河大桥段，对娄江大桥段水质改善效果显著，对西河大桥水质改善效果不显著。

本次调水试验期间，张家港河通城河桥段水质综合评价为Ⅳ类水，引水准备期水质综合评价为Ⅴ类水，换水改善期水质综合评价为Ⅳ类水，水质有一定改善效果。石头塘长桥段水质综合评价为Ⅴ类水，青阳港大桥段为Ⅳ类水，调水期间水质未有改善。

【调水试验期间浓度变化分析】

调水试验期间，从各项指标的浓度变化上看，盐铁塘三个控制断面的指标得到了一定改善。盐铁塘常太交界段引水准备期高锰酸盐指数、总磷的平均浓度分别为 3.8 mg/L、0.219 mg/L，换水改善期前期的平均浓度分别为 3.6 mg/L、0.204 mg/L，分别下降了 5.3%、6.8%；城南桥段高锰酸盐指数、总氮的平均浓度分别为 4.6 mg/L、4.48 mg/L，换水改善期前期的平均浓度分别为 4.3 mg/L、3.78 mg/L，分别下降了 6.5%、15.6%；新丰新星桥的氨氮均值从引水准备期的 1.56 mg/L 下降到换水改善期前期的 1.50 mg/L，降低了 4.0%。

娄江的娄江大桥段换水改善期前期较引水准备期水质指标浓度的改善较为明显，5 项指标均有所改善，溶解氧上升了 11.7%，高锰酸盐指数、氨氮、总磷和总氮分别下降了 16.1%、56.4%、44.4%和 30.4%；石头塘长桥高锰酸盐指数、总磷、氨氮换水改善期前期比引水准备期分别下降了15.6%、4.0%、9.7%；青阳港大桥总磷、氨氮的平均浓度换水改善期前期比引水准备期分别下降了 11.0%、15.2%；娄江的西河大桥段和张家港通城河桥未观察到换水对浓度的改善效果。阳澄区骨干河道各项水质指标浓度变化见图 3.2-24～图 3.2-27。

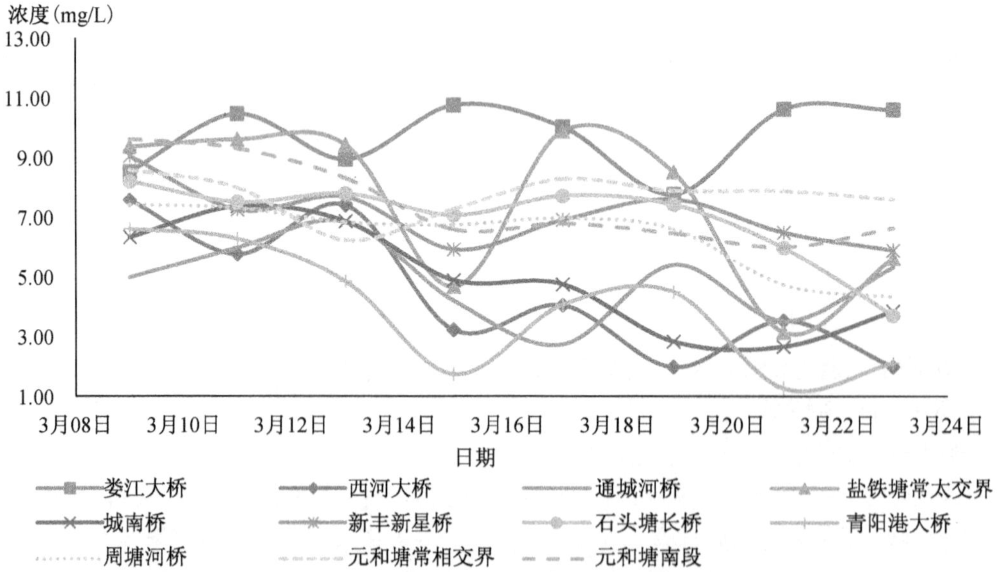

图 3.2-24　阳澄区骨干河道溶解氧变化情况

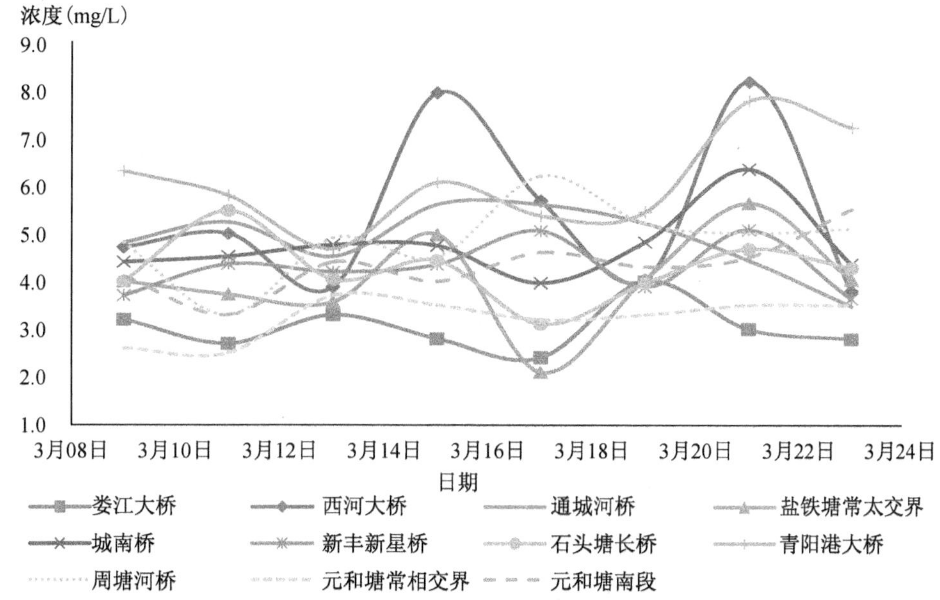

图 3.2-25　阳澄区骨干河道高锰酸盐指数变化情况

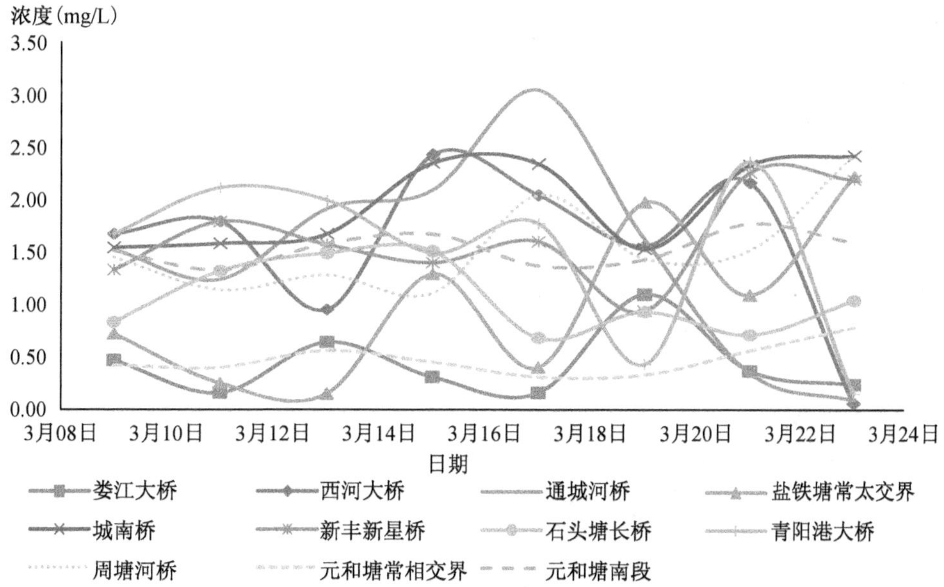

图 3.2-26　阳澄区骨干河道氨氮变化情况

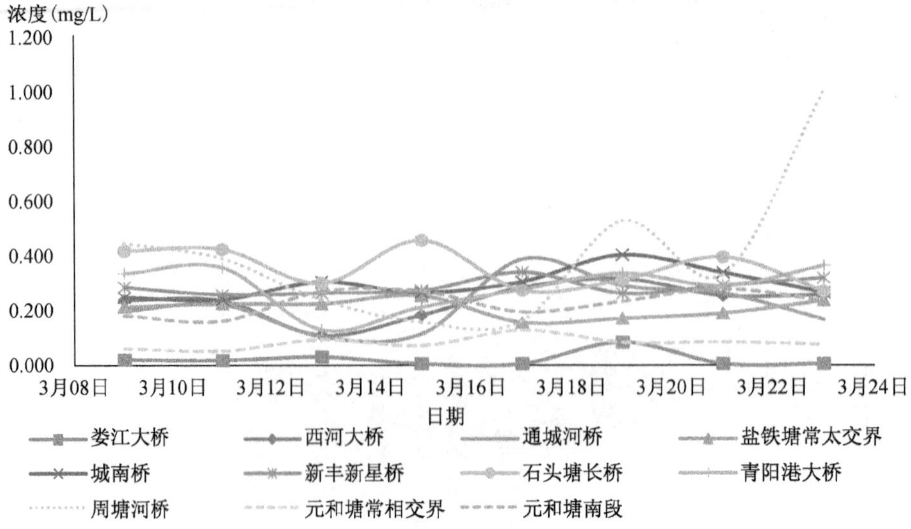

图 3.2-27　阳澄区骨干河道总磷变化情况

3.2.2.3　沿长江口门、东太湖口门调度对淀泖区域的水质影响分析

通过沿江闸站、环湖口门和控导工程联合调度，同时引长江及太湖清水入淀泖区腹部河网，形成由北往南、由西往东的水势差，加快淀泖区湖荡及河道流动，改善淀泖区河网流速缓慢甚至滞流现象，改善区域水环境，形成引排有序的水循环体系。

1. 沿江口门、太湖口门水质分析

(1) 沿江口门水质分析

沿江口门水质分析情况见 3.2.2.1 和 3.2.2.2。调水试验期间，沿江口门引水总量为 155.4 百万 m^3。

(2) 东太湖口门水质分析

东太湖口门设置 4 个监测站点，分别为瓜泾口、吴家港桥、联湖桥和太浦闸(下)。调水试验期间，东太湖口门引水总量为 138.8 百万 m^3，其中太浦闸(下)引水总量为 109.3 百万 m^3，吴江港桥和联湖桥流速未达到调度要求。

【调水试验期间水质类别变化分析】

本次调水试验，东太湖各口门负责引东太湖优质水至淀泖腹部。引水期间，各口门水质基本稳定，联湖桥段综合水质类别为Ⅱ类水，瓜泾口段、联湖桥段、太浦闸(下)段综合水质类别为Ⅲ类水，满足调度要求。

【调水试验期间浓度变化分析】

调水试验期间，从各项指标的浓度变化上看，东太湖 4 个口门的水质指标都得到了一定改善。瓜泾口的溶解氧从引水准备期的 9.45 mg/L 上升到换水改善期前期的 10.02 mg/L，提升了 6.0%，总磷、氨氮引水准备期的平均浓度分别为 0.186 mg/L、0.60 mg/L，换水改善期前期的平均浓度分别为 0.119 mg/L、0.32 mg/L，分别降低了 36.0%、47.5%；吴家港的溶解氧均值从引水准备期的 9.74 mg/L 上升到换水改善期前期的 9.94 mg/L，提升了 2.1%，总磷、氨氮引水准备期的平均浓度分别为 0.141 mg/L、1.22 mg/L，换水改善期前期的平均浓度为 0.096 mg/L、0.99 mg/L，分别下降了 31.9%、18.9%；联湖桥的溶解氧平均值从引水准备期的 10.01 mg/L 上升到换水改善期前期的 10.15 mg/L，提升了 1.4%，总磷平均值从引水准备期的 0.104 mg/L 下降到换水改善期前期的 0.080 mg/L，降低了 23.1%；太浦闸(下)的总磷均值从引水准备期的 0.113 mg/L 下降到换水改善期前期的 0.087 mg/L，降低了 23.0%。由此可见，换水改善期东太湖口门总磷指标的浓度都有不同程度的下降，其次是溶解氧有不同程度的上升。

东太湖口门各项水质指标浓度变化见图 3.2-28～图 3.2-31。

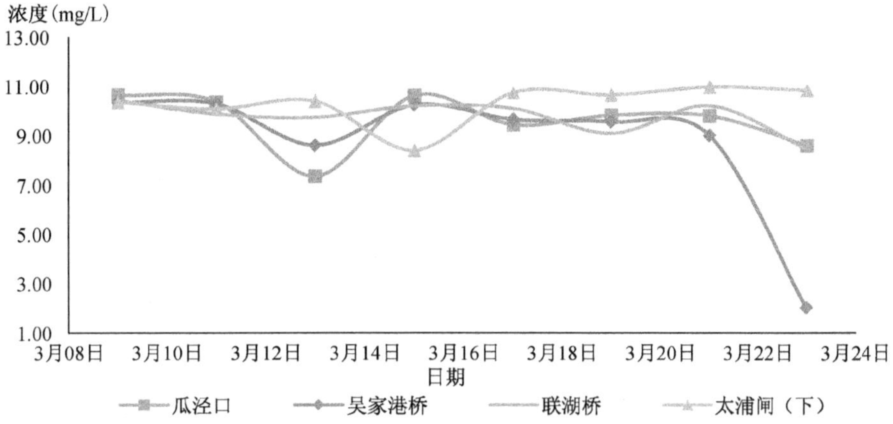

图 3.2-28 东太湖口门溶解氧变化情况

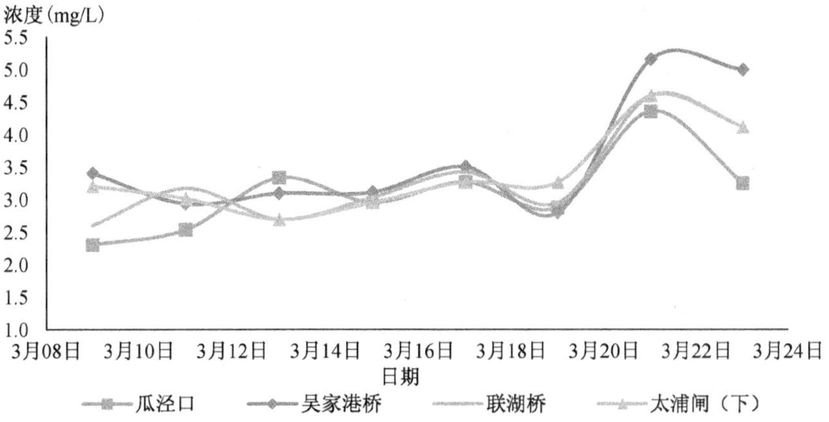

图 3.2-29 东太湖口门高锰酸盐指数变化情况

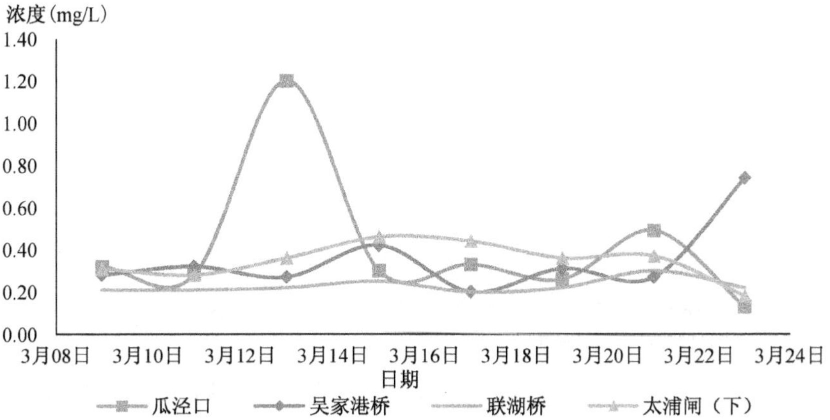

图 3.2-30 东太湖口门氨氮变化情况

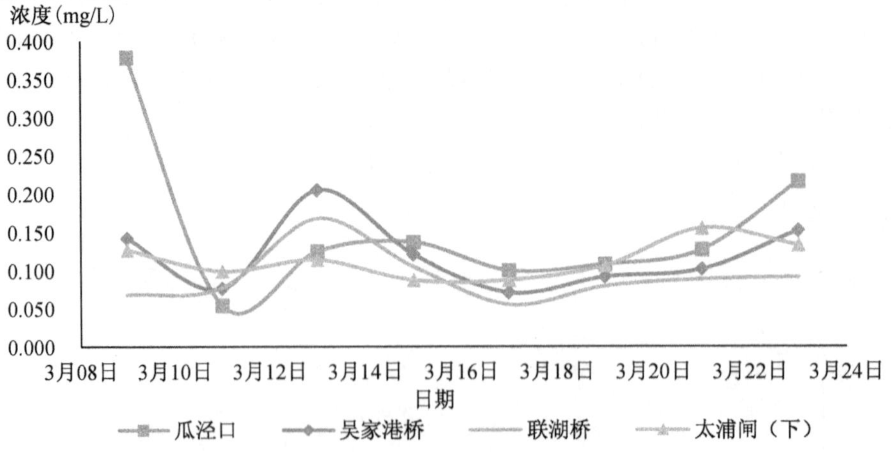

图 3.2-31　东太湖口门总磷变化情况

2. 沿江口门、东太湖口门调度对淀泖区域的水质影响分析

淀泖区域湖荡星罗棋布，河港纵横交叉。长江、太湖的调度促进了河网水体有序流动，也加速了该区域湖体的流动。湖体的流动对湖体水质有一定的改善，同时对优化湖荡周边河道的水质有一定的作用。

(1) 淀泖区骨干河道水质分析

本次调水试验，在吴淞江、太浦河、江南运河、北窑港、斜塘河、界浦港、大直港和牛长泾骨干河道设置监测站点。

【调水试验期间水质类别变化分析】

本工况东太湖引水调度，调水试验期间，引水总量为 138.8 百万 m^3，对太浦河水质维持改善效果显著，对太浦河北岸断面水质维持改善有一定的影响。调水试验期间，太浦河监测断面太浦闸(下)段、平望大桥段、芦墟大桥段和北窑港窑港桥水质平稳，调水试验期各阶段水质综合评价均达到Ⅲ类。本次调度对维持太浦河及北窑港Ⅲ类水质效果显著。

本次调度，江南运河平望科林大桥和牛长泾桥水质波动较大，调水试验期间各阶段均为Ⅳ类水，水质改善效果不明显。

本工况沿江口门调度，调水试验期间，引水总量为 155.4 百万 m^3，对斜塘桥段、界江大桥段、机场路大直港桥段水质有一定的影响。沿江口门 19—23 日，除海洋泾引水外，其他口门处于关闸状态。从图 3.2-32～图 3.2-35 中可见，这三处水质指标中溶解氧、高锰酸盐指数、氨氮、总磷在 19—21 日均出现较大波动，水质指标变差。调水试验期间，斜塘桥段受金鸡湖出水影响，调水试验期间各阶段水质综合评价均维持在Ⅲ类水，水质维持效果显著；界江大桥受娄江来水水质的影响较大，除 19 日氨氮和总磷出现最高值，其余时段水质相对平稳，调水试验期间水质综合评价达到Ⅳ类水，本次调度水质改善效果不显著。机场路大直港桥换水改善期(Ⅳ类)水质优于引水准备期(Ⅴ类)，水质有一定改善。

【调水试验期间浓度变化分析】

调水试验期间，从各项指标的浓度变化上看，平望大桥溶解氧平均值从引水准备期的 8.99 mg/L 上升到换水改善期前期的 10.02 mg/L，提升了 8.7%，总磷、氨氮引水准备期的平均浓度分别为 0.109 mg/L、0.47 mg/L，换水改善期前期的平均浓度分别为 0.094 mg/L、0.42 mg/L，分别下降了 13.8%、11.7%；平望运河桥段只有总磷指标的浓度得到了改善，换水改善期前期比引水准备期降低了 17.4%；斜塘河桥的高锰酸盐指数和总磷指标换水改善期前期比引水准备期的平均浓度分别降低了 2.4%、23.6%；大直港桥、窑港桥、牛长泾桥均是高锰酸盐指数的浓度在换水改善期得到了降低，相比于引水准备期的平均浓度，分别下降了 4.0%、7.0%、7.0%；界江大桥在换水改善期未观察到各指标浓度上的有效改善。

淀泖区骨干河道各项水质指标浓度变化见图 3.2-32～图3.2-35。

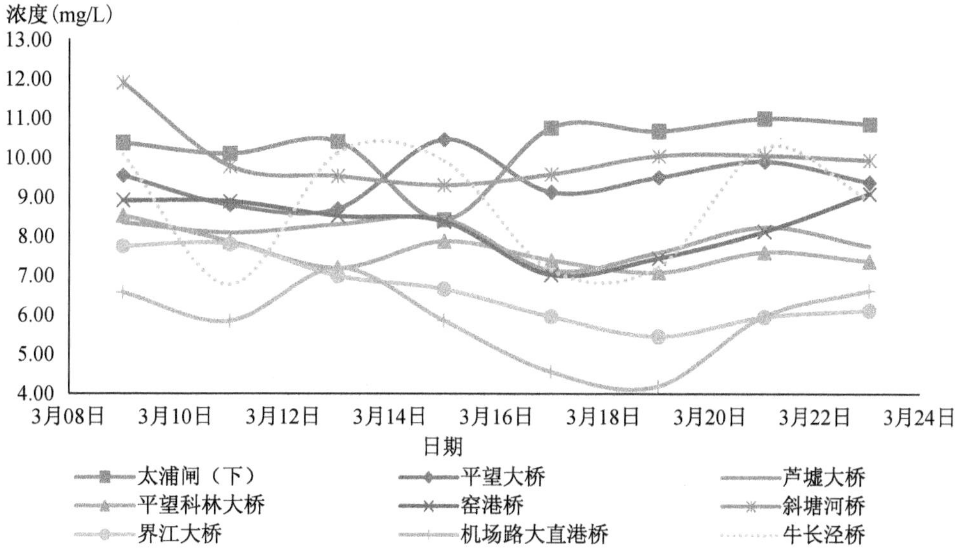

图 3.2-32　淀泖区骨干河道溶解氧变化情况

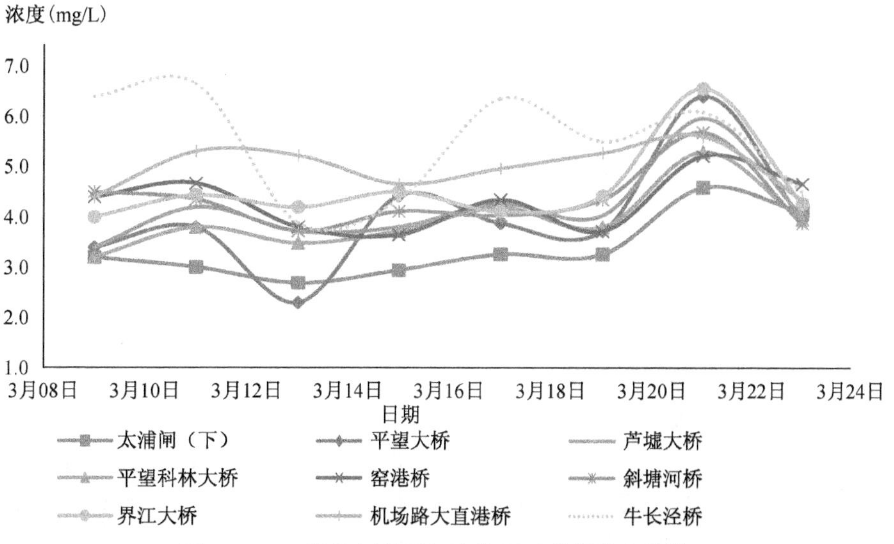

图 3.2-33　淀泖区骨干河道高锰酸盐指数变化情况

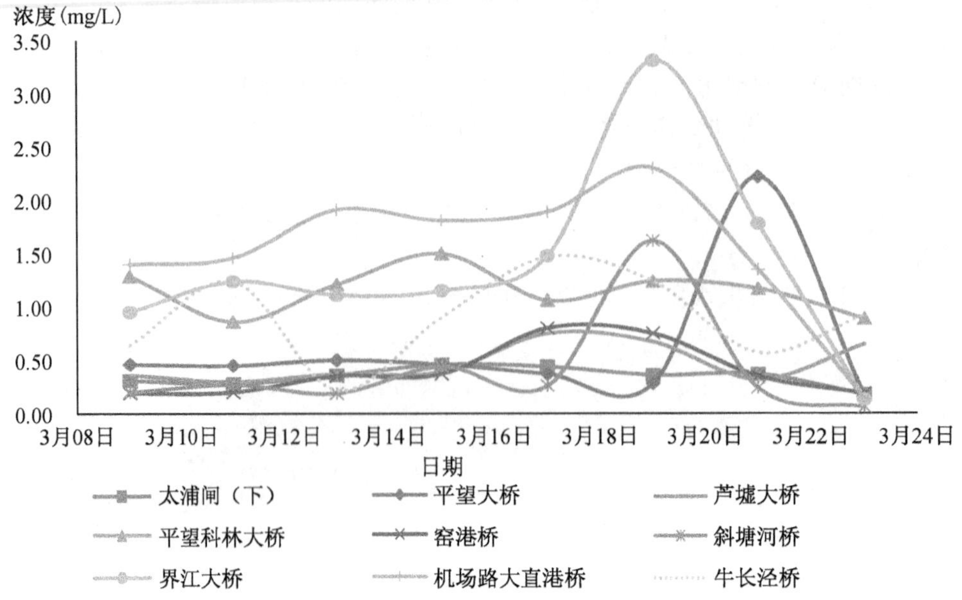

图 3.2-34　淀泖区骨干河道氨氮变化情况

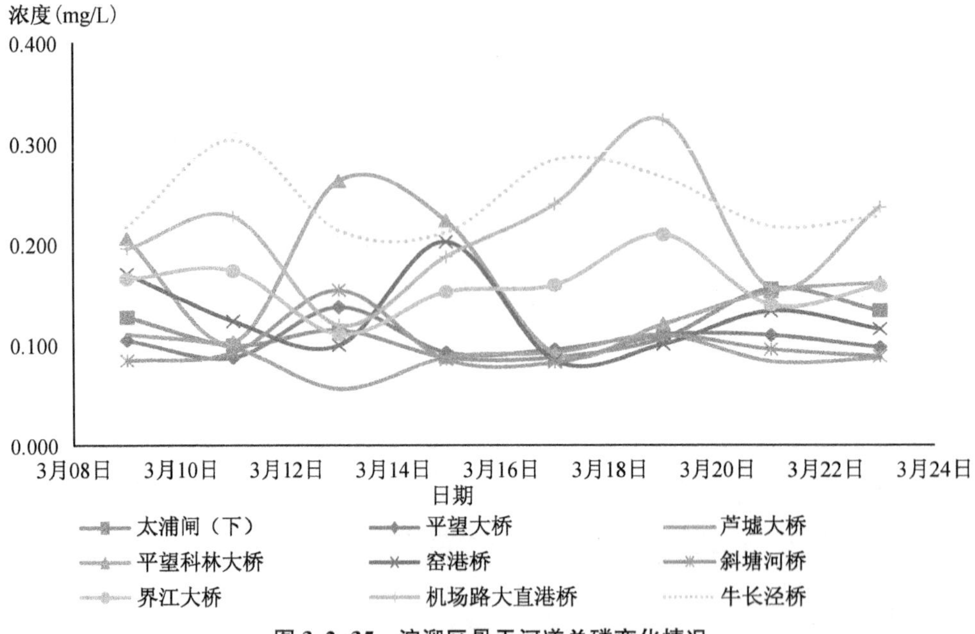

图 3.2-35　淀泖区骨干河道总磷变化情况

(2) 省际边界断面水质分析

本次调水试验监测的省际边界断面，阳澄区仅 1 处，为盐铁塘新丰新星桥；淀泖区在吴淞江、太浦河及入淀山湖口处设置监测断面共 6 处，分别为花桥吴淞江大桥、芦墟大桥、千灯浦闸、大朱砂桥、周庄大桥和白石矶桥。

【调水试验期间水质类别变化分析】

本工况沿江口门、东太湖口门调度，调水试验期间，省际边界水质维持效果显著的有芦墟大桥、大朱砂港桥段和白石矶桥，水质较优，各阶段水质综合评价为Ⅲ类水。

本工况调度期间，周庄大桥氨氮指数偏高，各阶段水质综合评价处于Ⅳ类水，改善效果不显著；千灯浦闸氨氮和总磷指数偏高，水质综合评价为Ⅳ类水，引水准备期为Ⅳ类水，换水改善期为Ⅴ类水，水质改善效果不显著。

本工况沿江口门、东太湖口门调度，调水试验期间水质未得到改善的断面有：省际边界断面新丰新星桥，氨氮和总磷指标偏高，各阶段水质综合评价为Ⅴ类水；花桥吴淞江大桥段，水质差，氨氮值长期处于劣Ⅴ类，各阶段水质综合评价为劣Ⅴ类水。

【调水试验期间浓度变化分析】

调水试验期间，从各项指标的浓度变化上看，换水改善期前期淀泖区几个省际边界断面中花桥吴淞江大桥、千灯浦闸、大朱砂桥和白石矶桥都有部分水质指标的浓度得到不同程度的改善。

花桥吴淞江大桥高锰酸盐指数、总磷引水准备期的平均浓度分别为 6.7 mg/L、0.47 mg/L，换水改善期前期的平均浓度为 6.4 mg/L、0.42 mg/L，分别下降了 4.5%、11.7%；千灯浦闸高锰酸盐指数、总磷引水准备期的平均浓度分别为 5.2 mg/L、0.241 mg/L，换水改善期前期的平均浓度分别为 4.9 mg/L、0.217 mg/L，分别下降了 5.8%、10.0%；大朱砂桥总磷、氨氮引水准备期的平均浓度分别为 0.170 mg/L、0.35 mg/L，换水改善期前期的平均浓度分别为 0.165 mg/L、0.32 mg/L，分别下降了 2.9%、8.6%；白石矶桥的溶解氧平均值从引水准备期的 9.55 mg/L 上升到换水改善期前期的 9.98 mg/L，提升了 4.5%，氨氮的平均值从引水准备期的 0.36 mg/L 降低到换水改善期前期的 0.28 mg/L，下降了 23.0%。

周庄大桥仅高锰酸盐指数在换水改善期有了一定改善，相比较引水准备期的平均值降低了 2.6%；芦墟大桥在换水改善期未发现水质指标浓度上的改善。

省际边界断面各项水质指标浓度变化见图 3.2-36～图 3.2-39。

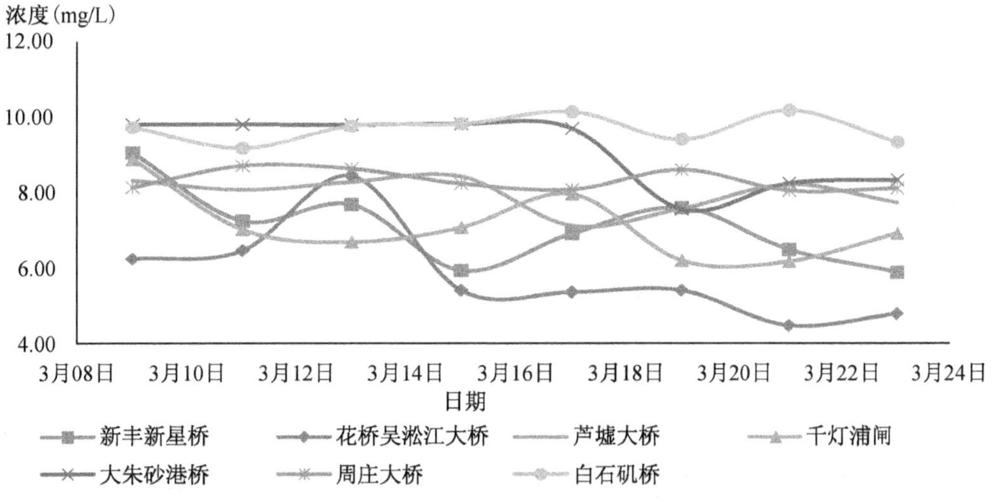

图 3.2-36　省际边界断面溶解氧变化情况

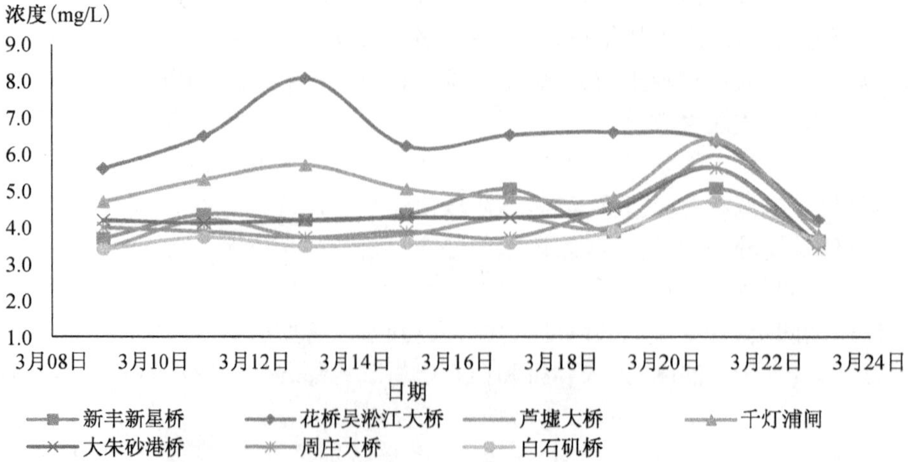

图 3.2-37　省际边界断面高锰酸盐指数变化情况

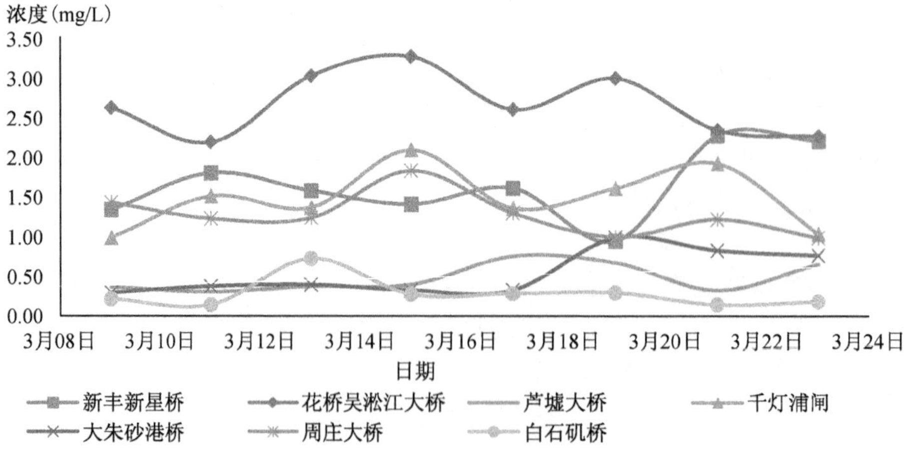

图 3.2-38　省际边界断面氨氮变化情况

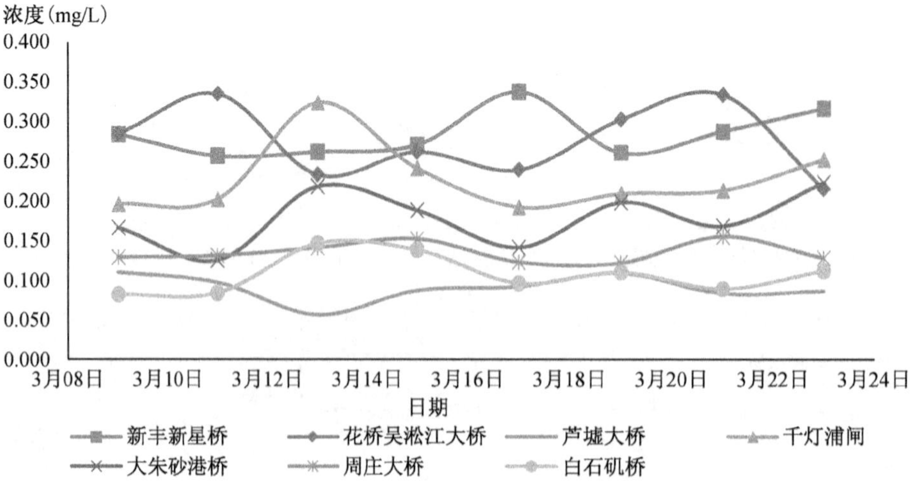

图 3.2-39　省际边界断面总磷变化情况

3.2.3 水质效果评估

3.2.3.1 背景水质分析

1. 水质指标单项评价分析

本次调水试验选取试验前各口门关闸或滞流的状态，阳澄淀泖区河道常态化的水功能区资料作为背景资料，根据方案的监测项目并结合水体特点，选定水质指标溶解氧、氨氮、高锰酸盐指数、总磷，以水质监测成果均值和背景值按区域进行比较，来分析本次调水水质变化效果。

调水试验期间，在阳澄区骨干河道断面、阳澄湖及出入湖河道断面、淀泖区骨干河道断面、省际边界河道断面中，溶解氧参数水质类别达到Ⅲ类水的占比分别为 63.6%、100.0%、100.0%和 100.0%，与背景值比较，分别为：持平、持平、上升了 11.1%、上升了 20.5%。本次调水试验，三处区域的水质指标溶解氧达到Ⅲ类水占比高。

阳澄区骨干河道断面、阳澄湖及出入湖河道断面、淀泖区骨干河道断面、省际边界河道溶解氧浓度均值分别为 6.46 mg/L、9.87 mg/L、8.30 mg/L、7.88 mg/L，较背景值的变化幅度分别为 13.3%、−0.02%、14.0%、20.5%。本次调度对水质指标溶解氧有不同程度的提高。进行调水试验期间，各监测断面的溶解氧满足方案要求，本片区海洋泾、七浦塘等沿江引水为主的河道关键断面溶解氧浓度达到 5 mg/L 及以上；常浒河、白茆塘、浏河等沿江引排结合的河道关键断面溶解氧浓度达到 3 mg/L 及以上，杨林塘前期较低；冶长泾、永昌泾、瓜泾港、三船路、大浦港等望虞河东岸及环湖引水河道关键断面溶解氧浓度达到 3 mg/L 及以上；张家港、盐铁塘、济民塘、吴淞江、青阳港、大直港、太浦河等骨干汇水河道断面溶解氧浓度基本达到 2 mg/L 及以上。

调水试验期间，在阳澄区骨干河道断面、阳澄湖及出入湖河道断面、淀泖区骨干河道断面、省际边界河道断面中，高锰酸盐指数水质类别达到Ⅲ类水的占比分别为 90.9%、100.0%、100.0%和 85.7%，与背景值比较，分别为：上升了 45.5%、持平、上升了 11.1%、上升了14.3%。本次调水试验，试验区域水质指标高锰酸盐指数达到Ⅲ类水占比高，其中提高幅度最大的为阳澄区骨干河道区域。

阳澄区骨干河道断面、阳澄湖及出入湖河道断面、淀泖区骨干河道断面、省际边界河道高锰酸盐指数浓度均值分别为 4.5 mg/L、3.7 mg/L、4.4 mg/L、4.6 mg/L，较背景值分别降低了 28.8%、24.3%、10.2%、16.4%。本次调度对水质指标高锰酸盐指数有一定的改善。

调水试验期间，在阳澄区骨干河道断面、阳澄湖及出入湖河道断面、淀泖区骨干河道断面、省际边界河道断面中，总磷水质类别达到Ⅲ类水的占比分别为 18.2%、88.9%、77.8%和 57.2%，与背景值比较，分别上升了 9.2%、55.6%、44.5%、42.9%。本次调水试验，总磷指标改善幅度最大的为阳澄湖及出入湖河道区域。

阳澄区骨干河道断面、阳澄湖及出入湖河道断面、淀泖区骨干河道断面、省际边界河道总磷指数浓度均值分别为 0.237 mg/L、0.066 mg/L、0.146 mg/L、0.186 mg/L，较背景值分别降低了 31.3%、62.3%、35.1%、45.1%。本次调度对水质指标总磷改善显著。

(1) 阳澄区骨干河道断面

本次调水试验，在阳澄区骨干河道元和塘、张家港、盐铁塘、石头糖、娄江和青阳港共布设监测断面 11 处。

调水试验期间，阳澄区骨干河道监测断面水质指标溶解氧均达到Ⅲ类水的占比 63.6%，与背景值持平；Ⅳ类水占比 36.4%，较背景值上升了 9.1%；Ⅴ类水占比 0%，较背景值下降了 9.1%。调水试验期间，溶解氧浓度变化幅度范围是－39.4%～94.8%，该区域溶解氧浓度均值为 6.46 mg/L(Ⅱ类)，背景值为 5.70 mg/L(Ⅲ类)，较背景值上升了 13.3%。见图 3.2-40。

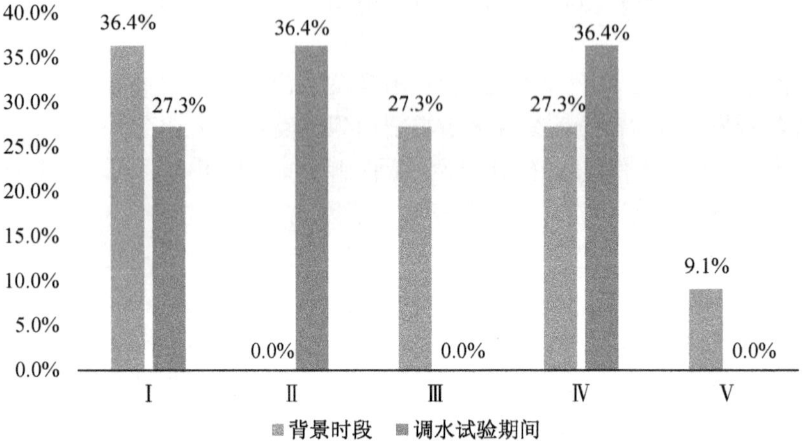

图 3.2-40　阳澄区骨干河道断面溶解氧水质类别占比图

调水试验期间，阳澄区骨干河道监测断面水质指标高锰酸盐指数达到Ⅲ类水的占比为 90.9%，较背景值上升了 45.5%；Ⅳ类水占比 9.1%，较背景值下降了 45.4%。调水试验期间，该区域高锰酸盐指数浓度均值为 4.5 mg/L(Ⅲ类)，背景值为 6.3 mg/L(Ⅳ类)，较背景值下降了 28.8%。见图 3.2-41。

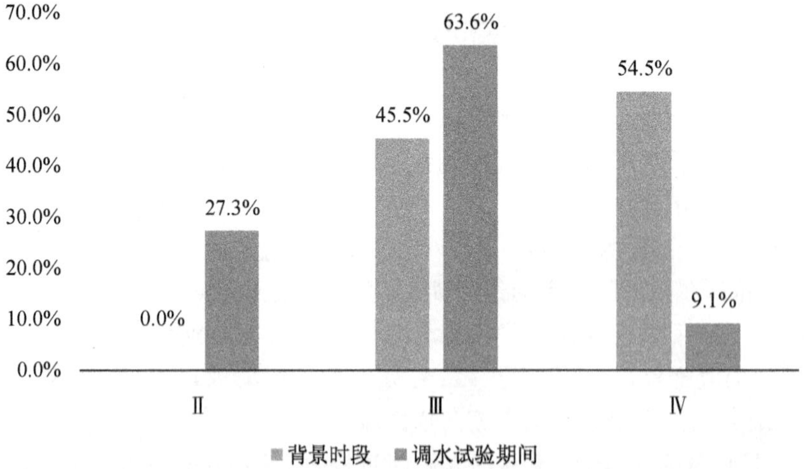

图 3.2-41　阳澄区骨干河道断面高锰酸盐指数水质类别占比图

调水试验期间，阳澄区骨干河道监测断面水质指标氨氮达到Ⅲ类水的占比 18.2%，较背景值降低了 18.2%；Ⅳ类水占比 36.4%，较背景值上升了 27.3%；Ⅴ类和劣Ⅴ类占比 45.5%，较背景值降低了 9.1%。调水试验期间，该区域氨氮浓度均值为 1.29 mg/L(Ⅱ

类)，背景值为 1.56 mg/L(Ⅲ类)，较背景值下降了 17.3%。见图 3.2-42。

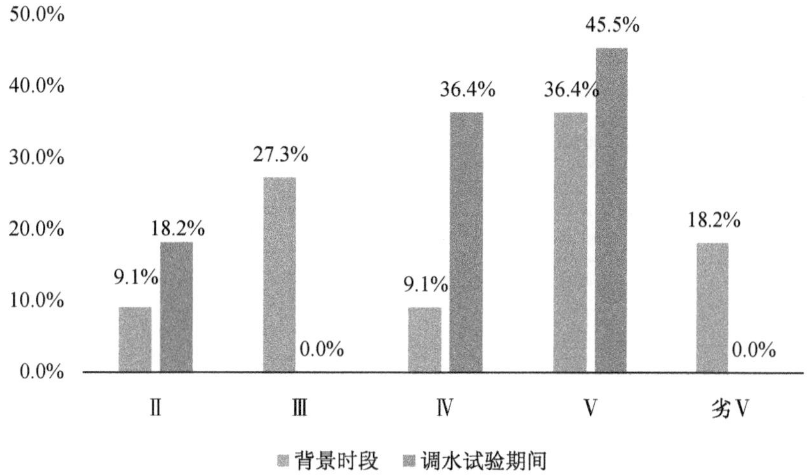

图 3.2-42　阳澄区骨干河道断面氨氮水质类别占比图

调水试验期间，阳澄区骨干河道监测断面水质指标总磷达到Ⅲ类水的占比 18.2%，较背景值提高了 9.2%；Ⅳ类水占比 63.6%，较背景值上升了 27.2%；Ⅴ类水和劣Ⅴ类水占比 18.2%，较背景值降低了 36.4%。调水试验期间，该区域总磷浓度均值为 0.237 mg/L(Ⅳ类)，背景值为 0.345 mg/L(Ⅴ类)，较背景值下降了 31.3%。见图 3.2-43。

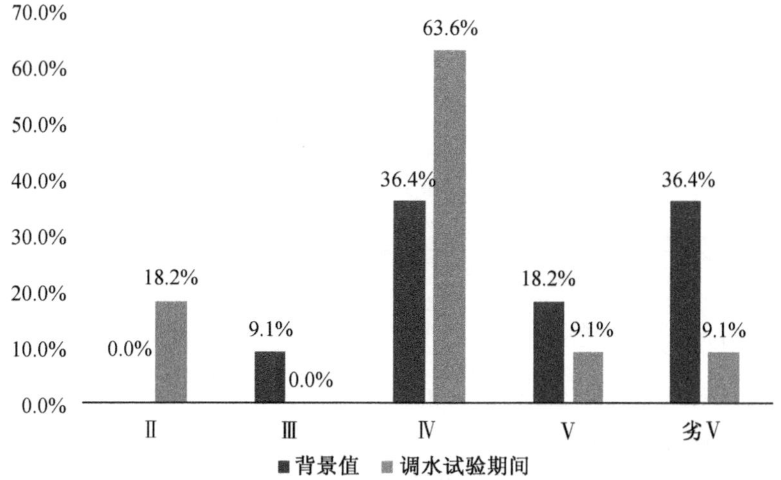

图 3.2-43　阳澄区骨干河道断面总磷水质类别占比图

阳澄区骨干河道监测断面水质监测成果及评价见表 3.2-27。

表 3.2-27　阳澄区骨干河道监测断面水质均值表

河流名称	监测断面	时段	溶解氧		高锰酸盐指数		氨氮		总磷	
			浓度(mg/L)	评价	浓度(mg/L)	评价	浓度(mg/L)	评价	浓度(mg/L)	评价
元和塘	周塘河桥	背景	3.27	Ⅳ	5.7	Ⅲ	1.42	Ⅳ	0.564	劣Ⅴ
		调水试验期	6.37	Ⅱ	4.9	Ⅲ	1.55	Ⅴ	0.404	劣Ⅴ
	元和塘常相交界	背景	7.73	Ⅰ	5.9	Ⅲ	1.74	Ⅴ	0.202	Ⅳ
		调水试验期	7.71	Ⅰ	3.2	Ⅱ	0.48	Ⅱ	0.081	Ⅱ
	元和塘南段	背景	8.25	Ⅰ	7.2	Ⅳ	0.38	Ⅱ	0.262	Ⅳ
		调水试验期	7.46	Ⅱ	4.3	Ⅲ	1.53	Ⅴ	0.227	Ⅳ
盐铁塘	盐铁塘常太交界	背景	5.48	Ⅲ	6.6	Ⅳ	1.90	Ⅴ	0.503	劣Ⅴ
		调水试验期	7.53	Ⅰ	4.0	Ⅱ	1.01	Ⅳ	0.207	Ⅳ
	城南桥	背景	2.65	Ⅴ	7.5	Ⅳ	2.31	劣Ⅴ	0.346	Ⅴ
		调水试验期	4.95	Ⅳ	4.7	Ⅲ	1.97	Ⅴ	0.294	Ⅳ
	新丰新星桥	背景	4.22	Ⅳ	6.4	Ⅳ	3.39	劣Ⅴ	0.215	Ⅳ
		调水试验期	7.10	Ⅱ	4.3	Ⅲ	1.64	Ⅴ	0.285	Ⅳ
娄江	娄江大桥	背景	7.89	Ⅰ	6.6	Ⅳ	0.52	Ⅲ	0.115	Ⅲ
		调水试验期	9.72	Ⅰ	3.0	Ⅱ	0.43	Ⅱ	0.038	Ⅱ
	西河大桥	背景	5.65	Ⅲ	5.7	Ⅲ	0.76	Ⅲ	0.446	劣Ⅴ
		调水试验期	4.44	Ⅳ	5.4	Ⅲ	1.58	Ⅴ	0.233	Ⅳ
张家港	通城河桥	背景	8.04	Ⅰ	5.1	Ⅲ	1.00	Ⅲ	0.386	Ⅴ
		调水试验期	4.87	Ⅳ	4.8	Ⅲ	1.48	Ⅳ	0.217	Ⅳ
青阳港	青阳港大桥	背景	4.30	Ⅳ	7.3	Ⅳ	1.99	Ⅴ	0.469	劣Ⅴ
		调水试验期	3.93	Ⅳ	6.1	Ⅳ	1.50	Ⅳ	0.286	Ⅳ
石头塘	石头塘长桥	背景	5.21	Ⅲ	5.5	Ⅲ	1.74	Ⅴ	0.284	Ⅳ
		调水试验期	6.93	Ⅱ	4.3	Ⅲ	1.06	Ⅳ	0.354	Ⅴ
阳澄区骨干河道	平均值	背景	5.70	Ⅲ	6.3	Ⅳ	1.56	Ⅴ	0.345	Ⅴ
		调水试验期	6.46	Ⅱ	4.5	Ⅲ	1.29	Ⅳ	0.237	Ⅳ

(2) 阳澄湖及出入湖河道断面

本次调水试验，在阳澄湖、入湖河道界泾、永昌泾、蠡塘河、七浦塘及出湖河道杨林塘、西港河、陆泾河共布设监测断面 9 处。

调水试验期间，阳澄湖及出入湖河道监测断面水质指标溶解氧达到Ⅲ类水断面占比 100%，与背景值占比持平。调水试验期间，该区域溶解氧浓度均值为 9.87 mg/L(Ⅰ类)，背景值为 9.89 mg/L(Ⅰ类)，与背景值差异不大。见图 3.2-44。

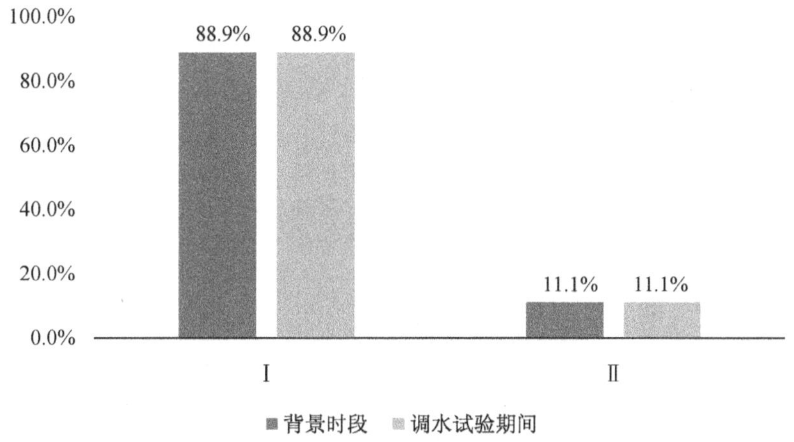

图 3.2-44　阳澄湖及出入湖河道断面溶解氧水质类别占比图

调水试验期间，阳澄湖及出入湖河道监测断面水质指标高锰酸盐指数达到Ⅲ类水的占比 100%，与背景值断面占比持平；其中Ⅱ类水占比 77.8%，较背景值断面占比提高了 77.8%。调水试验期间，该区域高锰酸盐指数浓度均值为 3.7 mg/L（Ⅱ类），背景值为 4.9 mg/L（Ⅲ类），较背景值下降了 24.3%。见图 3.2-45。

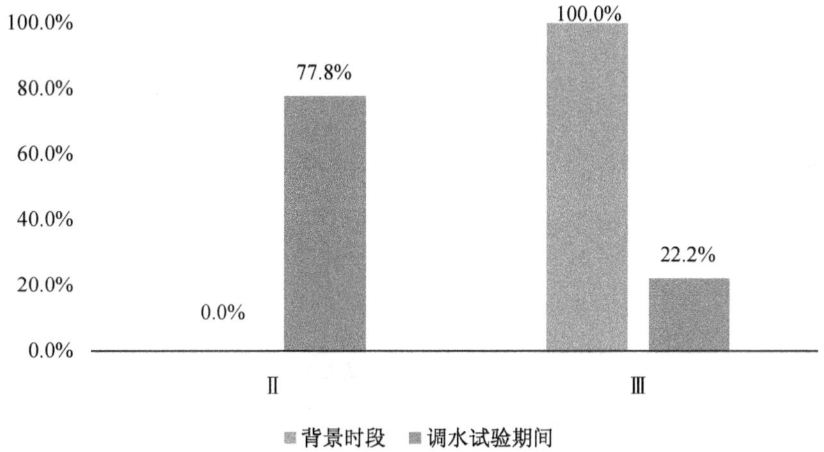

图 3.2-45　阳澄湖及出入湖河道断面高锰酸盐指数水质类别占比图

调水试验期间，阳澄湖及出入湖河道监测断面水质指标氨氮达到Ⅲ类水的占比88.9%，与背景值持平，其中达到Ⅱ类占比 77.7%，较背景值提高了 22.2%；Ⅴ类水占比 11.1%，与背景值持平。调水试验期间，该区域氨氮浓度均值为 0.48 mg/L（Ⅱ类），背景值为 0.51 mg/L（Ⅲ类），较背景值下降了 5.9%。见图 3.2-46。

调水试验期间，阳澄湖及出入湖河道监测断面水质指标总磷达到Ⅲ类水的占比88.9%，较背景值提高了 55.6%；Ⅳ类水占比 11.1%，较背景值降低了 55.6%。调水试验期间，该区域总磷浓度均值为 0.066 mg/L（Ⅱ类），背景值为 0.175 mg/L（Ⅲ类），较背景值下降了 62.3%。见图 3.2-47。

阳澄湖及出入河道水质监测成果及评价见表 3.2-28。

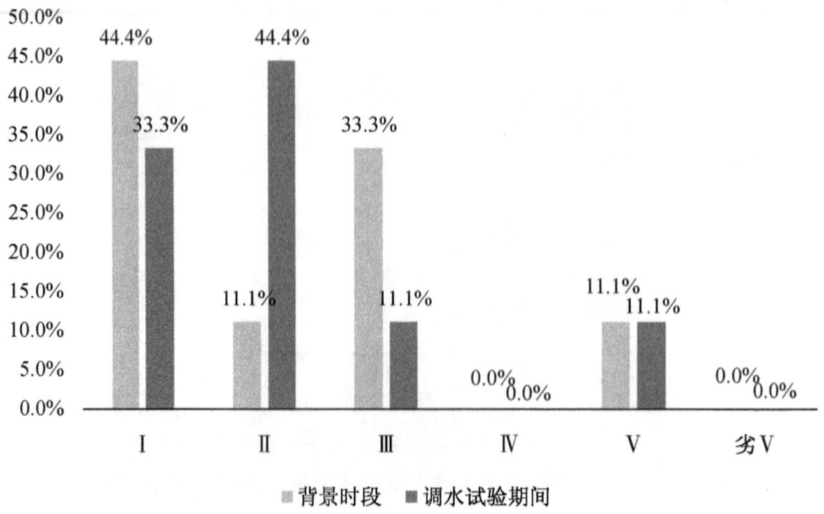

图 3.2-46　阳澄湖及出入湖河道断面氨氮水质类别占比图

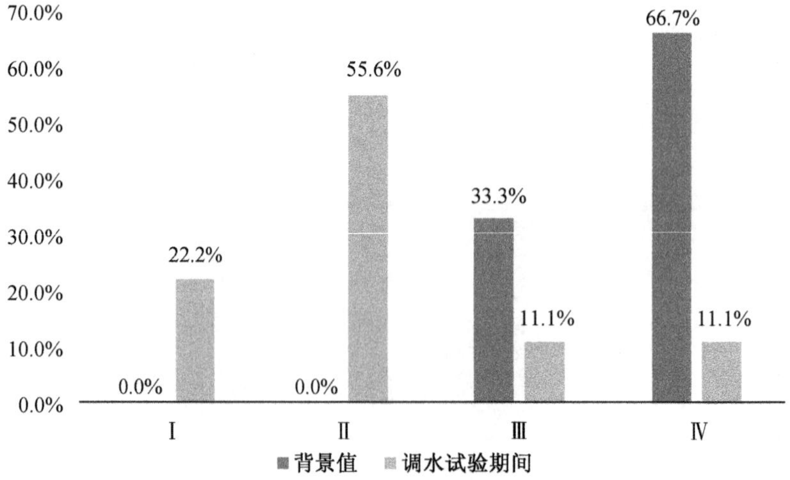

图 3.2-47　阳澄湖及出入湖河道断面总磷水质类别占比图

表 3.2-28　阳澄湖及出入湖河道监测断面水质均值表

河流名称	监测断面	时段	溶解氧		高锰酸盐指数		氨氮		总磷	
			浓度(mg/L)	评价	浓度(mg/L)	评价	浓度(mg/L)	评价	浓度(mg/L)	评价
永昌泾	永昌泾入湖口	背景	9.05	Ⅰ	5.6	Ⅲ	0.79	Ⅲ	0.247	Ⅳ
		调水试验期	8.53	Ⅰ	3.9	Ⅱ	0.42	Ⅱ	0.065	Ⅱ
界泾河	界泾河入湖口	背景	7.45	Ⅱ	5.9	Ⅲ	0.81	Ⅲ	0.267	Ⅳ
		调水试验期	9.77	Ⅰ	3.9	Ⅱ	0.33	Ⅱ	0.062	Ⅱ
蠡塘河	蠡塘河入湖口	背景	7.52	Ⅰ	5.7	Ⅲ	1.63	Ⅴ	0.211	Ⅳ
		调水试验期	6.55	Ⅱ	4.8	Ⅲ	1.91	Ⅴ	0.242	Ⅳ

续 表

河流名称	监测断面	时段	溶解氧		高锰酸盐指数		氨氮		总磷	
			浓度(mg/L)	评价	浓度(mg/L)	评价	浓度(mg/L)	评价	浓度(mg/L)	评价
七浦塘	七浦塘桥	背景	9.86	Ⅰ	4.5	Ⅲ	0.67	Ⅲ	0.279	Ⅳ
		调水试验期	10.25	Ⅰ	3.4	Ⅱ	0.31	Ⅱ	0.053	Ⅱ
陆泾	陆泾出湖口	背景	9.63	Ⅰ	5.0	Ⅲ	0.45	Ⅱ	0.140	Ⅲ
		调水试验期	11.93	Ⅰ	4.5	Ⅲ	0.90	Ⅲ	0.109	Ⅲ
西港河	西港河出湖口	背景	9.53	Ⅰ	4.6	Ⅲ	0.08	Ⅰ	0.111	Ⅲ
		调水试验期	10.63	Ⅰ	3.5	Ⅱ	0.18	Ⅱ	0.032	Ⅱ
杨林塘	巴城工农桥	背景	11.52	Ⅰ	4.5	Ⅲ	0.04	Ⅰ	0.175	Ⅲ
		调水试验期	10.68	Ⅰ	3.0	Ⅱ	0.11	Ⅰ	0.022	Ⅱ
阳澄湖	野尤泾桥	背景	12.36	Ⅰ	4.3	Ⅲ	0.05	Ⅰ	0.088	Ⅳ
		调水试验期	9.61	Ⅰ	3.2	Ⅱ	0.13	Ⅰ	0.008	Ⅰ
阳澄湖	阳澄东湖	背景	12.05	Ⅰ	4.3	Ⅲ	0.08	Ⅰ	0.060	Ⅳ
		调水试验期	10.90	Ⅰ	3.2	Ⅱ	0.10	Ⅰ	0.004	Ⅰ
阳澄湖及出入湖河道	平均值	背景	9.89	Ⅰ	4.9	Ⅲ	0.51	Ⅲ	0.175	Ⅲ
		调水试验期	9.87	Ⅰ	3.7	Ⅱ	0.48	Ⅱ	0.066	Ⅱ

(3) 淀泖区骨干河道断面

本次调水试验，在淀泖区骨干河道太浦河、斜塘、界浦、大直港、牛长泾、江南运河、窑港桥共布设监测断面 9 处。

调水试验期间，淀泖区骨干河道监测断面水质指标溶解氧达到Ⅲ类水的占比 100%，较背景值提高了 11.1%，其中Ⅰ类水提高了 22.2%。调水试验期间，该区域溶解氧浓度均值 8.30 mg/L(Ⅰ类)，背景值为 7.28 mg/L(Ⅱ类)，较背景值提高了 14.0%。见图 3.2-48。

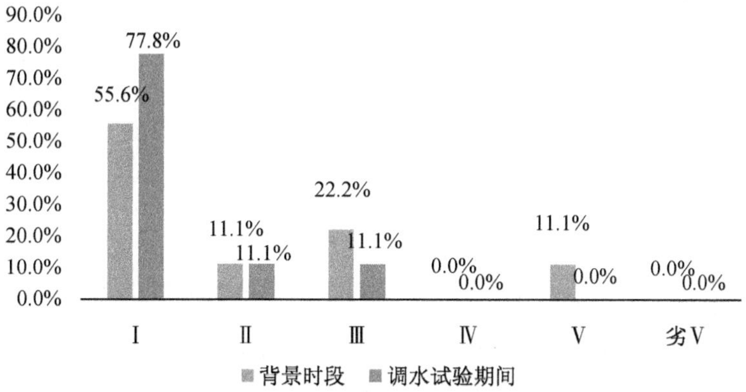

图 3.2-48 淀泖区骨干河道断面溶解氧水质类别占比图

调水试验期间，淀泖区骨干河道监测断面水质指标高锰酸盐指数达到Ⅲ类水的占比100%，较背景值提高了11.1%，Ⅱ类水占比提高了33.3%。调水试验期间，该区域高锰酸盐指数浓度均值为4.4 mg/L(Ⅲ类)，背景值为4.9 mg/L(Ⅲ类)，较背景值下降了10.2%。见图3.2-49。

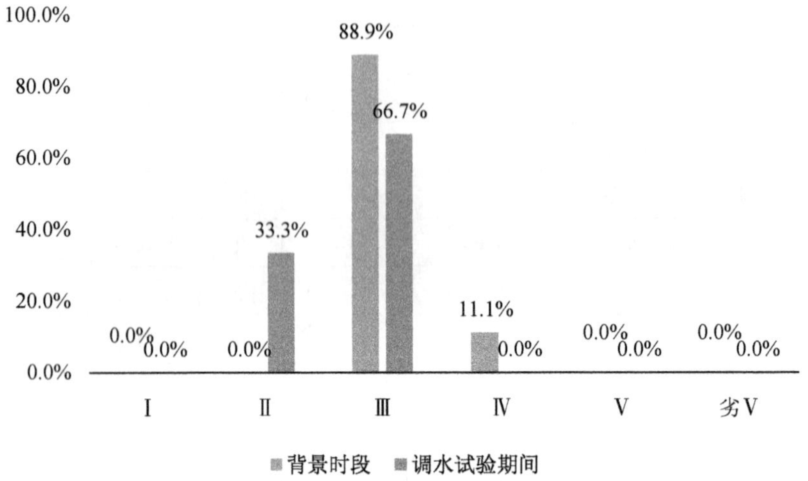

图3.2-49　淀泖区骨干河道断面高锰酸盐指数水质类别占比图

调水试验期间，淀泖区骨干河道监测断面水质指标氨氮达到Ⅲ类水的占比66.6%，较背景值下降了33.3%；Ⅳ类水的占比22.2%，较背景值上升了22.2%；Ⅴ类水占比11.1%，较背景值上升了11.1%。调水试验期间，该区域氨氮浓度均值为0.80 mg/L(Ⅲ类)，背景值为0.31 mg/L(Ⅱ类)，较背景值差1个水质类别。见图3.2-50。

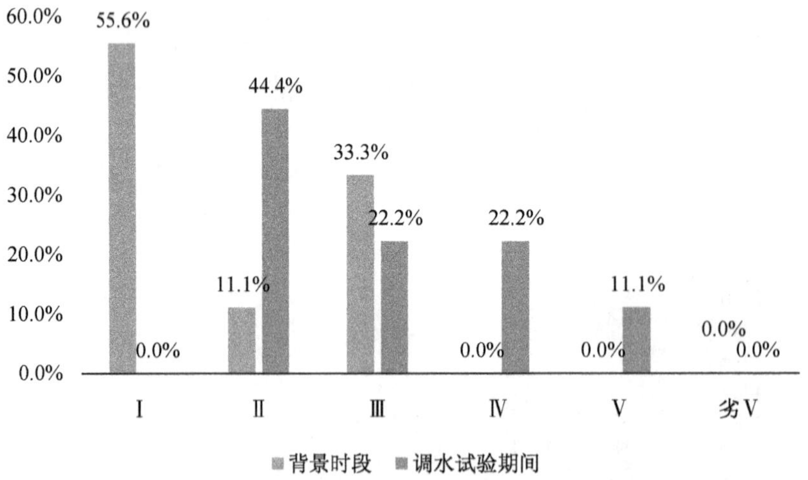

图3.2-50　淀泖区骨干河道断面氨氮水质类别占比图

调水试验期间，省孙边界监测断面水质指标总磷达到Ⅲ类水的占比77.8%，较背景值提高了44.5%；Ⅳ类占比22.2%，较背景值下降了33.4%；无Ⅴ类和劣Ⅴ类水，较背景值下降了11.1%。调水试验期间，该区域总磷浓度均值为0.146 mg/L(Ⅲ类)，背景值为0.225 mg/L(Ⅳ类)，较背景值下降了35.1%。见图3.2-51。

淀泖区骨干河道水质监测成果及评价见表3.2-29。

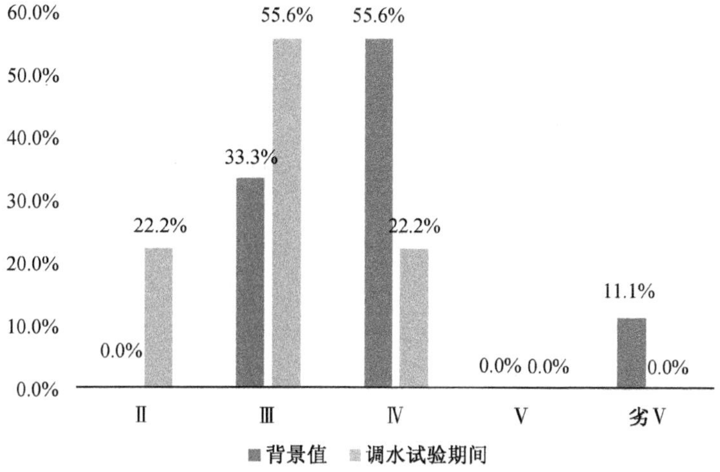

图3.2-51 淀泖区骨干河道断面总磷水质类别占比图

表3.2-29 淀泖区骨干河道监测断面水质均值表

河流名称	监测断面	时段	溶解氧		高锰酸盐指数		氨氮		总磷	
			浓度(mg/L)	评价	浓度(mg/L)	评价	浓度(mg/L)	评价	浓度(mg/L)	评价
太浦河	太浦闸(下)	背景	10.57	Ⅰ	6.4	Ⅳ	0.06	Ⅰ	0.138	Ⅲ
		调水试验期	10.29	Ⅰ	3.4	Ⅱ	0.35	Ⅱ	0.114	Ⅲ
太浦河	平望大桥	背景	9.56	Ⅰ	6.0	Ⅲ	0.06	Ⅰ	0.167	Ⅲ
		调水试验期	9.40	Ⅰ	4.0	Ⅱ	0.61	Ⅲ	0.104	Ⅲ
太浦河	芦墟大桥	背景	7.04	Ⅱ	4.6	Ⅲ	0.08	Ⅰ	0.213	Ⅳ
		调水试验期	7.96	Ⅰ	4.2	Ⅲ	0.48	Ⅱ	0.090	Ⅱ
斜塘	斜塘大桥	背景	5.09	Ⅲ	4.3	Ⅲ	0.08	Ⅰ	0.134	Ⅲ
		调水试验期	9.99	Ⅰ	4.3	Ⅲ	0.41	Ⅱ	0.099	Ⅱ
界浦	界浦桥	背景	2.82	Ⅴ	5.0	Ⅲ	0.89	Ⅲ	0.202	Ⅳ
		调水试验期	6.57	Ⅱ	4.6	Ⅲ	1.39	Ⅳ	0.158	Ⅲ
大直港	机场路大直港桥	背景	8.60	Ⅰ	4.7	Ⅲ	0.59	Ⅲ	0.430	劣Ⅴ
		调水试验期	5.84	Ⅲ	5.0	Ⅲ	1.53	Ⅴ	0.210	Ⅳ
牛长泾	牛长泾桥	背景	5.63	Ⅲ	4.2	Ⅲ	0.26	Ⅱ	0.229	Ⅳ
		调水试验期	8.78	Ⅰ	5.5	Ⅲ	0.90	Ⅲ	0.242	Ⅳ
江南运河	科林大桥	背景	8.68	Ⅰ	4.2	Ⅲ	0.72	Ⅲ	0.212	Ⅳ
		调水试验期	7.59	Ⅰ	3.9	Ⅱ	1.15	Ⅳ	0.165	Ⅲ
北窑港	窑港桥	背景	7.56	Ⅰ	4.8	Ⅲ	0.06	Ⅰ	0.297	Ⅳ
		调水试验期	8.28	Ⅰ	4.3	Ⅲ	0.40	Ⅱ	0.128	Ⅲ
淀泖区骨干河道	平均值	背景	7.28	Ⅱ	4.9	Ⅲ	0.31	Ⅱ	0.225	Ⅳ
		调水试验期	8.30	Ⅰ	4.4	Ⅲ	0.80	Ⅲ	0.146	Ⅲ

(4) 省际边界河道断面

本次调水试验，在省际边界河道千灯浦、大小朱砂、急水港、元荡、吴淞江、盐铁塘、太浦河共布设监测断面 7 处。

调水试验期间，省际边界监测断面水质指标溶解氧达到Ⅲ类水的占比 100%，较背景值提高了 28.6%，其中Ⅰ类水提高了 14.3%。调水试验期间，该区域溶解氧浓度均值为 7.88 mg/L（Ⅰ类），背景值为 6.54 mg/L（Ⅱ类），较背景值提高了 20.5%。见图 3.2-52。

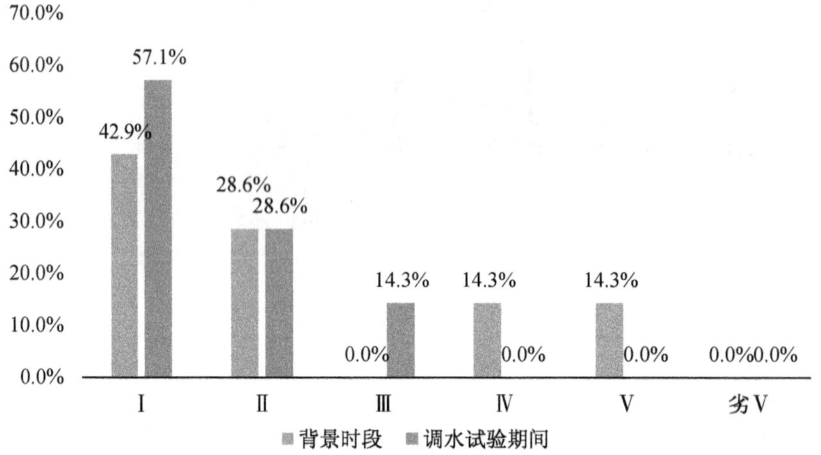

图 3.2-52　省际边界断面溶解氧水质类别占比图

调水试验期间，省际边界监测断面水质指标高锰酸盐指数达到Ⅲ类水的占比85.7%，较背景值提高了 14.3%，其中Ⅱ类水占比提高了 14.3%。Ⅳ类水的占比 28.6%，较背景值下降了 14.3%。调水试验期间，该区域高锰酸盐指数浓度均值为 4.6 mg/L（Ⅲ类），背景值为 5.5 mg/L（Ⅲ类），较背景值下降了 16.4%。见图 3.2-53。

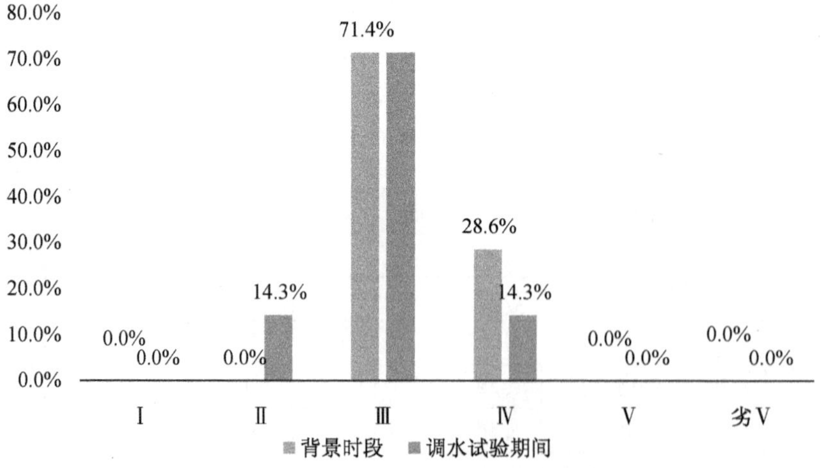

图 3.2-53　省际边界断面高锰酸盐指数水质类别占比图

调水试验期间，省际边界监测断面水质指标氨氮达到Ⅲ类水的占比 42.9%，较背景值下降了 28.6%；Ⅳ类的占比 28.6%，较背景值上升了 28.6%；Ⅴ类水占比 14.3%，较背景值上升了 14.3%；劣Ⅴ类水占比 14.3%，较背景值下降了 14.3%。调水试验期间，该区域氨氮浓度均值为 1.19 mg/L（Ⅳ类），背景值为 1.01 mg/L（Ⅳ类），较背景值上升了 17.8%。见图 3.2-54。

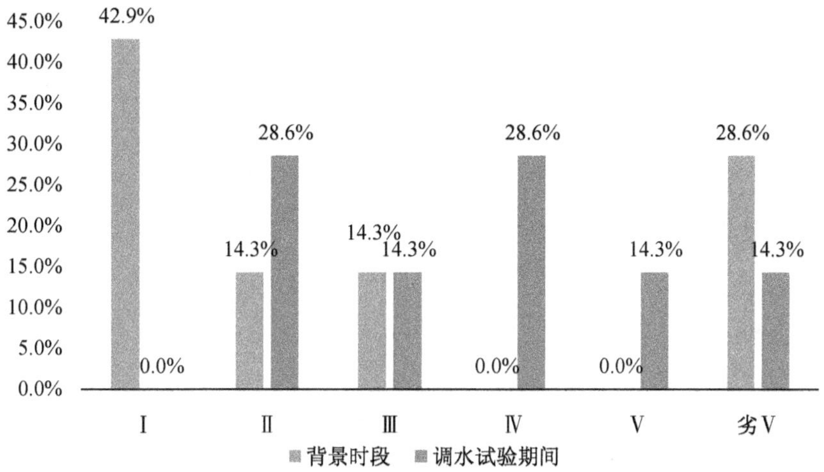

图 3.2-54 省际边界断面氨氮水质类别占比图

调水试验期间，省际边界监测断面水质指标总磷达到Ⅲ类水占比 57.2%，较背景值上升了 42.9%；Ⅳ类水占比 42.9%，与背景值持平；无Ⅴ类和劣Ⅴ类水，较背景值下降了 42.9%。调水试验期间，该区域总磷浓度均值为 0.186 mg/L（Ⅲ类），背景值为 0.339 mg/L（Ⅴ类），较背景值下降了 45.1%。见图 3.2-55。

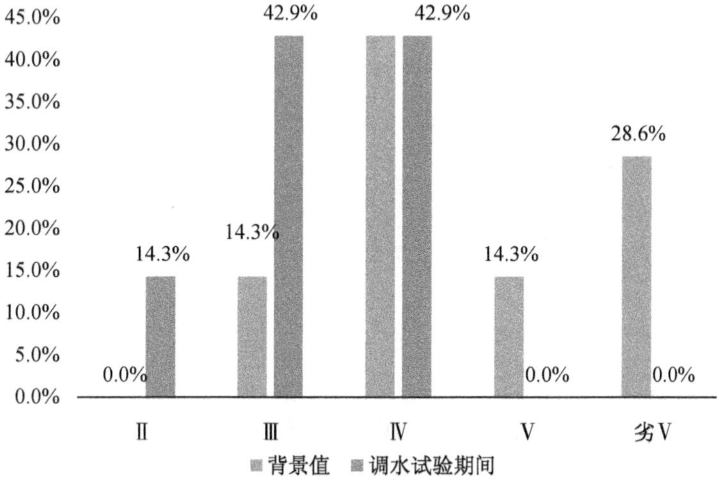

图 3.2-55 省际边界断面总磷水质类别占比图

省际边界断面水质监测成果及评价见表 3.2-30。

表 3.2-30　省际边界监测断面水质均值表

河流名称	监测断面	时段	溶解氧		高锰酸盐指数		氨氮		总磷	
			浓度(mg/L)	评价	浓度(mg/L)	评价	浓度(mg/L)	评价	浓度(mg/L)	评价
盐铁塘	新丰新星桥	背景	4.22	Ⅳ	6.4	Ⅳ	3.39	劣Ⅴ	0.215	Ⅳ
		调水试验期	7.10	Ⅱ	4.3	Ⅲ	1.64	Ⅴ	0.285	Ⅳ
吴淞江	花桥吴淞江大桥	背景	2.52	Ⅴ	7.1	Ⅳ	2.21	劣Ⅴ	0.719	劣Ⅴ
		调水试验期	5.82	Ⅲ	6.3	Ⅳ	2.65	劣Ⅴ	0.276	Ⅳ
太浦河	芦墟大桥	背景	7.04	Ⅱ	4.6	Ⅲ	0.08	Ⅰ	0.213	Ⅳ
		调水试验期	7.96	Ⅰ	4.2	Ⅲ	0.48	Ⅱ	0.090	Ⅱ
千灯浦	千灯浦入赵田湖口	背景	7.95	Ⅰ	5.9	Ⅲ	0.80	Ⅲ	0.458	劣Ⅴ
		调水试验期	7.11	Ⅱ	5.1	Ⅲ	1.48	Ⅳ	0.229	Ⅳ
大、小朱砂	大朱砂桥	背景	9.01	Ⅰ	5.2	Ⅲ	0.43	Ⅱ	0.342	Ⅴ
		调水试验期	9.13	Ⅰ	4.3	Ⅲ	0.53	Ⅲ	0.178	Ⅲ
急水港	周庄大桥	背景	8.32	Ⅰ	4.7	Ⅲ	0.09	Ⅰ	0.184	Ⅲ
		调水试验期	8.32	Ⅰ	4.1	Ⅲ	1.27	Ⅳ	0.135	Ⅲ
元荡入淀山湖口	白石矶桥	背景	6.69	Ⅱ	4.7	Ⅲ	0.07	Ⅰ	0.245	Ⅳ
		调水试验期	9.69	Ⅰ	3.8	Ⅱ	0.28	Ⅱ	0.107	Ⅲ
省际边界河道	平均值	背景	6.54	Ⅱ	5.5	Ⅲ	1.01	Ⅳ	0.339	Ⅴ
		调水试验期	7.88	Ⅰ	4.6	Ⅲ	1.19	Ⅳ	0.186	Ⅲ

2. 水质综合评价分析

根据调水试验方案中所监测项目，选定溶解氧、氨氮、高锰酸盐指数、化学需氧量、总磷作为综合评价参数，总氮不参与评价。将调水试验期间水质均值与背景时段水质进行综合评价比较分析。

本次调水试验期间，在所监测的 47 个断面中，水质综合评价累计达到Ⅲ类水的断面个数占比 55.3%，较背景值上升了 23.4%。其中阳澄区骨干河道断面、阳澄湖及出入湖河道断面、淀泖区骨干河道断面、省际边界河道断面的水质综合评价达到Ⅲ类水的占比分别为 18.2%、77.8%、55.6%和 42.9%，与背景值比较，分别上升了 18.2%、22.1%、33.4%、28.6%。本次调水试验，水质综合评价达到Ⅲ类水占比最高的为阳澄湖及出入湖河道断面，同时各区域均有不同程度的提高，其中淀泖区骨干河道区域提高幅度最高。调水试验对阳澄淀泖区水环境的改善效果显著。

(1) 阳澄区骨干河道断面

调水试验期间，阳澄区骨干河道 11 处监测断面水质类别达到Ⅲ类水的占 18.2%，较背景值上升了 18.2%；Ⅳ类水占比 45.5%，较背景值上升了 9.1%；Ⅴ类和劣Ⅴ类水占比 54.6%，较背景值下降了 27.2%。见图 3.2-56。

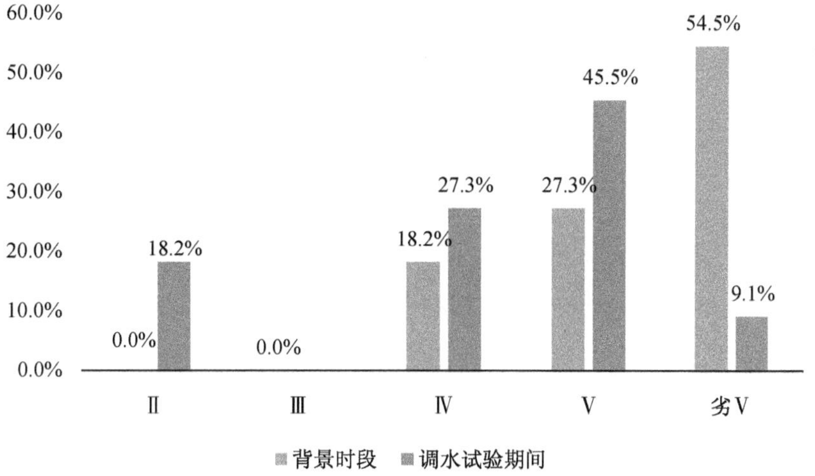

图 3.2-56　阳澄区骨干河道断面水质类别占比图

(2) 阳澄湖及出入湖河道断面

调水试验期间，阳澄湖及出入湖河道 9 处监测断面水质类别达到Ⅲ类水的占 77.7%，较背景值上升了 22.1%；Ⅳ类水占比 11.1%，较背景值下降了 22.2%；Ⅴ类水占比 11.1%，与背景值持平。见图 3.2-57。

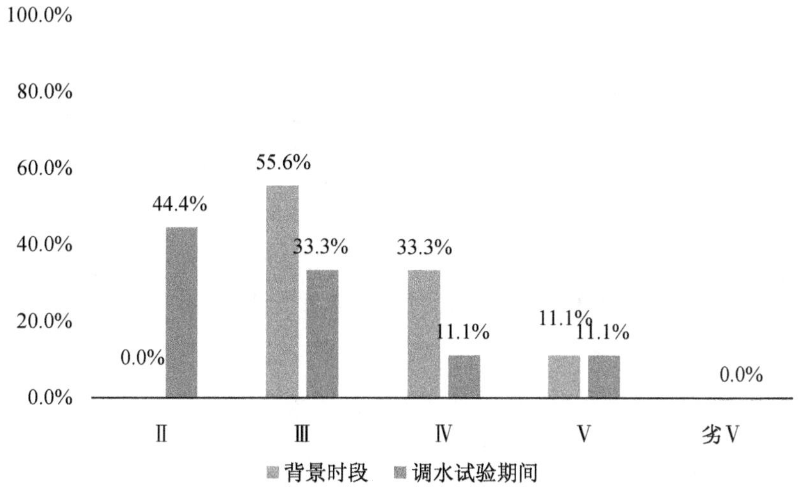

图 3.2-57　阳澄湖及出入湖河道断面水质类别占比图

(3) 淀泖区骨干河道断面

调水试验期间，淀泖区骨干河道 9 处监测断面水质类别达到Ⅲ类水的占 55.6%，较背景值上升了 33.4%；Ⅳ类水占比 33.3%，较背景值下降了 22.3%；Ⅴ类和劣Ⅴ类水占比 11.1%，较背景值下降了 11.1%。见图 3.2-58。

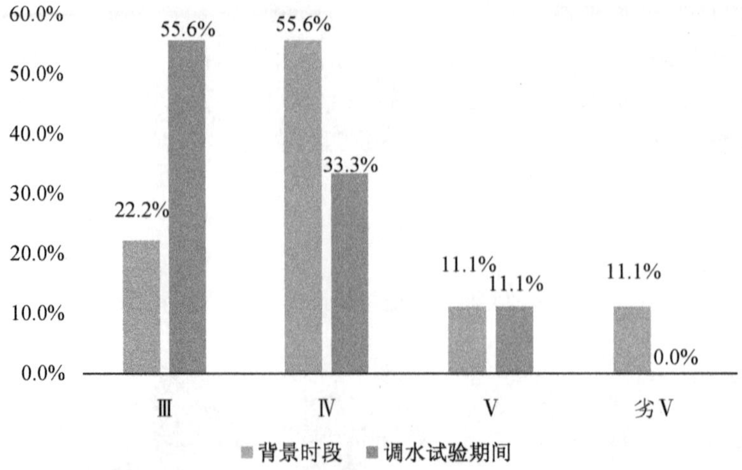

图 3.2-58　淀泖区骨干河道断面水质类别占比图

(4) 省际边界河道断面

调水试验期间，省际边界河道 7 处监测断面水质类别达到Ⅲ类水的占 42.9%，较背景值上升了 28.6%；Ⅳ类水占比 28.6%，与背景值持平；Ⅴ类和劣Ⅴ类水占比 28.6%，较背景值下降了 28.6%。见图 3.2-59。

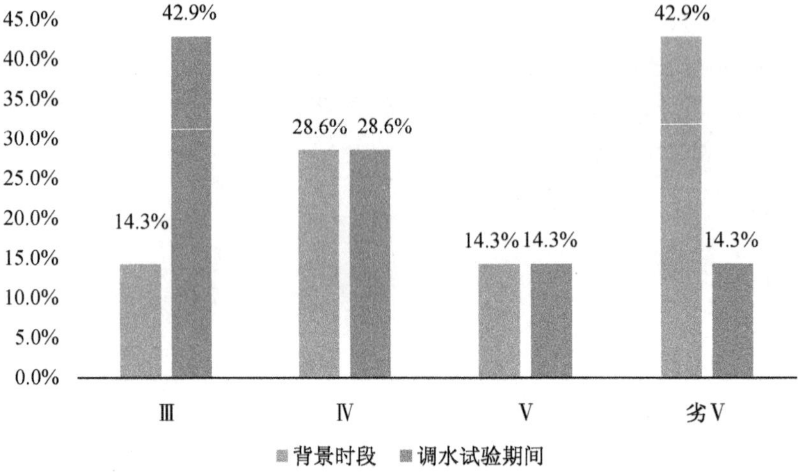

图 3.2-59　省际边界断面水质类别占比图

(5) 总体评价

本次调水试验期间，在所监测的 47 个断面中，水质综合评价累计达到Ⅲ类水的断面个数占比 55.3%，较背景值上升了 23.4%；Ⅳ类水断面个数占比 23.4%，较背景值下降了 6.4%；Ⅴ类和劣Ⅴ类水断面个数占比 21.3%，较背景值下降了 17.0%。详见图 3.2-60。

本次调度，调水试验期较背景时段水质监测断面改善的有 29 处，达到 61.7%。其中沿江口门断面 2 处、望虞河东岸口门断面 3 处、东太湖口门断面 3 处，阳澄区骨干河道断面 8 处、阳澄湖及出入湖河道断面 6 处、淀泖区骨干河道断面 4 处、省际边界河道断面 3 处。详见表 3.2-31。有序流动试验期水质监测断面位置见图 3.2-61，背景时段选取的水质监测断面位置见图 3.2-62。

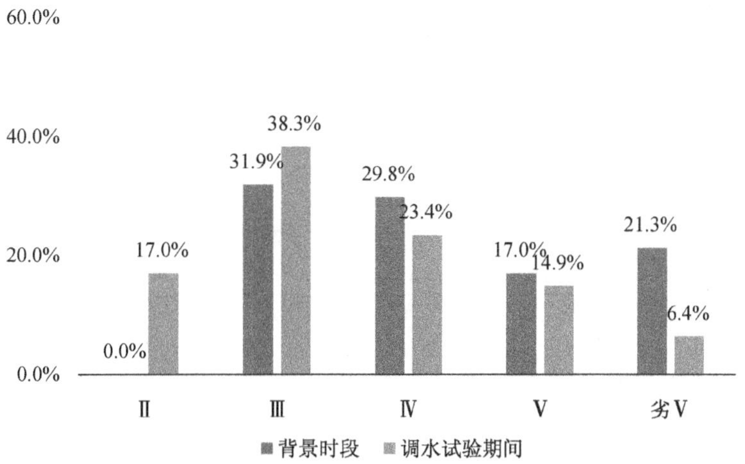

图 3.2-60 水体有序流动监测断面水质类别占比图

表 3.2-31 调水试验期较背景时段水质综合评价改善断面列表

区域	河流名称	测站名称	水质综合评价	
			背景时段	调水试验期
沿江口门	望虞河	望虞闸(上)	Ⅳ	Ⅲ
	白茆塘	白茆闸(上)	Ⅴ	Ⅲ
望虞河东岸口门	张家港	西三环湖桥	Ⅴ	Ⅳ
	永昌泾	永昌泾闸内	Ⅲ	Ⅱ
	琳桥港	车轮桥	劣Ⅴ	Ⅲ
东太湖口门	吴家港	吴家港桥	Ⅳ	Ⅲ
	大浦港	联湖桥	Ⅲ	Ⅱ
	太浦河	太浦闸(下)	Ⅳ	Ⅲ
阳澄湖及出入河道	永昌泾	永昌泾入湖口	Ⅳ	Ⅲ
	界泾河	界泾河入湖口	Ⅳ	Ⅲ
	七浦塘	七浦塘桥	Ⅳ	Ⅱ
	杨林塘	巴城工农桥	Ⅲ	Ⅱ
	阳澄湖	野尤泾桥	Ⅲ	Ⅱ
		阳澄东湖	Ⅲ	Ⅱ
阳澄区主干河道	元和塘	元和塘常相交界处	Ⅴ	Ⅱ
	盐铁塘	盐铁塘常太交界	劣Ⅴ	Ⅳ
		城南桥	劣Ⅴ	Ⅴ
		新丰新星桥	劣Ⅴ	Ⅴ
	娄江	娄江大桥	Ⅳ	Ⅱ
	娄江	西河大桥	劣Ⅴ	Ⅴ

续 表

区域	河流名称	测站名称	水质综合评价	
			背景时段	调水试验期
阳澄区主干河道	张家港	通城河桥	Ⅴ	Ⅳ
	青阳港	青阳港大桥	劣Ⅴ	Ⅳ
淀泖区河道	界浦	界江大桥	Ⅴ	Ⅳ
	大直港	机场路大直港桥	劣Ⅴ	Ⅴ
	太浦河	芦墟大桥	Ⅳ	Ⅲ
	北窑港	窑港桥	Ⅳ	Ⅲ
省际边界河道	千灯浦	千灯浦闸	劣Ⅴ	Ⅳ
	大、小朱砂	大朱砂桥	Ⅴ	Ⅲ
	元荡入淀山湖口	白石矶桥	Ⅳ	Ⅲ

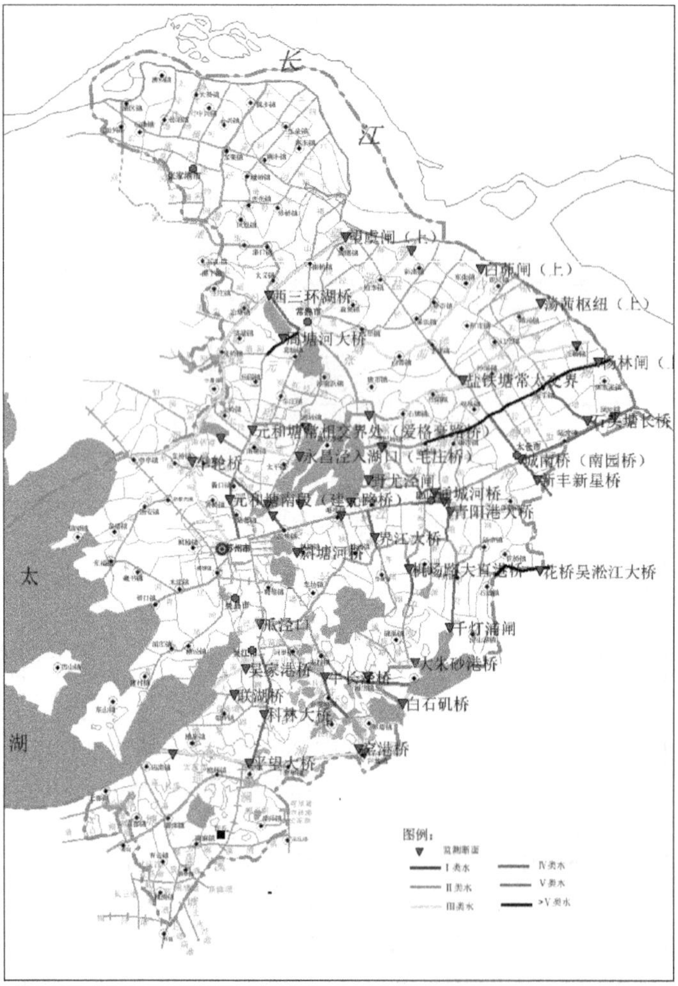

图 3.2-61　水体有序流动调水试验期监测断面水质类别示意图

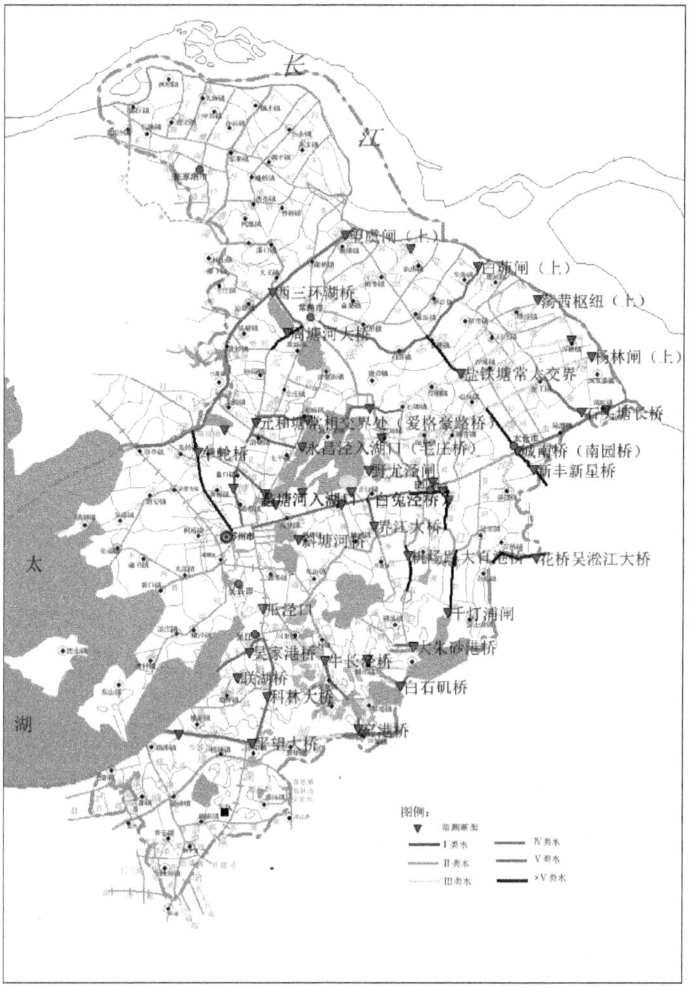

图 3.2-62　水体有序流动监测断面背景时段水质类别示意图

3.2.3.2　水质改善程度分析

利用阳澄淀泖区有序流动调水试验水质监测数据与调度前水质监测数据进行对比，分析调度对河湖受水区重要水质指标浓度的影响程度，从而评价水生态环境调度的效果。

1. 河湖受水区水质改善程度评价方法

水质是反映水体水环境质量的关键要素，水质也是流域与区域水生态环境调度的重要考核指标。本研究通过分析常规调度对流域与区域河湖受水区重要水质指标浓度的影响程度，评价生态环境调度的优劣。不同河湖受水区参评水质指标的选择依据该水域水质特点，选取河湖水质标准评判约束性水质指标。指标计算公式如下：

$$WQ = \frac{C_{wb} - C_{wa}}{C_{wb}} \times 100\%$$

式中：WQ 为河湖受水区水质改善程度；C_{wa} 为调度后流域或区域河流与湖泊受水区水质指标的浓度；C_{wb} 为调度前流域或区域流域或区域河流与湖泊受水区水质指标的浓度。

河湖受水区水质改善程度越高，表明流域或区域常规水生态环境调度的效果越明显。河湖受水区水质改善程度的赋分标准如表 3.2-32 所示。

表 3.2-32　河湖受水区水质改善程度指标赋分表

分级	推荐标准	赋分
优	[66%，100%)	80～100
良	[33%，66%)	60～80
中	[0，33%)	40～60
差	[−33%，0)	20～40
劣	(−∞，−33%)	0～20

2. 调水试验水质改善程度分析

本次调水试验选取调水试验前水功能区资料以引水口门关闸或滞流状态为主，阳澄淀泖区河道常态下作为调度前水质监测资料。同时考虑整个调水试验期间后期持续降雨，沿江口门以关闸为主，为更好地观察试验效果，故分成了 2 个时段与调水试验前水质进行比较分析。时段 1 为整个调水试验期(3 月 9—23 日)，时段 2 为调水试验降雨前期(3 月 9—17 日)。

根据方案的监测项目并结合水体特点，选取水质指标溶解氧、高锰酸盐指数、氨氮、总磷作为河湖水质标准评判约束性水质指标。本次多项指标综合改善程度赋分，选取溶解氧、高锰酸盐指数、氨氮、总磷改善程度相对应的赋分，以 4 项赋分均值计算得出。

根据调度方案及成果，分别选取时段 1 与时段 2 的水质均值与调度前水质浓度进行对比分析。

1) 时段 1 水质改善程度

(1) 引水口门水质改善程度

本次引水口门共设监测断面 14 处，其中沿江口门 7 处，望虞河东岸 3 处，东太湖口门 4 处。

溶解氧指标改善程度情况为：14 处监测断面优、良、中、差、劣占比分别为 14.3%、21.4%、21.4%、35.7%、7.1%。其中沿江各口门优、良、中、差、劣占比为 14.3%、14.3%、42.9%、14.3%、14.3%；望虞河东岸口门优、良占比为 33.3%、66.7%；东太湖口门改善程度均为差。溶解氧改善程度达到优等级的断面有 2 处，为望虞闸(上)、车轮桥；达到良等级的断面有 3 处，为白茆闸(上)、湖桥、永昌泾桥。

高锰酸盐指数指标改善程度情况为：14 处监测断面良、中、差占比分别为 50.0%、35.7%、14.3%。其中沿江各口门良、中、差占比为 57.1%、28.6%、14.3%；望虞河东岸口门良、中占比为 66.7%、33.3%；东太湖口门良、中、差占比为 25.0%、50.0%、25.0%。高锰酸盐指数改善程度达到良等级的断面为：望虞闸(上)、白茆闸(上)、七浦闸(上)、浏河闸(上)、永昌泾桥、车轮桥、太浦闸(下)。

氨氮指标改善程度情况为：14 处监测断面优、良、中、差、劣占比分别为 21.4%、7.1%、14.3%、14.3%、42.9%。其中沿江各口门优、良、中、差、劣占比为 14.3%、14.3%、28.6%、

14.3%、28.6%；望虞河东岸口门优、差占比为66.7%、33.3%；东太湖口门改善程度均为劣。氨氮改善程度达到优等级的断面有3处，为望虞闸(上)、永昌泾桥、车轮桥；达到良等级的断面有1处，为浏河闸(上)。

总磷指标改善程度情况为：14处监测断面优、良、中、差、劣占比分别为7.1%、42.9%、7.1%、7.1%、35.7%。其中沿江各口门良、劣占比为28.6%、71.4%；望虞河东岸口门优、良占比为33.3%、66.7%；东太湖口门良、中、差占比为50.0%、25.0%、25.0%。总磷改善程度达到优等级的断面有1处，为永昌泾；达到良等级的断面有6处，为浒浦闸(上)、白茆闸(上)、湖桥、车轮桥、吴家港桥、联湖桥。

多项指标综合改善程度情况为：14处监测断面优、良、中、差占比分别为14.3%、14.3%、42.9%、28.6%；其中沿江各口门良、中、差占比为28.6%、28.6%、42.9%；望虞河东岸口门优、中占比为66.7%、33.3%；东太湖口门中、差占比为75.0%、25.0%。综合改善程度达到优等级的断面有2处，为望虞河东岸口门的永昌泾和车轮桥；达到良等级的断面有2处，为沿江口门的望虞闸(上)、白茆闸(上)。详见表3.2-33。

表3.2-33 引水口门水质改善程度赋分及分级表

区域	河流名称	监测断面	溶解氧		高锰酸盐指数		氨氮		总磷		四项赋分	
			赋分	分级	赋分	分级	赋分	分级	赋分	分级	赋分	分级
沿江口门	望虞河	望虞闸(上)	100	优	66.1	良	84.3	优	<20	劣	67.6	良
	常浒河	浒浦闸(上)	61.5	良	56.0	中	58.6	中	78.5	良	63.7	良
	白茆塘	白茆闸(上)	77.5	良	77.2	良	88.7	优	74.0	良	79.3	良
	荡茜	荡茜枢纽(上)	46.5	中	63.2	良	<20	劣	<20	劣	37.4	差
	七浦塘	七浦闸(上)	41.7	中	64.2	良	<20	劣	<20	劣	36.5	差
	杨林塘	杨林闸(上)	<20	劣	32.1	差	<20	劣	<20	劣	23.0	差
	浏河	浏河闸(上)	54.4	中	74.3	良	77.0	良	<20	劣	56.4	中
望虞河东岸口门	张家港	湖桥	80.3	优	47.9	中	41.0	中	79.3	良	62.1	良
	永昌泾	永昌泾桥	78.1	良	74.3	良	93.5	优	92.6	优	84.6	优
	琳桥港	车轮桥	100	优	78.2	良	89.9	优	68.9	良	84.3	优
东太湖口门	瓜泾港	瓜泾口	37.4	差	50.8	中	<20	劣	27.1	差	33.8	差
	吴家港	吴家港桥	38.6	差	45.1	中	<20	劣	73.3	良	44.2	中
	大浦港	联湖桥	41.6	中	62.0	良	<20	劣	64.8	良	47.1	中
	太浦河	太浦闸(下)	36.7	差	71.8	良	<20	劣	55.4	中	46.0	中

(2) 阳澄淀泖区域水质改善程度

本次试验阳澄区骨干河道监测断面11处，阳澄湖及出入湖河道监测断面9处，淀泖区骨干河道监测断面9处，省际边界河道监测断面7处。不重复统计，阳澄淀泖区域共设置监测断面33处。

溶解氧指标改善程度情况为：阳澄区骨干河道监测断面优、良、中、差占比分别为

27.3%、9.1%、18.2%、36.4%、9.1%；阳澄湖及出入湖河道监测断面中、差占比分别为44.4%、55.6%；淀泖区骨干河道监测断面优、良、中、差占比分别为22.2%、11.1%、22.2%、44.4%；省际边界河道监测断面优、良、中、差、劣占比分别为28.6%、14.3%、28.6%、28.6%。阳澄淀泖区域33处监测断面优、良、中、差、劣占比分别为18.2%、9.1%、27.3%、42.4%、3.0%。溶解氧改善程度达到优等级的断面有6处，分别为周塘河大桥、城南桥、新丰新星桥、斜塘大桥、界江大桥、花桥吴淞江大桥；达到良等级的断面有3处，分别为常太交界、牛长泾桥、白石矶桥。

高锰酸盐指数指标改善程度情况为：阳澄区骨干河道监测断面良、中占比分别为45.5%、54.5%；阳澄湖及出入湖河道监测断面良、中占比分别为11.1%、88.9%；淀泖区骨干河道监测断面优、良、中、差占比分别为22.2%、11.1%、22.2%、44.4%；省际边界河道监测断面改善程度均为中等级。阳澄淀泖区域33处监测断面优、良、中、差占比分别为6.1%、21.2%、63.6%、9.1%。高锰酸盐指数改善程度达到优等级的断面有2处，分别为斜塘大桥、界江大桥；达到良等级的断面有7处，分别为爱格豪路桥、建元路桥、常太交界、城南桥、娄江大桥、界泾河入湖口、牛长泾桥。

氨氮指标改善程度情况为：阳澄区骨干河道监测断面优、良、中、差、劣占比分别为9.1%、27.3%、27.3%、9.1%、27.3%；阳澄湖及出入湖河道监测断面良、差、劣占比分别为33.3%、22.2%、44.4%；淀泖区骨干河道监测断面水质改善程度均为劣等级；省际边界河道监测断面中、差、劣占比分别为14.3%、28.6%、57.1%。阳澄淀泖区域33处监测断面优、良、中、差、劣占比分别为3.0%、18.2%、9.1%、15.2%、54.5%。氨氮改善程度达到优等级的断面有1处，为爱格豪路桥；达到良等级的断面有6处，分别为常太交界、新丰新星桥、石头塘长桥、永昌泾入湖口、界泾河入湖口、七浦塘桥。

总磷指标改善程度情况为：阳澄区骨干河道监测断面优、良、中、差占比分别为9.1%、45.5%、27.3%、18.2%；阳澄湖及出入湖河道监测断面优、中、差占比分别为77.8%、11.1%、11.1%；淀泖区骨干河道监测断面优、良、中、差占比分别为22.2%、11.1%、22.2%、44.4%；省际边界河道监测断面良、中、差占比分别为71.4%、14.3%、14.3%。阳澄淀泖区域33处监测断面优、良、中、差占比分别为24.2%、39.4%、24.2%、12.1%。总磷改善程度达到优等级的断面有8处，分别为娄江大桥、永昌泾入湖口、界泾河入湖口、七浦塘桥、西港河出湖口、巴城工农桥、野尤泾桥、阳澄东湖；达到良等级的断面有13处，分别为爱格豪路桥、常太交界、西河大桥、通城河桥、青阳港大桥、平望大桥、芦墟大桥、机场路大直港桥、窑港桥、花桥吴淞江大桥、千灯浦入赵田湖口、大朱砂桥、白石矶桥。

多项指标综合改善程度情况为：阳澄区骨干河道监测断面良、中、差占比分别为36.4%、45.5%、18.2%；阳澄湖及出入湖河道监测断面良、中、差占比分别为33.3%、55.6%、11.1%；淀泖区骨干河道监测断面中、差占比分别为66.7%、33.3%；省际边界河道监测断面良、中占比分别为14.3%、85.7%。阳澄淀泖区域33处监测断面良、中、差占比分别为24.2%、57.6%、18.2%。综合改善程度达到良等级的断面有8处，分别为爱格豪路桥、常太交界、城南桥、娄江大桥、永昌泾入湖口、界泾河入湖口、七浦塘桥、花桥吴淞江大桥。详见表3.2-34。

表 3.2-34　阳澄淀泖区域监测断面水质改善程度赋分

区域	河流名称	监测断面	溶解氧		高锰酸盐指数		氨氮		总磷		四项赋分	
			赋分	分级	赋分	分级	赋分	分级	赋分	分级	赋分	分级
阳澄区骨干河道断面	元和塘	周塘河大桥	97.2	优	48.7	中	34.4	差	57.1	中	59.3	中
		爱格豪路桥	39.9	差	67.3	良	83.8	优	76.1	良	66.8	良
		建远路桥	34.3	差	64.0	良	<20	劣	48.1	中	41.6	中
	盐铁塘	常太交界闸	62.5	良	63.7	良	68.2	良	75.4	良	67.4	良
		城南桥	92.2	优	62.2	良	48.9	中	49.0	中	63.1	良
		新丰新星桥	81.1	优	59.9	中	71.2	良	20.5	差	58.2	中
	娄江	娄江大桥	53.9	中	72.6	良	50.3	中	89.0	优	66.5	良
		西河大桥	27.1	差	43.2	中	<20	劣	68.7	良	39.8	差
	张家港	通城河桥	<20	劣	42.9	中	<20	劣	66.4	良	37.3	差
	青阳港	青阳港大桥	34.8	差	50.1	中	54.9	中	63.5	良	50.8	中
	石头塘	石头塘长桥	59.8	中	53.8	中	63.4	良	25.2	差	50.5	中
阳澄湖及出入湖河道断面	永昌泾	永昌泾入湖口	36.6	差	58.3	中	68.2	良	84.2	优	61.8	良
	界泾河	界泾河入湖口	58.7	中	60.9	良	75.8	良	86.4	优	70.5	良
	蠡塘河	蠡塘河入湖口	32.3	差	49.1	中	29.8	差	31.1	差	35.6	差
	七浦塘（含消泾）	七浦塘桥	42.4	中	55.4	中	72.7	良	88.7	优	64.8	良
	陆泾	陆泾出湖口	54.4	中	45.6	中	<20	劣	53.4	中	43.3	中
	西港河	西港河出湖口	46.9	中	54.6	中	<20	劣	86.7	优	52.0	中
	杨林塘	巴城工农桥	35.6	差	59.7	中	<20	劣	90.6	优	51.5	中
	阳澄湖	野尤泾桥	26.6	差	55.2	中	<20	劣	94.5	优	49.1	中
	阳澄湖	阳澄东湖	34.3	差	55.8	中	20.7	差	88.7	优	49.9	中
淀泖区骨干河道断面	太浦河	太浦闸(下)	38.4	差	68.4	差	<20	劣	50.7	中	44.4	中
	太浦河	平望大桥	39.0	差	60.2	差	<20	劣	62.8	良	45.5	中
	太浦河	芦墟大桥	47.9	中	45.5	中	<20	劣	74.8	良	47.0	中
	斜塘	斜塘大桥	98.0	优	39.5	优	<20	劣	56.0	中	53.4	中
	界浦	界江大桥	100	优	42.5	优	<20	劣	53.1	中	54.6	中
	大直港	机场路大直港桥	20.7	差	36.4	差	<20	劣	70.8	良	37.0	差
	牛长泾	牛长泾桥	73.7	良	21.7	良	<20	劣	36.6	差	38.0	差
	大运河	平望科林大桥	32.5	差	43.8	差	<20	劣	53.5	中	37.4	差
	北窑港	窑港桥	45.7	中	46.1	中	<20	劣	74.2	良	46.6	中

续 表

区域	河流名称	监测断面	溶解氧		高锰酸盐指数		氨氮		总磷		四项赋分	
			赋分	分级	赋分	分级	赋分	分级	赋分	分级	赋分	分级
省际边界河道断面	盐铁塘	新丰新星桥	81.1	优	59.9	中	71.2	良	20.5	差	58.2	中
	吴淞江	花桥吴淞江大桥	100	优	47.2	中	28.0	差	77.1	良	63.1	良
	太浦河	芦墟大桥	47.9	中	45.5	中	<20	劣	74.8	良	47.0	中
	千灯浦	千灯浦入赵田湖口	33.7	差	48.4	中	<20	劣	70.2	良	43.1	中
	大、小朱砂	大朱砂桥	40.8	中	49.9	中	25.8	差	68.8	良	46.3	中
	急水港	周庄大桥	40.0	差	47.6	中	<20	劣	56.0	中	40.9	中
	元荡入淀山湖口	白石矶桥	67.0	良	52.2	中	<20	劣	73.9	良	53.3	中

2) 时段 2 水质改善程度

(1) 引水口门水质改善程度

本次引水口门共设监测断面 14 处，其中沿江口门 7 处，望虞河东岸 3 处，东太湖口门 4 处。

溶解氧指标改善程度情况为：14 处监测断面优、良、中、差、劣占比分别为 21.4%、21.4%、28.6%、21.4%、7.1%；其中沿江各口门优、良、中、劣占比为 14.3%、28.6%、42.9%、14.3%；望虞河东岸口门优、良占比为 66.7%、33.3%；东太湖口门改善程度中、差占比为 25.0%、75.0%。溶解氧改善程度达到优等级的断面有 3 处，为望虞闸(上)、湖桥、车轮桥，达到良等级的断面有 3 处，为浒浦闸(上)、白茆闸(上)、永昌泾桥。

高锰酸盐指数指标改善程度情况为：14 处监测断面良、中、差占比分别为 64.3%、28.6%、7.1%；其中沿江各口门良、中、差占比为 71.4%、14.3%、14.3%；望虞河东岸口门良、中占比为 66.7%、33.3%；东太湖口门良、中占比为 50.0%、50.0%。高锰酸盐指数改善程度达到良等级的断面有 9 处，分别为望虞闸(上)、白茆闸(上)、荡茜枢纽(上)、七浦闸(上)、浏河闸(上)、永昌泾桥、车轮桥、联湖桥、太浦闸(下)。

氨氮指标改善程度情况为：14 处监测断面优、良、中、劣占比分别为 28.6%、7.1%、14.3%、50.0%；其中沿江各口门优、良、中、劣占比为 28.6%、14.3%、14.3%、42.9%；望虞河东岸口门优、中占比为 66.7%、33.3%；东太湖口门改善程度均为劣。氨氮改善程度达到优等级的断面有 4 处，为望虞闸(上)、白茆闸(上)、永昌泾桥、车轮桥；达到良等级的断面有 1 处，为浏河闸(上)。

总磷指标改善程度情况为：14 处监测断面优、良、中、差、劣占比分别为 7.1%、42.9%、7.1%、7.1%、35.7%；其中沿江各口门良、劣占比为 28.6%、71.4%；望虞河东岸口门优、良占比为 33.3%、66.7%；东太湖口门良、中、差占比为 50.0%、25.0%、25.0%。总磷改善程度达到优等级的断面有 1 处，为永昌泾；达到良等级的断面有 6 处，为浒浦闸(上)、白茆闸(上)、湖桥、车轮桥、吴家港桥、联湖桥。

多项指标综合改善程度情况为：14 处监测断面优、良、中、差占比分别为 14.3%、28.6%、28.6%、28.6%；其中沿江各口门良、中、差占比为 42.9%、14.3%、42.9%；望虞河东岸口门优、中占比为 66.7%、33.3%；东太湖口门中、差占比为 75.0%、25.0%。综合改善程度达到优等级的断面有 2 处，为永昌泾和车轮桥；达到良等级的断面有 4 处，为望虞闸(上)、浒浦闸(上)、白茆闸(上)、湖桥。详见表 3.2-35。

表 3.2-35 引水口门水质改善程度赋分及分级表

区域	河流名称	监测断面	溶解氧		高锰酸盐指数		氨氮		总磷		四项赋分	
			赋分	分级	赋分	分级	赋分	分级	赋分	分级	赋分	分级
沿江口门	望虞河	望虞闸(上)	100	优	66.1	良	84.3	优	<20	劣	67.6	良
	常浒河	浒浦闸(上)	61.5	良	56.0	中	58.6	中	78.5	良	63.7	良
	白茆塘	白茆闸(上)	77.5	良	77.2	良	88.7	优	74.0	良	79.3	良
	荡茜	荡茜枢纽(上)	46.5	中	63.2	良	<20	劣	<20	劣	37.4	差
	七浦塘	七浦闸(上)	41.7	中	64.2	良	<20	劣	<20	劣	36.5	差
	杨林塘	杨林闸(上)	<20	劣	32.1	差	<20	劣	<20	劣	23.0	差
	浏河	浏河闸(上)	54.4	中	74.3	良	77.0	良	<20	劣	56.4	中
望虞河东岸口门	张家港	湖桥	80.3	优	47.9	中	41.0	中	79.3	良	62.1	良
	永昌泾	永昌泾桥	78.1	良	74.3	良	93.5	优	92.6	优	84.6	优
	琳桥港	车轮桥	100	优	78.2	良	89.9	优	68.9	良	84.3	优
东太湖口门	瓜泾港	瓜泾口	37.4	差	50.8	中	<20	劣	27.1	差	33.8	差
	吴家港	吴家港桥	38.6	差	45.1	中	<20	优	73.3	良	44.2	中
	大浦港	联湖桥	41.6	中	62.0	良	<20	劣	64.8	良	47.1	中
	太浦河	太浦闸(下)	36.7	差	71.8	良	<20	劣	55.4	中	46.0	中

(2) 阳澄淀泖区域水质改善程度

本次试验阳澄区骨干河道监测断面 11 处，阳澄湖及出入湖河道监测断面 9 处，淀泖区骨干河道监测断面 9 处，省际边界河道监测断面 7 处。不重复统计，阳澄淀泖区域共设置监测断面 33 处。

溶解氧指标改善程度情况为：阳澄区骨干河道监测断面优、良、中、差、劣占比分别为 18.2%、15.2%、33.3%、30.3%、3.0%；阳澄湖及出入湖河道监测断面良、中、差占比分别为 11.1%、55.6%、33.3%；淀泖区骨干河道监测断面优、良、中、差占比分别为 22.2%、11.1%、22.2%、44.4%；省际边界河道监测断面优、良、中、差占比分别为 28.6%、14.3%、42.9%、14.3%。阳澄淀泖区域 33 处监测断面优、良、中、差、劣占比分别为 18.2%、9.1%、27.3%、42.4%、3.0%。溶解氧改善程度达到优等级的断面有 6 处，分别为周塘河大桥、城南桥、新丰新星桥、斜塘大桥、界江大桥、花桥吴淞江大桥；达到良等级的断面有 5 处，分别为常太交界、石头塘长桥、界泾河入湖口、牛长泾桥、白石矶桥。

高锰酸盐指数指标改善程度情况为：阳澄区骨干河道监测断面良、中、差占比分别为

45.5%、45.5%、9.1%；阳澄湖及出入湖河道监测断面良、中占比分别为22.2%、77.8%；淀泖区骨干河道监测断面优、良、中、差占比分别为22.2%、11.1%、22.2%、44.4%；省际边界河道监测断面改善等级均为中。阳澄淀泖区域33处监测断面优、良、中、差占比分别为6.1%、24.2%、57.6%、12.1%。高锰酸盐指数改善程度达到优等级的断面有2处，分别为斜塘大桥、界江大桥；达到良等级的断面有8处，分别为爱格豪路桥、建元路桥、常太交界、城南桥、娄江大桥、界泾河入湖口、巴城工农桥、牛长泾桥。

氨氮指标改善程度情况为：阳澄区骨干河道监测断面优、良、中、劣占比分别为18.2%、9.1%、45.5%、27.3%；阳澄湖及出入湖河道监测断面优、良、差占比分别为11.1%、22.2%、22.2%；淀泖区骨干河道监测断面水质改善程度均为劣等级；省际边界河道监测断面良、中、差、劣占比分别为14.3%、14.3%、14.3%、57.1%。阳澄淀泖区域33处监测断面优、良、中、差、劣占比分别为9.1%、9.1%、18.2%、9.1%、54.5%。氨氮改善程度达到优等级的断面有3处，为爱格豪路桥、常太交界、界泾河入湖口；达到良等级的断面有3处，为新丰新星桥、永昌泾入湖口、七浦塘桥。

总磷指标改善程度情况为：阳澄区骨干河道监测断面优、良、中、差占比分别为9.1%、54.5%、18.2%、18.2%；阳澄湖及出入湖河道监测断面优、中、差占比分别为77.8%、11.1%、11.1%；淀泖区骨干河道监测断面良、中、差占比分别为44.4%、44.4%、11.1%；省际边界河道监测断面良、中、差占比分别为71.4%、14.3%、14.3%。阳澄淀泖区域33处监测断面优、良、中、差占比分别为24.2%、42.4%、21.2%、12.1%。总磷改善程度达到优等级的断面有8处，分别为娄江大桥、永昌泾入湖口、界泾河入湖口、七浦塘桥、西港河出湖口、巴城工农桥、野尤泾桥、阳澄东湖；达到良等级的断面有14处，分别为周塘河大桥、爱格豪路桥、常太交界、西河大桥、通城河桥、青阳港大桥、平望大桥、芦墟大桥、机场路大直港桥、窑港桥、花桥吴淞江大桥、千灯浦入赵田湖口、大朱砂桥、白石矶桥。

多项指标综合改善程度情况为：阳澄区骨干河道监测断面良、中、差占比分别为45.5%、45.5%、9.1%；阳澄湖及出入湖河道监测断面良、中占比分别为33.3%、66.7%；淀泖区骨干河道监测断面中、差占比分别为66.7%、33.3%；省际边界河道监测断面良、中占比分别为14.3%、85.7%。阳澄淀泖区域33处监测断面良、中、差占比分别为27.3%、60.6%、12.1%。综合改善程度达到良等级的断面有9处，分别为周塘河大桥、爱格豪路桥、常太交界、城南桥、娄江大桥、永昌泾入湖口、界泾河入湖口、七浦塘桥、花桥吴淞江大桥。见表3.2-36。

表3.2-36　阳澄淀泖区域监测断面水质改善程度赋分及分级表

区域	河流名称	监测断面	溶解氧		高锰酸盐指数		氨氮		总磷		四项赋分	
			赋分	分级	赋分	分级	赋分	分级	赋分	分级	赋分	分级
阳澄区骨干河道断面	元和塘	周塘河大桥	100	优	50.1	中	40.7	中	70.6	良	65.4	良
		爱格豪路桥	39.5	差	68.6	良	85.4	优	76.1	良	67.4	良
		建元路桥	39.1	差	66.1	良	＜20	劣	51.0	中	44.0	中
	盐铁塘	常太交界	74.1	良	66.7	良	82.4	优	74.7	良	74.5	良
		城南桥	100	优	64.3	良	50.8	中	53.1	中	67.0	良
		新丰新星桥	84.9	优	59.5	中	72.9	良	21.1	差	59.6	中

续 表

区域	河流名称	监测断面	溶解氧		高锰酸盐指数		氨氮		总磷		四项赋分	
			赋分	分级	赋分	分级	赋分	分级	赋分	分级	赋分	分级
阳澄区骨干河道断面	娄江	娄江大桥	54.2	中	74.0	良	59.9	中	92.1	优	70.0	良
		西河大桥	39.5	差	42.8	中	<20	劣	72.0	良	43.6	中
	张家港	通城河桥	<20	劣	39.5	差	<20	劣	68.4	良	37.0	差
	青阳港	青阳港大桥	45.7	中	53.7	中	45.6	中	66.8	良	52.9	中
	石头塘	石头塘长桥	68.3	良	54.2	中	59.9	中	21.3	差	50.9	中
阳澄湖及出入湖河道断面	永昌泾	永昌泾入湖口	40.3	中	58.7	中	70.3	良	83.6	优	63.3	良
	界泾河	界泾河入湖口	66.3	良	60.6	良	81.2	优	85.7	优	73.5	良
	蠡塘河	蠡塘河入湖口	40.6	中	53.1	中	33.5	差	34.7	差	40.5	中
	七浦塘	七浦塘桥	43.6	中	53.4	中	72.9	良	89.3	优	64.8	良
	陆泾	陆泾出湖口	58.6	中	46.5	中	<20	劣	51.4	中	44.1	中
	西港河	西港河出湖口	45.3	中	56.5	中	<20	劣	90.7	优	53.1	中
	杨林塘	巴城工农桥	35.0	差	60.3	良	<20	劣	89.2	优	51.1	中
	阳澄湖	野尤泾桥	28.6	差	57.4	中	<20	劣	96.8	优	50.7	中
	阳澄湖	阳澄东湖	34.3	差	56.3	中	37.7	差	92.5	优	55.2	中
淀泖区骨干河道断面	太浦河	太浦闸(下)	36.7	差	71.8	差	<20	劣	55.4	中	46.0	中
	太浦河	平望大桥	38.4	差	64.5	差	<20	劣	63.1	良	46.5	中
	太浦河	芦墟大桥	48.6	中	49.4	中	<20	劣	75.2	良	48.3	中
	斜塘	斜塘大桥	98.0	优	42.1	优	<20	劣	55.6	中	53.9	中
	界浦	界江大桥	100	优	49.0	优	<20	劣	55.0	中	56.0	中
	大直港	机场路大直港桥	21.8	差	37.3	差	<20	劣	73.1	良	38.0	差
	牛长泾	牛长泾桥	73.7	良	20.9	良	<20	劣	35.7	差	37.6	差
	大运河	平望科林大桥	33.5	差	47.4	差	<20	劣	50.1	中	37.8	差
	北窑港	窑港桥	46.1	中	47.8	中	<20	劣	72.7	良	46.7	中
省际边界河道断面	盐铁塘	新丰新星桥	84.9	优	59.5	中	72.9	良	21.1	差	59.6	中
	吴淞江	花桥吴淞江大桥	100	优	44.4	中	25.9	差	77.6	良	62.0	良
	太浦河	芦墟大桥	48.6	中	49.4	中	<20	劣	75.2	良	48.3	中
	千灯浦	千灯浦入赵田湖口	36.8	差	48.0	中	<20	劣	69.9	良	43.7	中
	大、小朱砂	大朱砂桥	45.2	中	51.4	中	52.9	中	70.7	良	55.1	中
	急水港	周庄大桥	40.3	中	51.0	中	<20	劣	56.0	中	41.8	中
	元荡入淀山湖口	白石矶桥	67.3	良	54.7	中	<20	劣	73.4	良	53.9	中

本次调水试验，通过比较各项指标改善等级可知，时段 2 高于时段 1，时段 2 改善效果更为显著。这说明了持续降雨、沿江关闸对区域水质有一定的影响。故观察时段 2，根据河湖受水区水质改善程度指标赋分表，水质改善程度达到中级，即认为水质指标有所改善。时段 2 水质改善程度达到中级的占比情况见表 3.2-37。

表 3.2-37　阳澄淀泖区域监测断面水质改善程度达到中级的占比情况表

区域	溶解氧	高锰酸盐指数	氨氮	总磷	多项指标
沿江口门	85.7%	85.7%	57.1%	28.6%	57.2%
望虞河东岸口门	100%	100%	100%	100%	100%
东太湖口门	25.0%	100%	0.0%	75.0%	75.0%
阳澄区骨干河道断面	63.6%	90.9%	72.7%	81.8%	90.0%
阳澄湖及出入湖河道断面	66.7%	100%	33.3%	88.9%	100%
淀泖区骨干河道监测断面	55.5%	55.5%	0.0%	88.9%	66.7%
省际边界河道断面	85.7%	100%	28.6%	85.7%	100%
整个区域断面	66.0%	87.2%	40.0%	78.7%	83.0%

通过对本次调水试验时段 2 的情况分析，调水试验期间，以水质指标改善程度达到中级的断面占比来看，最高的为高锰酸盐指数和总磷，其次为溶解氧，氨氮较低。溶解氧指标改善程度达到中级，且断面占比在 60.0%以上的区域有沿江口门、望虞河东岸口门、阳澄区骨干河道、阳澄湖及出入湖河道、省际边界河道区域；高锰酸盐指数除淀泖区骨干河道断面，其余区域指标改善程度达到中级，且断面占比在 80.0%以上；氨氮指标改善程度达到中级，且断面占比在 60.0%以上的区域有望虞河东岸口门及阳澄区骨干河道；总磷指标除沿江口门外，其余区域指标改善程度均达到中级，且断面占比在 70.0%以上。

综合水质指标改善程度达到中级，且占比为 100%的有三个区域，分别为望虞河东岸口门、阳澄湖及出入湖河道断面、省际边界河道断面。望虞河东岸口门水质改善程度显著，设置的 3 个监测断面各项指标改善程度均达到中级以上，其中永昌泾和琳桥改善程度显著，综合指标改善程度等级均为优。阳澄湖及出入湖河道断面中永昌泾入湖口、界泾河入湖口、七浦塘桥 3 处的水质改善明显，改善程度达到良。省际边界断面中花桥吴淞江大桥综合水质改善程度达到良，溶解氧、总磷改善程度较好。本次调水试验对望虞河东岸口门、阳澄湖及出入湖河道断面水质改善效果较为显著，对省际边界河道断面水质有一定程度的改善。

阳澄区骨干河道断面综合水质指标改善程度达到中级的占比 90.0%，本次调水试验对阳澄区骨干河道区域水环境有一定的改善，其中元和塘周塘河桥和爱格豪路桥、盐铁塘城南桥、娄江娄江大桥改善程度为良，张家港通成河桥改善程度为差，其余断面改善等级为中；淀泖区骨干河道断面综合水质指标改善程度达到中级的占比 66.7%，其中机场路大直港桥、牛长泾桥和平望科林大桥改善程度等级为差级，其余断面改善程度等级为中级，本次调水试验对淀泖区骨干河道区域水环境状况改善的效果一般。

3.2.3.3 调水试验水环境改善效果评估

1. 调水试验期间水质情况

(1) 沿江口门水质情况

沿江口门引水断面望虞闸(上)、荡茜枢纽(上)、七浦闸(上)水质稳定，不同时期水质综合评价均稳定在Ⅲ类水，达到调度水质要求。同时调水试验期间各口门相机引水，满足本次调度的需求。

沿江口门排水断面浒浦闸(上)、白茆闸(上)、浏河闸(上)水质综合评价为Ⅲ～Ⅳ类水。其中浒浦闸(上)相机排水，基本符合调度需求。

沿江口门引水断面杨林闸(上)13—17 日引水，其余时段关闸。水质变化有一定的过程，虽然 13 日引水，但杨林闸各项水质指标的最差值均出现在 13 日。9—13 日的 3 次监测成果中，高锰酸盐指数为Ⅳ类水，溶解氧、氨氮、总磷均为劣Ⅴ类；随着 13—17 日持续引水，除总磷指标回落慢，其余各项指标在 15—17 日均达到Ⅱ类水要求；后期 18—23 日受降雨关闸等因素影响，各类指标逐步反弹变差。在 15—23 日的 5 次监测成果中，溶解氧保持在Ⅰ类水，氨氮在Ⅲ类水以内，高锰酸盐指数为Ⅱ～Ⅳ类，总磷为Ⅲ～劣Ⅴ类。沿江引水对杨林塘水质影响较大，引水期水质变优，降雨关闸情况下，由于面源污染汇集等因素，水环境易变差。作为引水口门，水质综合评价为劣Ⅴ类，未达到调度需求。

望虞河东岸各口门相机引水。永昌泾闸、车轮桥水质较稳定，水质综合评价分别为Ⅱ、Ⅲ类水，满足调度要求。张家港西三环湖桥引水准备期水质综合评价为Ⅲ类水，换水改善期水质综合评价为Ⅴ类水，主要影响因子为氨氮。

本次调水试验期间，在东太湖口门设置的监测断面为瓜泾口、吴家港桥、联湖桥、太浦闸(下)，相机引水，同时水质综合评价均达到Ⅲ类水，满足调度要求。

(2) 总体水质情况

【水质类别分析】

本次调水试验期间，在所监测的 47 个断面中，水质综合评价为Ⅱ、Ⅲ、Ⅳ、Ⅴ、劣Ⅴ类水断面个数占比分别为 19.1%、36.2%、23.4%、14.9%、6.4%，累计达到Ⅲ类水断面个数占比 55.3%。引水准备期Ⅱ、Ⅲ、Ⅳ、Ⅴ、劣Ⅴ断面占比分别为 14.9%、38.3%、21.3%、21.3%、4.3%。换水改善期Ⅱ、Ⅲ、Ⅳ、Ⅴ、劣Ⅴ断面占比分别为 21.3%、31.9%、19.1%、19.1%、8.5%。换水改善期较引水准备期Ⅱ类水断面占比增加 6.4%，Ⅲ、Ⅳ、Ⅴ类水占比分别降低了 6.2%、2.2%、2.2%，劣Ⅴ水断面占比增加 4.2%。

本次调水试验期间，换水改善期水质综合评价维持并达到Ⅲ类水要求的断面为 25 处，占比 53.2%，其中换水改善期前期维持并达到Ⅲ类水要求的断面为 26 处，占比 55.3%。26 处断面中，换水改善期与换水改善期前期保持一致的有 25 处，仅白茆闸(上)段受换水改善期后期氨氮指标评价为Ⅴ类，换水改善期水质综合评价为Ⅳ类。

从水质综合评价来看，换水改善期较引水准备期水质类别提高的断面有 10 处，占 21.3%，主要为沿江口门、东太湖口门、阳澄湖及出入湖河道断面，阳澄区娄江和淀泖区大直港河道断面。换水改善期前期水质优于引水准备期的断面有 9 处，占 19.1%，主要为沿江口门、东太湖口门和阳澄湖及出入湖河道。详见表 3.2-38。

表 3.2-38　调水试验期间水质综合评价提高的断面列表

换水改善期较引水准备期水质类别提高断面			换水改善期前期较引水准备期水质类别提高断面		
区域	河流名称	断面名称	区域	河流名称	测站名称
沿江口门	浏河	浏河闸(上)	沿江口门	浏河	浏河闸(上)
东太湖口门	大浦港	联湖桥	东太湖口门	吴家港	吴家港桥
阳澄湖及出入河道	界泾河	界泾河入湖口		大浦港	联湖桥
	陆泾	陆泾出湖口		太浦河	太浦闸(下)
	西港河	西港河出湖口	阳澄湖及出入河道	界泾河	界泾河入湖口
	阳澄湖	野尤泾桥		陆泾	陆泾出湖口
	阳澄湖	阳澄东湖		西港河	西港河出湖口
阳澄区主干河道	娄江	娄江大桥		阳澄湖	野尤泾桥
	张家港	通城河桥		阳澄湖	阳澄东湖
淀泖区河道	大直港	机场路大直港桥			

【浓度分析】

根据 3.2.2 节对调水试验期间浓度变化的分析，综合 47 个断面各项水质指标的浓度改善效果来看，换水改善期前期相比于引水准备期，有超过一半的断面总磷指标均得到了不同程度的改善，浓度的降幅范围为 1.7%～56.5%，降幅最大的断面为娄江大桥；有接近一半的断面高锰酸盐指数和氨氮指标得到改善，降幅分别为 2.2%～67.1%、1.9%～91.2%，降幅最大的断面都是杨林闸(上)；有接近三分之一的断面总氮和溶解氧指标得到改善，总氮的降幅为 6.5%～35.9%，降幅最大的断面为杨林闸(上)，溶解氧的增幅为 1.4%～1 581.6%，增幅最大的断面为杨林闸(上)，其次是娄江大桥，提升了 11.7%。具体可参见表 3.2-39。

表 3.2-39　单项浓度改善显著的断面与指标对照表

排序	溶解氧		高锰酸盐指数		总磷		氨氮		总氮	
	断面	幅度	断面	幅度	断面	幅度	断面	幅度	断面	幅度
1	杨林闸(上)	1 581.6%	杨林闸(上)	67.1%	娄江大桥	56.5%	杨林闸(上)	91.2%	杨林闸(上)	35.9%
2	娄江大桥	11.7%	阳澄东湖	30.6%	周塘河桥	55.3%	永昌泾闸	84.4%	娄江大桥	30.4%
3	平望大桥	8.7%	七浦塘桥	30.0%	西港河出湖口	50.0%	阳澄东湖	80.8%	阳澄东湖	28.2%

将换水改善期前期与引水准备期相比，不少于 3 个指标浓度得到改善的断面分区域见表 3.2-40。

表 3.2-40 换水改善期前期多数指标浓度改善的断面列表

区域	河流名称	断面名称	改善的指标数目	具体的改善指标
沿江口门	浏河	白茆闸	3	溶解氧、总磷、氨氮
	杨林塘	杨林闸(上)	5	溶解氧、高锰酸盐指数、总磷、氨氮、总氮
	浏河	浏河闸(上)	4	溶解氧、高锰酸盐指数、总磷、氨氮
望虞河东岸口门	永昌泾	永昌泾闸内	3	高锰酸盐指数、总磷、氨氮、总氮
东太湖口门	瓜泾港	瓜泾口	3	溶解氧、氨氮、总磷
	吴家港	吴家港桥	3	溶解氧、总磷、总氮
阳澄湖及出入河道	阳澄湖	阳澄东湖	4	溶解氧、高锰酸盐指数、总磷、氨氮、总氮
	陆泾	陆泾出湖口	4	高锰酸盐指数、总磷、氨氮、总氮
	西港河	西港河出湖口	4	高锰酸盐指数、总磷、氨氮、总氮
阳澄区主干河道	娄江	娄江大桥	5	溶解氧、高锰酸盐指数、总磷、氨氮、总氮
	石头塘	石头塘长桥	3	高锰酸盐指数、总磷、氨氮
淀泖区河道	太浦河	平望大桥	3	溶解氧、总磷、氨氮

可以看到所有断面中，只有杨林闸(上)和娄江大桥在调水试验过程中 5 个水质指标的浓度全部得到改善；其次是沿江的浏河闸(上)口门、阳澄东湖以及陆泾河西港河 2 个主要出湖口，有 4 个指标浓度都得到改善。根据实际改善效果，从区域上看，沿江各口门、东太湖各口门、阳澄湖及阳澄湖的出湖口换水改善期各指标的浓度改善效果最为明显。这与按水质类别分析的结果是一致的。

调水试验期间，部分本底值较差的断面水质类别虽然没有得到改善，但浓度上却得到了不同程度的改善，由于本次调水试验与预期设计存在一定出入，以及调水试验时空上的局限性，这种量变未能促成质变，但依然反映出了本次调水试验积极的影响和水体有序流动对水质的改善作用。

在对调水试验过程进行分阶段比较时，同样与引水准备期进行比较，换水改善期前期比换水改善期浓度的改善效果更好，主要体现在得到改善的断面数更多，得到改善的指标数也更多，这可能受换水改善期后期降雨导致的面源污染汇入有一定关系。同时，换水改善未能达到各断面的多数水质指标浓度均有效改善的效果，这与实际调水过程中部分闸门关闭，未能按照预期的设计进行引排水有关。

2. 调水试验期对水环境改善效果分析

根据调水试验方案，阳澄淀泖区水体有序流动调水试验以“长江→阳澄区→淀泖区→拦路港”的大方向为主，形成“长江、望虞河→区域腹部河网→常浒河、白茆塘→长江”、“长江→阳澄区腹部、阳澄湖→浏河(淀泖区)”、“太湖→淀泖区腹部→拦路港”及“长江、太湖→阳澄湖及周边、淀泖区→拦路港”水循环线路的，切实改善河网水动力条件，加快水体流动。引长江、太湖优质水源，改善水环境。实际监测成果分析如下：

(1) 沿江、望虞河东岸口门调度对元和塘及阳澄湖西岸区域水质改善效果分析本工况沿江口门设置监测断面为望虞闸(上)、浒浦闸(上)、白茆闸(上),望虞河东岸口门设置监测断面为张家港西三环湖桥段、永昌泾闸内段、车轮桥段。

本工况沿江口门、望虞河东岸口门的调度,引长江、望虞河水入区域腹部河网,改善了望虞河东岸口门车轮桥和永昌泾闸内及元和塘中段元和塘常相交界段水质,同时改善了入湖河道界泾河和永昌泾河道水质。但对元和塘北段周塘河桥段、元和塘南段及入湖河道蠡塘河水质没有改善。

(2) 沿江口门调度对七浦塘—阳澄湖—浏河区域水质改善效果分析

本工况沿江口门设置监测断面为荡茜枢纽(上)、七浦闸(上)、杨林闸(上)、浏河闸(上)。

调水试验期间,通过荡茜枢纽(上)引长江水,经七浦塘桥入阳澄湖,加快了阳澄湖水体流动,全面改善了阳澄东湖湖体及阳澄湖出湖河道的水质,并使其长期处于水环境良性循环的状态。

长江引水,阳澄湖出湖的优质水质,对阳澄区部分水网水质有一定的影响。其中水质效果改善显著的断面有娄江大桥段和通城河桥段。该区域其余断面水质改善效果不显著。

(3) 沿江、太湖口门调度对淀泖区域的水质改善效果分析

本工况沿江各口门和东太湖口门(泾口、吴家港桥、联湖桥和太浦闸(下))联合调度,通过沿江闸站、环湖口门和控导工程联合调度,同时引长江及太湖清水入淀泖区腹部河网,形成由北往南、由西往东的水势差,加快淀泖区湖荡及河道流动,改善淀泖区河网流速缓慢甚至滞流现象,改善区域水环境,形成引排有序的水循环体系。

东太湖引水调度,对太浦河水质维持改善效果显著,对太浦河北岸断面水质维持改善有一定的影响。调水试验期间,太浦河监测断面太浦闸(下)段、平望大桥段、芦墟大桥段和北窑港窑港桥水质平稳,调水试验期各阶段水质综合评价均达到Ⅲ类。本次调度对维持太浦河及北窑港Ⅲ类水质效果显著。本次调度江南运河平望科林大桥和牛长泾桥水质波动较大,调水试验期间各阶段均为Ⅳ类水,水质改善效果不明显。

沿江口门调度,对斜塘桥段、界江大桥段、机场路大直港桥段水质有一定的影响。斜塘桥段水质维持效果显著;界江大桥改善效果不显著。机场路大直港桥换水改善期(Ⅳ类)水质优于引水准备期(Ⅴ类),水质有一定改善。

沿江口门、东太湖口门联合调度,省际边界断面中水质维持效果显著的有芦墟大桥、大朱砂港桥段和白石矶桥,水质较优,各阶段水质综合评价为Ⅲ类水。周庄大桥、千灯浦闸水质改善效果不显著。调水试验期间水质未得到改善的断面有:新丰新星桥,各阶段水质综合评价为Ⅴ类水;花桥吴淞江大桥段,各阶段水质综合评价为劣Ⅴ类水。

本工况的调度,淀泖区除大直港桥段水质有改善,对骨干河道水质改善效果不显著。但对水质综合评价达到Ⅲ类的断面起到一定的维持效果。

3. 调水试验期尾水影响分析

本次调水试验的尾水最终进入淀山湖,由于试验中未设置淀山湖监测站点,故调用苏州市水功能区监测资料来分析调水试验的尾水影响。考虑调水试验在 3 月进行,选取淀山湖湖心站点 2017 年 2 月(调水试验前)、3 月(调水试验中)和 4 月(调水试验后)的监测成果进行分析,当总磷、总氮不参与评价时,2 月、3 月和 4 月的水质综合评价分别为Ⅱ类、Ⅲ类和Ⅲ类;当仅总氮不参与评价时,水质综合评价分别为Ⅳ类、劣Ⅴ类和Ⅳ类。

其中,3 月份水功能区监测中淀山湖的具体监测时间为 3 月 13 日,正值调水试验的引

水准备期，由于该阶段大部分闸门处于关闸状态，区域内的水体流通性较差，可能导致淀山湖的水质评价较差。从两种评价方式的结果来看，调水试验引水准备期淀山湖的水质确实比试验前差，调水试验结束后淀山湖的水质明显好于引水准备期时的水质，并且基本回到调水试验前的水质状况，说明本次试验的换水改善期确实对水质的改善起到了一定的效果，并且调水试验的尾水没有使得淀山湖的水质变差，基本不会影响研究区域外的水质情况。

3.3 小结

(1) 调水试验期间(3月9日—23日)，阳澄淀泖区降雨地表产流0.524 5亿m^3，沿江闸站共引水108.6百万m^3，望虞河东岸口门共引水30.65百万m^3，东太湖口门共引水29.55百万m^3，太浦河北岸口门共引水6.584百万m^3，省际边界流入水量2.942百万m^3，共引水2.308亿m^3进入阳澄淀泖区；沿江闸站共排水13.01百万m^3，望虞河东岸口门共排水5.009百万m^3，东太湖口门共排水5.373百万m^3，太浦河北岸口门共排水75.60百万m^3，省际边界共排水181.2百万m^3，共排水2.802亿m^3出阳澄淀泖区。

(2) 由于受水区地理位置、引排河道河口节制闸形状、泵站引排能力等因素影响，沿江感潮水流的时间、强度不一，引江水量不一，对阳澄区骨干河道和阳澄湖的影响也不尽相同。阳澄湖以北区域受海洋泾、常浒河、白茆塘和张家港影响较大，加大海洋泾和张家港的引水量，同时调度常浒河排水，使该区域的水体有序流动起来。阳澄湖及周边地区受七浦塘、杨林塘、永昌泾、西塘河影响较大，其中，七浦塘的影响最大，整个调水试验期间，七浦塘引水26.04百万m^3，占入阳澄湖总水量的74.02%。阳澄湖以南地区水流情况较为固定，"自北向南、自西向东"流动，阳澄湖水自北向南流入，东太湖引水自西向东流入，最后经过淀泖区腹部河道汇入东南湖泊，对于该区域应采取疏浚或修建水利工程措施来增加河湖上游来水，提升水动力。调水试验期间，在水利工程调度水体有序流动情况下，其中54%的监测断面流速换水改善期较引水准备期有所提高，67%的监测断面流速达到方案设计目标。

(3) 本次调水试验期间较背景时段水质监测断面改善的有29处，达到61.7%。其中沿江口门断面2处、望虞河东岸口门断面3处、东太湖口门断面3处，阳澄区骨干河道断面8处、阳澄湖及出入湖河道断面6处、淀泖区骨干河道断面4处、省际边界河道断面3处。

(4) 通过本次调水试验，换水改善期水质综合评价维持并达到Ⅲ类水要求的断面为25处，占比53.2%，其中换水改善期前期维持并达到Ⅲ类水要求的断面为26处，占比55.3%。26处断面中，换水改善期与换水改善前期保持一致的有25处，仅白茆闸(上)段受换水改善后期降雨关闸等因素影响，氨氮指标变差，浓度值由前期的0.19 mg/L上升至换水改善期后期的1.90 mg/L，换水改善期水质综合评价为Ⅳ类。

(5) 综合47个断面各项水质指标的浓度改善效果来看，换水改善期前期相比于引水准备期，有超过一半的断面总磷指标均得到了不同程度的改善，浓度的降幅范围为1.7%～56.5%，降幅最大的断面为娄江大桥；有接近一半的断面高锰酸盐指数和氨氮指标得到改善，降幅分别为2.2%～67.1%、1.9%～91.2%，降幅最大的断面都是杨林闸(上)；有接近三分之一的断面总氮和溶解氧指标得到改善，总氮的降幅为6.5%～35.9%，降幅最大的断面为杨林闸(上)，溶解氧的增幅为1.4%～1 581.6%，增幅最大的断面为杨林闸(上)，其次是娄江大桥，提升了11.7%。根据实际改善效果，从区域上看，沿江各口门、东太湖各口门、阳澄湖及阳澄湖的出湖口换水改善期各指标的浓度改善效果最为明显。

(6) 从水质综合评价来看，换水改善期较引水准备期水质类别提高的断面有 10 处，占 21.3%，主要为沿江口门、东太湖口门、阳澄湖及出入湖河道断面，阳澄区娄江和淀泖区大直港河道断面。换水改善期前期水质优于引水准备期的断面有 9 处，占 19.1%，主要为沿江口门、东太湖口门和阳澄湖及出入湖河道。

(7) 本次调水试验从水质改善程度来看，溶解氧指标改善程度达到中级，且断面占比在 60.0%以上的区域有沿江口门、望虞河东岸口门、阳澄区骨干河道、阳澄湖及出入湖河道、省际边界河道区域；高锰酸盐指数除淀泖区骨干河道断面，其余区域指标改善程度均达到中级，且断面占比在 80.0%以上；氨氮指标改善程度达到中级，且断面占比在 60.0%以上的区域有望虞河东岸口门及阳澄区骨干河道；总磷指标除沿江口门外，其余区域指标改善程度均达到中级，且断面占比在 70.0%以上。

(8) 从综合水质指标改善程度达到中级的断面占比来看，达到中级且断面占比为 100% 的有三个区域，分别为望虞河东岸口门、阳澄湖及出入湖河道断面、省际边界河道断面；阳澄区骨干河道断面综合水质指标改善程度达到中级的占比为 90.0%；淀泖区骨干河道断面综合水质指标改善程度达到中级的占比为 66.7%。结合各区域断面改善程度等级，本次调水试验对望虞河东岸口门、阳澄湖及出入湖河道区域水环境改善效果较为显著，对省际边界河道及阳澄区骨干河道区域水环境水质有一定程度的改善，对淀泖区骨干河道区域水环境状况改善的效果一般。

(9) 阳澄淀泖区骨干河道水质变化不仅与各口门的引排水量和历时有关，也与上游区域面源、点源污染物排放和上游河段原水水质等有一定关系。一般来说，引排水量越大，历时越长，骨干河道水质改善效果应越显著，但当上游区域污染物排放面源、点源越多，沿程污染情况复杂时，部分河道水质就越不容易改善。

(10) 根据调水试验实际监测资料及成果分析来看，白茆塘调水试验期间无排水情况，白茆塘河道较长，影响范围较广，且白茆塘引水有利于增加阳澄湖以北地区水环境容量，建议调度方案将白茆塘由排水河道改为引排结合河道。

4 汛期有序流动情况分析

4.1 水量监测与成果分析

4.1.1 水量监测成果

4.1.1.1 第一轮水量监测成果

1. 雨情分析

2017 年 5 月 9—18 日，阳澄淀泖区降雨 28.3 mm，常熟、直塘、湘城、周巷、唯亭、昆山、陈墓降雨量分别为 23.0 mm、29.0 mm、34.0 mm、24.5 mm、24.5 mm、29.8 mm、30.0 mm。其中，5 月 9 日、5 月 12—13 日，区域内分别有两次明显降雨过程。见表 4.1-1、图 4.1-1。

表 4.1-1 2017 年 5 月 9—18 日阳澄淀泖区主要站点降雨量统计表 单位：mm

日期	常熟	直塘	湘城	周巷	唯亭	昆山	陈墓
5 月 9 日	6.5	3.5	7.5	8.0	7.5	10.2	6.5
5 月 10 日	—	—	—	0.5	—	—	—
5 月 11 日	—	—	—	—	—	—	—
5 月 12 日	13.5	9.5	16.0	6.5	10.0	7.4	11.5
5 月 13 日	3.0	16.0	10.5	9.5	7.0	12.2	12.0
5 月 14 日	—	—	—	—	—	—	—
5 月 15 日	—	—	—	—	—	—	—
5 月 16 日	—	—	—	—	—	—	—
5 月 17 日	—	—	—	—	—	—	—
5 月 18 日	—	—	—	—	—	—	—

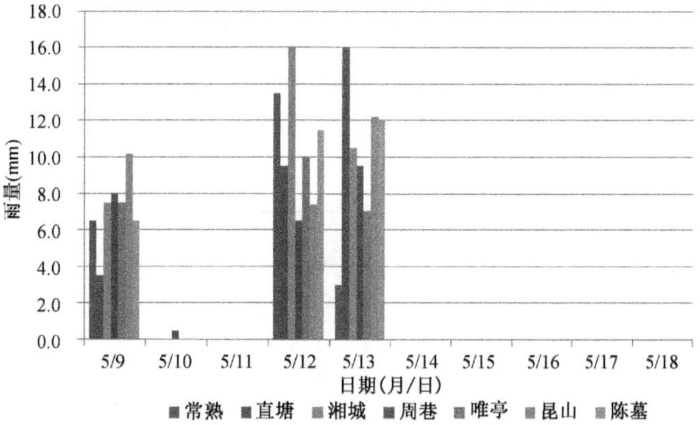

图 4.1-1 2017 年 5 月 9 日—18 日阳澄淀泖区主要站点降雨量图

降雨地面产流计算原理同 2.3.1.2 节中降雨地面产流计算原理。

根据计算得到，第一轮监测（2017 年 5 月 9—18 日）期间共产生约 0.180 3 亿 m^3 水进入河网。从降雨时间上看，第一场降雨发生在第一轮监测的前一天，历时 2 d，雨量较小，可能会对后续监测过程中的河网水量、水质均产生一定影响；第二场降雨发生在第一轮监测的第四至第五天，雨量较大，可能会对后续监测过程中的河网水量、水质产生一定影响。

2. 水情分析

(1) 长江

2017 年 5 月 9—18 日，长江水位、流量总体呈上升趋势。其中，长江大通站 5 月 9 日 8 时水位 8.95 m，日平均流量 29 000 m^3/s；5 月 18 日 8 时水位 9.35 m，日平均流量 30 600 m^3/s。汛期监测期间，平均水位 9.16 m，较去年同期降低 3.02 m，较非汛期调水试验期间升高 2.52 m；平均流量 29 910 m^3/s，较去年同期减少 18 140 m^3/s，较非汛期调水试验期间增加 9 950 m^3/s。见图 4.1-2。

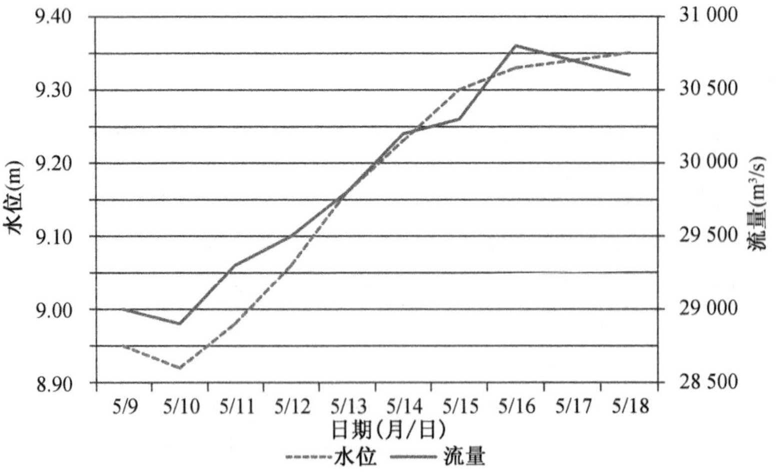

图 4.1-2　2017 年 5 月 9—18 日长江大通站水位、流量关系线图

2017 年 5 月 9—18 日，浒浦闸高高潮潮位 3.74～4.42 m 之间，低低潮潮位 1.37～1.89 m 之间，潮差 1.85～2.86 m 之间。其中，最高潮位 4.42 m，出现在 5 月 13 日（农历四月十八）；最低潮位 1.37 m，出现在 5 月 9 日（农历四月十四）。期间，5 月 10—13 日为大潮，5 月 9 日、5 月 14—17 日为中潮，5 月 18 日为小潮。见表 4.1-2 和图 4.1-3。

表 4.1-2　2017 年 5 月 9—18 日浒浦闸站潮位统计表　　单位：m

日期	高高潮	低低潮	潮差
5 月 9 日	3.94	1.37	2.57
5 月 10 日	4.34	1.51	2.83
5 月 11 日	4.15	1.50	2.65
5 月 12 日	4.30	1.59	2.71
5 月 13 日	4.42	1.56	2.86

续 表

日期	高高潮	低低潮	潮差
5月14日	4.36	1.73	2.63
5月15日	4.22	1.68	2.54
5月16日	4.07	1.73	2.34
5月17日	3.90	1.80	2.10
5月18日	3.74	1.89	1.85

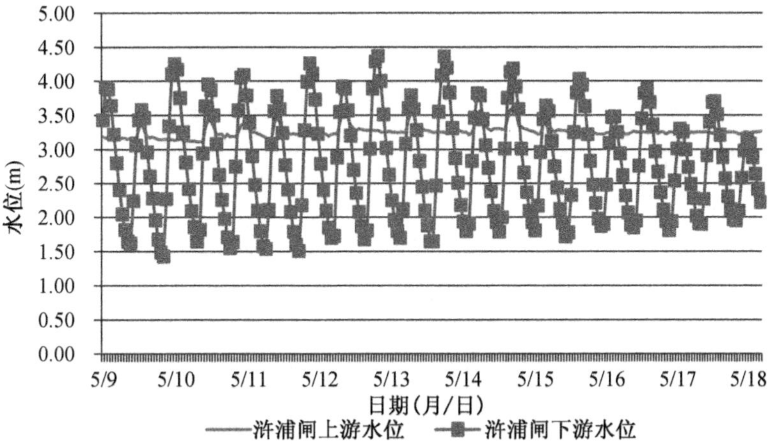

图 4.1-3　2017 年 5 月 9—18 日浒浦闸上、下游水位过程线图

(2) 太湖

2017年5月9—18日，太湖水情平稳，平均水位3.18 m。汛期监测期间，最高水位3.22 m，出现在5月12日；最低水位3.15 m，出现在5月11日。太湖平均水位为小梅口、西山、夹浦、大浦口、望亭(太)五站每日8时水位取算术平均值所得，与水情报汛一致。见图4.1-4。

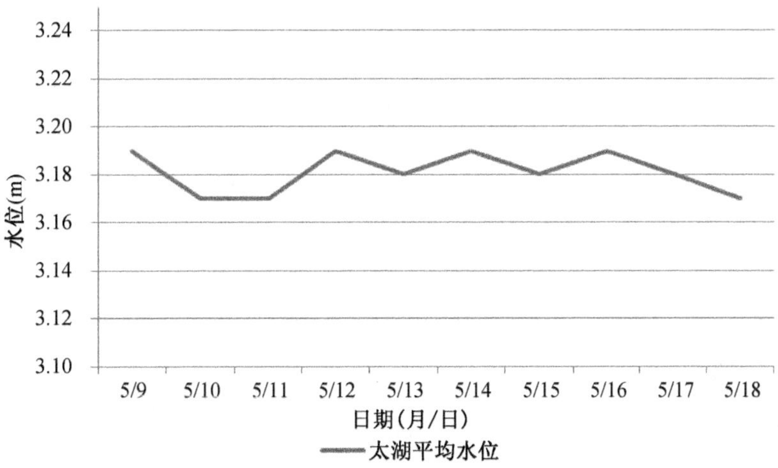

图 4.1-4　2017 年 5 月 9—18 日太湖平均水位过程线图

(3) 引江济太及太浦河

2017 年 5 月 9—18 日，望亭立交关闸；常熟枢纽 5 月 9—12 日向长江排水 1 264 万 m^3，5 月 14—18 日从长江引水 5 487 万 m^3；5 月 9—18 日，太浦闸出太湖水量 1.503 亿 m^3。水量出太湖为正。见表 4.1-3。

表 4.1-3　2017 年 5 月 9—18 日引江济太及太浦闸出湖水量情况统计表　　单位：万 m^3

日期	望亭立交	常熟枢纽(望虞闸)	太浦闸
5 月 9 日	—	362.0	2 497
5 月 10 日	—	375.0	1 745
5 月 11 日	—	343.0	1 754
5 月 12 日	—	184.0	1 555
5 月 13 日	—	—	1 408
5 月 14 日	—	−509.0	1 339
5 月 15 日	—	−688.0	710.2
5 月 16 日	—	−1 320	1 391
5 月 17 日	—	−1 450	1 356
5 月 18 日	—	−1 520	1 270
合计	—	−4 223	15 030

(4) 阳澄淀泖区内部河网

2017 年 5 月 9—18 日，阳澄淀泖区内部河网水情稳定，水位整体呈上升趋势。阳澄区湘城站 5 月 10 日出现最低水位 3.17 m，之后水位持续上升，5 月 18 日出现最高水位 3.33 m，平均水位 3.25 m。淀泖区陈墓站水位 5 月 9 日出现最低水位 3.02 m，5 月 13 日出现最高水位 3.13 m，持续 3 d，水位逐渐回落，平均水位 3.08 m。见表 4.1-4、图 4.1-5 和图 4.1-6。

表 4.1-4　2017 年 5 月 9—18 日湘城站、陈墓站雨量、水位统计表

单位：雨量(mm)；水位(m)

日期	湘城站		陈墓站	
	雨量	水位	雨量	水位
5 月 9 日	7.5	3.18	6.5	3.02
5 月 10 日	—	3.17	—	3.03
5 月 11 日	—	3.18	—	3.06
5 月 12 日	16.0	3.22	11.5	3.09
5 月 13 日	10.5	3.26	12.0	3.13
5 月 14 日	—	3.26	—	3.13
5 月 15 日	—	3.28	—	3.13
5 月 16 日	—	3.29	—	3.10
5 月 17 日	—	3.31	—	3.08
5 月 18 日	—	3.33	—	3.06

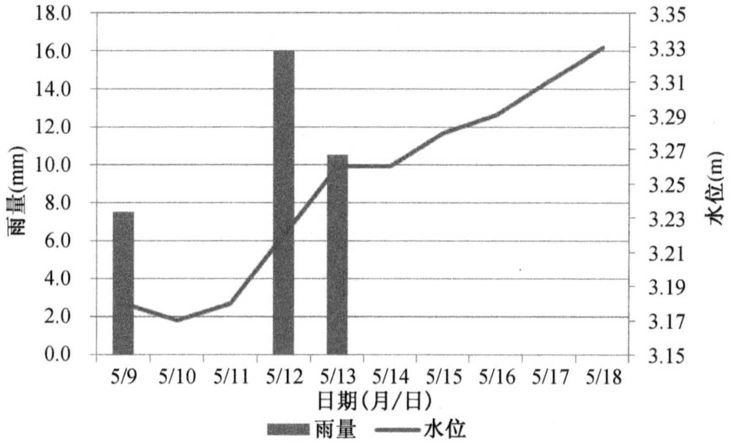

图 4.1-5　2017 年 5 月 9—18 日湘城站雨量、水位变化图

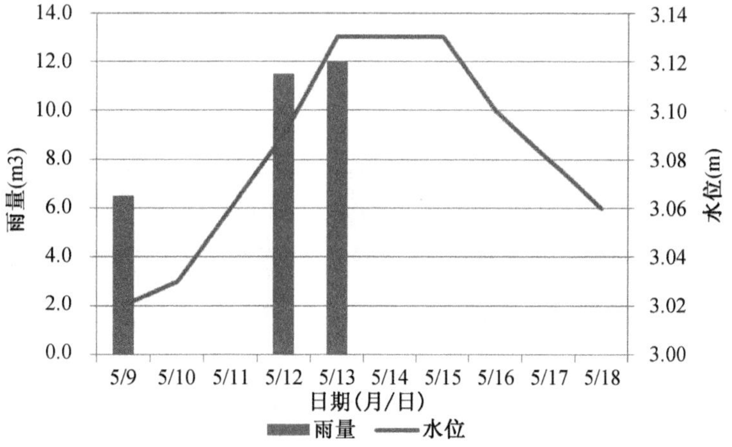

图 4.1-6　2017 年 5 月 9—18 日陈墓站雨量、水位变化图

3. 阳澄淀泖区进出水量分析

(1) 沿江闸站

2017 年 5 月 9—18 日，沿江海洋泾、浒浦闸、白茆闸、荡茜枢纽、杨林闸、浏河闸开闸利用长江高潮引水，海洋泾、荡茜枢纽启用泵站抽引，其他口门根据区域情况适时控制。

2017 年 5 月 9—18 日，沿江闸站以引水为主，未进行排水，部分时间关闸，共引水 8 540 万 m^3。其中，海洋泾、浒浦闸、白茆闸、荡茜枢纽、杨林闸、浏河闸分别引水 1 666、999.0、1 501、625.5、1 759、1989 万 m^3，分别占沿江闸站总引水量的 19.51%、11.70%、17.58%、7.32%、20.60%、23.29%。见表 4.1-5、图 4.1-7。

表 4.1-5　2017 年 5 月 9—18 日沿江闸站引水量统计表　　单位：万 m^3

日期	海洋泾	浒浦闸	白茆闸	荡茜枢纽	杨林闸	浏河闸	合计
5 月 9 日	32.11	73.00	78.00	—	114.0	124.0	421.1
5 月 10 日	89.39	261.0	471.0	170.7	419.0	532.0	1 943
5 月 11 日	252.0	100.0	136.0	106.9	146.0	126.0	866.9

续 表

日期	海洋泾	浒浦闸	白茆闸	荡茜枢纽	杨林闸	浏河闸	合计
5 月 12 日	252.0	129.0	182.0	126.5	189.0	218.0	1 097
5 月 13 日	252.0	96.00	431.0	85.69	135.0	433.0	1 433
5 月 14 日	288.0	283.0	141.0	92.43	396.0	192.0	1 392
5 月 15 日	252.0	57.00	62.00	43.26	110.0	85.00	609.3
5 月 16 日	75.64	—	—	—	—	—	75.64
5 月 17 日	93.46	—	—	—	152.0	183.0	428.5
5 月 18 日	79.60	—	—	—	98.00	96.00	273.6
合计	1 666	999.0	1 501	625.5	1 759	1 989	8 540

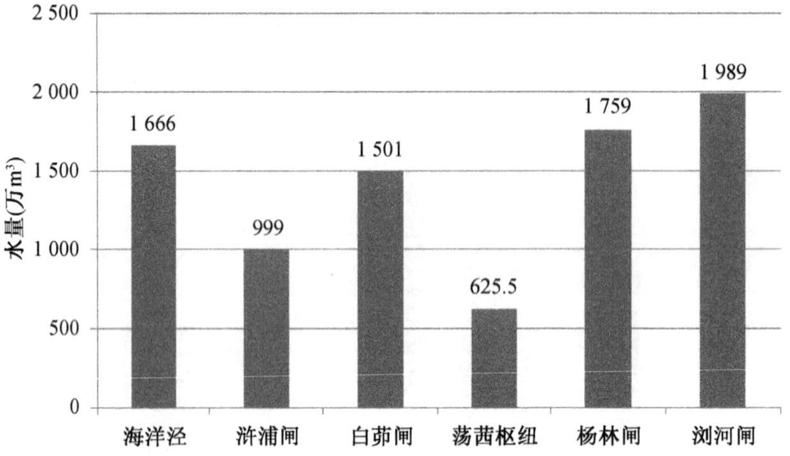

图 4.1-7　2017 年 5 月 9—18 日沿江闸站引水量统计图

(2) 望虞河东岸口门

2017 年 5 月 9—18 日，望虞河东岸口门永昌泾桥断面持续引水，流量在 7.51～16.6 m^3/s 之间，流量出望虞河为正，流速在 0.09～0.19 m/s 之间，平均流速 0.13 m/s，共引水 994.6 万 m^3 入阳澄区。其他口门根据区域情况适时控制。见表 4.1-6。

表 4.1-6　2017 年 5 月 9—18 日永昌泾桥断面引水情况统计表

单位：流速(m/s)；流量(m^3/s)；水量(万 m^3)

日期	流速	流量	水量
5 月 9 日	0.13	11.2	96.77
5 月 10 日	0.09	7.51	64.89
5 月 11 日	0.12	10.5	90.72
5 月 12 日	0.11	9.32	80.52
5 月 13 日	0.09	7.98	68.95
5 月 14 日	0.10	8.70	75.17

续 表

日期	流速		流量		水量	
5月15日	0.13		11.5		99.36	
5月16日	0.18		16.3		140.8	
5月17日	0.19		16.6		143.4	
5月18日	0.17		15.5		133.9	
	平均流速	0.13	平均流量	11.5	合计	994.6

(3) 东太湖口门

2017年5月9—18日，瓜泾口日均出湖流量在−7.59～54.6 m^3/s之间，流量出湖为正，共引水2 929万m^3入淀泖区，占东太湖口门总引水量的67.09%；吴家港桥断面日均出湖流量在5.49～16.8 m^3/s之间，流量出湖为正，流速在0.08～0.25 m/s之间，平均流速0.16 m/s，共引水916.4万m^3入淀泖区，占东太湖口门总引水量的20.99%；联湖桥断面日均出湖流量在−1.17～15.1 m^3/s之间，流量出湖为正，流速在−0.03～0.34 m/s之间，平均流速0.14 m/s，共引水521.0万m^3入淀泖区，占东太湖口门总引水量的11.93%。总体而言，东太湖口门以引水为主，共引水4 366万m^3入淀泖区。其他口门根据区域情况适时控制。见表4.1-7、表4.1-8、图4.1-8。

表4.1-7 2017年5月9—18日东太湖口门水位、流量表

单位：水位(m)；流量(m^3/s)

日期	瓜泾口		吴家港桥		联湖桥	
	水位	流量	水位	流量	水位	流量
5月9日	3.14	51.8	3.11	15.4	3.17	15.1
5月10日	3.14	54.6	3.22	16.8	3.14	7.00
5月11日	3.15	50.4	3.12	12.6	3.16	8.18
5月12日	3.13	42.0	3.27	7.26	3.16	—
5月13日	3.18	48.3	3.17	5.49	3.18	5.67
5月14日	3.15	32.7	3.14	13.9	3.18	5.61
5月15日	3.11	—	3.06	6.51	3.13	−1.17
5月16日	3.10	−7.59	3.14	8.71	3.12	4.13
5月17日	3.14	39.2	3.08	8.30	3.14	7.40
5月18日	3.10	27.6	3.05	11.1	3.10	8.38

受5月12—13日降雨影响，淀泖区水位上升，联湖桥断面和瓜泾口分别于5月15日、16日进行排水，因此，出现负流。

表 4.1-8　2017 年 5 月 9—18 日东太湖口门引排水量统计表　单位：万 m^3

日期	瓜泾口	吴家港桥	联湖桥	合计
5 月 9 日	447.6	133.1	130.5	711.1
5 月 10 日	471.7	145.2	60.48	677.4
5 月 11 日	435.5	108.9	70.68	615.0
5 月 12 日	362.9	62.73	—	425.6
5 月 13 日	417.3	47.43	48.99	513.7
5 月 14 日	282.5	120.1	48.47	451.1
5 月 15 日	—	56.25	−10.11	46.10
5 月 16 日	−65.58	75.25	35.68	45.40
5 月 17 日	338.7	71.71	63.94	474.3
5 月 18 日	238.5	95.90	72.40	406.8
合计	2 929	916.4	521.0	4 366

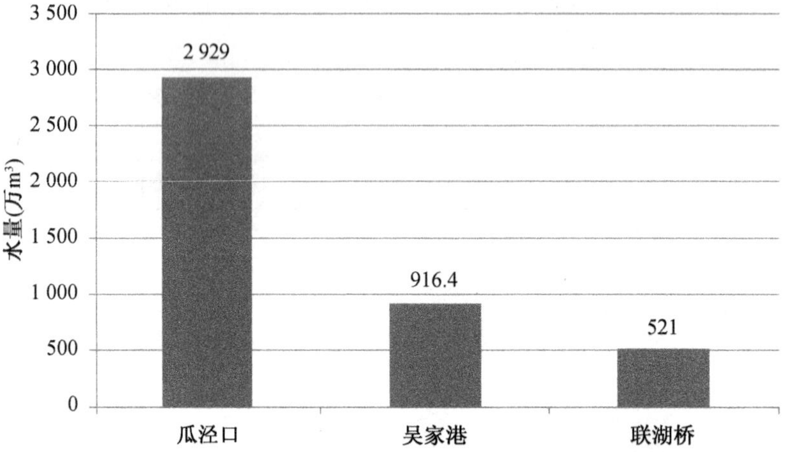

图 4.1-8　2017 年 5 月 9—18 日东太湖口门引水量图

(4) 太浦河北岸口门

2017 年 5 月 9—18 日，太浦河北岸口门窑港桥断面日平均流量在 0～45.8 m^3/s 之间，流量入太浦河为正，流速在 0～0.73 m/s 之间，平均流速 0.47 m/s，共排水 2 562 万 m^3 出淀泖区。其他口门根据区域情况适时控制。见表 4.1-9。

表 4.1-9　2017 年 5 月 9—18 日窑港桥断面排水情况表

单位：流速(m/s)；流量(m^3/s)；水量(万 m^3)

日期	流速	流量	水量
5 月 9 日	0.52	30.6	264.4
5 月 10 日	0.55	33.8	292.0
5 月 11 日	0.54	32.3	279.1

续 表

日期	流速		流量		水量	
5 月 12 日	0.73		45.8		395.7	
5 月 13 日	0.39		24.8		214.3	
5 月 14 日	0.51		33.3		287.7	
5 月 15 日	0.62		39.9		344.7	
5 月 16 日	0.54		34.7		299.8	
5 月 17 日	0.33		21.3		184.0	
5 月 18 日	—		—		—	
	平均流速	0.47	平均流量	29.7	合计	2 562

(5) 省际边界

2017 年 5 月 9—18 日，花桥吴淞江大桥断面日平均流量在 12.4～51.3 m^3/s 之间，流量向东为正，流速在 0.07～0.25 m/s 之间，平均流速 0.18 m/s，共排水 2 754 万 m^3 出淀泖区；大朱砂桥断面日平均流量在 29.8～101 m^3/s 之间，流量向东为正，流速在 0.10～0.34 m/s 之间，平均流速 0.23 m/s，共排水 5 938 万 m^3 出淀泖区。总体而言，省际边界共排水 8 692 万 m^3 出淀泖区。其他口门根据区域情况适时控制。见表 4.1-10、表 4.1-11、图 4.1-9。

表 4.1-10　2017 年 5 月 9—18 日省际边界断面水位、流量表

单位：水位(m)；流量(m^3/s)

日期	花桥吴淞江大桥		大朱砂桥	
	水位	流量	水位	流量
5 月 9 日	3.01	43.6	2.93	101
5 月 10 日	2.97	51.3	2.99	73.1
5 月 11 日	3.07	28.1	3.01	56.5
5 月 12 日	3.10	12.4	3.04	97.3
5 月 13 日	3.13	28.4	3.12	56.0
5 月 14 日	3.11	31.5	3.09	70.2
5 月 15 日	3.05	23.4	3.10	64.6
5 月 16 日	3.08	26.0	3.06	69.1
5 月 17 日	3.06	38.0	3.05	69.7
5 月 18 日	3.00	36.1	3.03	29.8

表 4.1-11　2017 年 5 月 9—18 日省际边界排水量统计表　　单位:万 m^3

日期	花桥吴淞江大桥	大朱砂桥	合计
5 月 9 日	376.7	872.6	1 249
5 月 10 日	443.2	631.6	1 075
5 月 11 日	242.8	488.2	731.0
5 月 12 日	107.1	840.7	947.8
5 月 13 日	245.4	483.8	729.2
5 月 14 日	272.2	606.5	878.7
5 月 15 日	202.2	558.1	760.3
5 月 16 日	224.6	597.0	821.6
5 月 17 日	328.3	602.2	930.5
5 月 18 日	311.9	257.5	569.4
合计	2 754	5 938	8 692

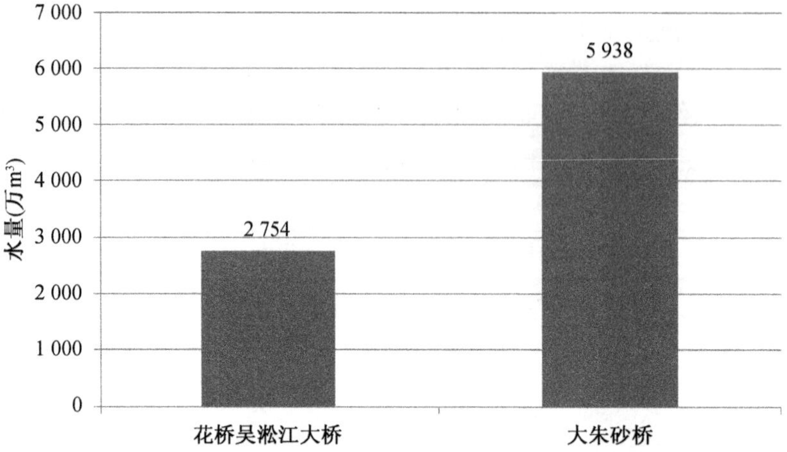

图 4.1-9　2017 年 5 月 9—18 日省际边界排水量统计图

4. 阳澄淀泖区内部水流运动情况分析

(1) 阳澄区骨干河道

2017 年 5 月 9—18 日,元和塘常相交界断面日平均流量在 2.02～16.4 m^3/s 之间,流量向南为正,平均流速在 0.01～0.07 m/s 之间,平均流速 0.04 m/s;盐铁塘常太交界断面仅 5 月 11 日开闸,日平均流量 13.6 m^3/s,流向向南,平均流速 0.27 m/s,其余时间关闸;界泾河入湖口圣塘港桥断面日平均流量在−3.11～12.4 m^3/s 之间,流量向南为正,流速在−0.03～0.12 m/s之间,平均流速 0.07 m/s,共引水 636.2 万 m^3 入阳澄湖,占入阳澄湖总水量(3 521 万 m^3)的 18.07%;七浦塘桥断面日平均流量在−136～27.2 m^3/s 之间,流量向东为正,流速在−0.79～0.17 m/s 之间,平均流速 0.29 m/s,共引水 2 885 万 m^3 入阳澄湖,占入阳澄湖总水量(3 521 万 m^3)的 81.93%。实测成果见表 4.1-12,水位、流量变化过程见图 4.1-10、图 4.1-11。

表 4.1-12 2017 年 5 月 9—18 日阳澄区骨干河道断面水位、流量表

单位:水位(m);流量(m^3/s)

日期	元和塘常相交界		盐铁塘常太交界		界泾河入湖口		七浦塘桥	
	水位	流量	水位	流量	水位	流量	水位	流量
5 月 9 日	3.23	13.1	3.25	—	3.18	10.7	3.19	24.8
5 月 10 日	3.23	8.58	3.22	—	3.17	5.71	3.16	27.2
5 月 11 日	3.23	6.43	3.26	13.6	3.18	6.85	3.20	−26.1
5 月 12 日	3.33	2.92	3.33	—	3.22	12.4	3.22	−11.2
5 月 13 日	3.33	5.62	3.35	—	3.26	7.00	3.26	23.7
5 月 14 日	3.33	2.02	3.35	—	3.26	11.2	3.26	−18.7
5 月 15 日	3.31	12.5	3.36	—	3.28	10.5	3.28	−12.8
5 月 16 日	3.35	16.4	3.35	—	3.29	9.70	3.31	−72.8
5 月 17 日	3.35	11.1	3.31	—	3.31	2.68	3.39	−136
5 月 18 日	3.36	16.1	3.33	—	3.33	−3.11	3.40	−132

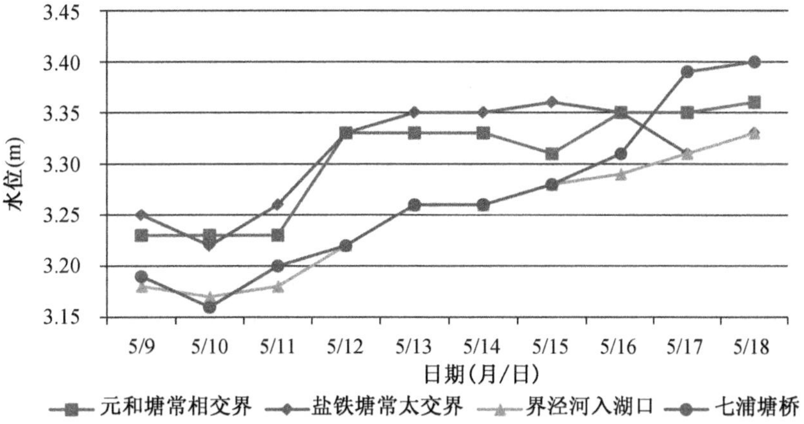

图 4.1-10 2017 年 5 月 9—18 日阳澄区骨干河道断面水位过程线图

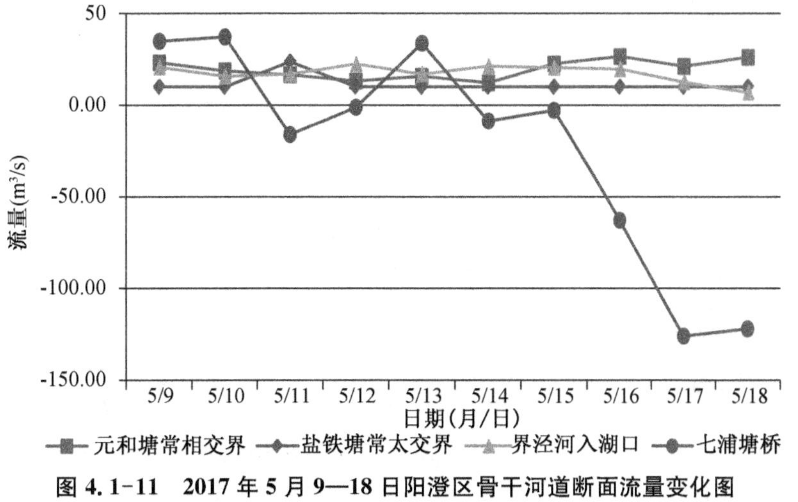

图 4.1-11 2017 年 5 月 9—18 日阳澄区骨干河道断面流量变化图

受沿江闸站与望虞河东岸口门持续引水影响，阳澄区骨干河道监测断面水位均呈现逐渐上升趋势。

七浦塘桥断面流量变化较大，流量向东为正，流量为负时引水入阳澄湖。七浦塘桥断面上游受七浦塘荡茜枢纽及七浦闸调度影响，下游受阳澄湖水位高低影响，同时距离张家港与七浦塘交汇处较近，也会受到张家港水量影响，所以流量时正时负，且变幅较大。

(2) 淀泖区骨干河道

2017 年 5 月 9—18 日，界江大桥断面仅 5 月 9 日、11 日开闸，日平均流量 13.7 m^3/s、1.97 m^3/s，流量向南为正，流速 0.05 m/s、0.01 m/s，平均流速 0.03 m/s，其余时间关闸；青阳港大桥断面日平均流量在 19.8～65.4 m^3/s 之间，流量向南为正，流速在 0.08～0.26 m/s 之间，平均流速 0.17 m/s；机场路大直港桥断面日平均流量在 21.6～33.2 m^3/s 之间，流量向南为正，流速在 0.10～0.16 m/s 之间，平均流速 0.14 m/s；牛长泾桥断面日平均流量在 0～13.5 m^3/s 之间，流量向南为正，流速在 0～0.13 m/s 之间，平均流速 0.08 m/s。详见表 4.1-13。水位、流量变化过程见图 4.1-12、图 4.1-13。

表 4.1-13　2017 年 5 月 9—18 日淀泖区骨干河道断面水位、流量表

单位：水位(m)；流量(m^3/s)

日期	界江大桥		青阳港大桥		机场路大直港桥		牛长泾桥	
	水位	流量	水位	流量	水位	流量	水位	流量
5 月 9 日	2.98	13.7	3.08	65.4	3.00	26.9	2.91	12.0
5 月 10 日	3.00	—	3.08	57.8	3.00	25.5	2.94	11.9
5 月 11 日	3.03	1.97	3.09	46.0	3.03	33.2	2.97	13.5
5 月 12 日	3.07	—	3.15	36.9	3.07	31.8	3.03	15.5
5 月 13 日	3.11	—	3.15	19.8	3.10	21.6	3.04	—
5 月 14 日	3.11	—	3.16	53.6	3.11	32.6	3.07	11.6
5 月 15 日	3.12	—	3.15	46.2	3.10	30.3	3.06	5.50
5 月 16 日	3.09	—	3.15	40.1	3.05	30.0	3.02	6.94
5 月 17 日	3.08	—	3.11	27.4	3.03	24.9	2.99	10.0
5 月 18 日	3.07	—	3.08	37.6	3.04	30.7	2.97	11.3

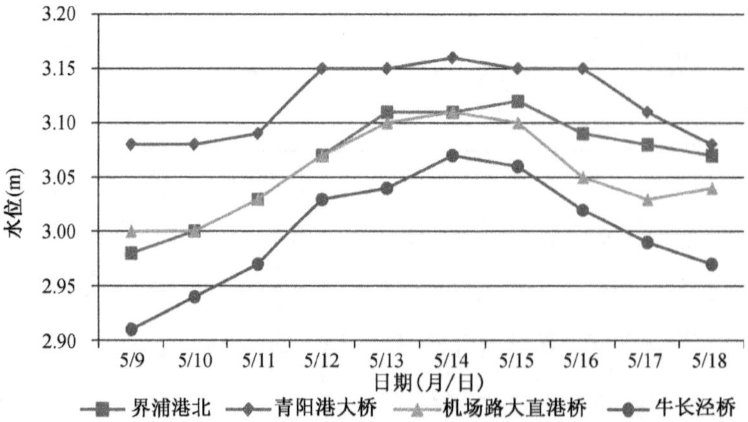

图 4.1-12　2017 年 5 月 9—18 日淀泖区骨干河道断面水位过程线图

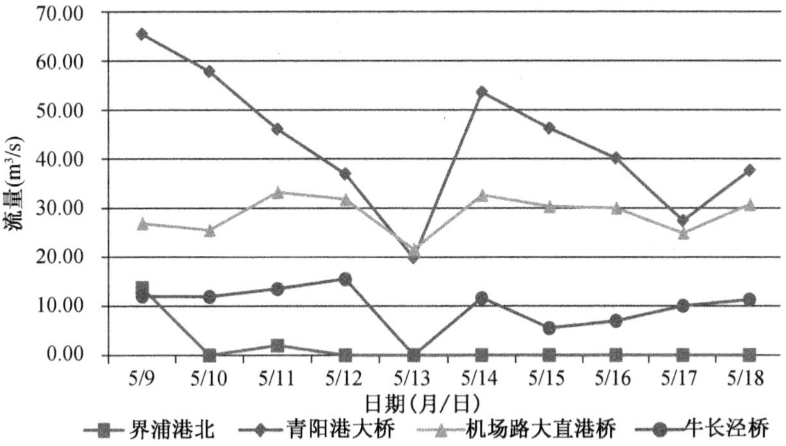

图 4.1-13 2017 年 5 月 9—18 日淀泖区骨干河道断面流量变化图

由于地理位置因素，淀泖区骨干河道水位受引水影响较小，受降雨影响较大，因此，淀泖区骨干河道监测断面水位降雨期间出现抬升，降雨结束后逐渐回落。

第一轮监测期间区域骨干河道平均流量分布示意见图 4.1-14。

图 4.1-14 2017 年 5 月 9—18 日阳澄淀泖区骨干河道流量分布示意图

4.1.1.2 第二轮水量监测成果

1. 雨情分析

2017 年 6 月 8—17 日，阳澄淀泖区降雨 110.3 mm，常熟、直塘、湘城、周巷、唯亭、昆山、陈墓降雨量分别为 127.0 mm、110.5 mm、99.0 mm、91.5 mm、110.0 mm、97.2 mm、120.0 mm。其中，6 月 9—13 日有一次明显降雨过程，雨量主要集中在 6 月 9—10 日。详见表 4.1-14、图 4.1-15。

表 4.1-14 2017 年 6 月 8—17 日阳澄淀泖区主要站点降雨量统计表 单位：mm

日期	常熟	直塘	湘城	周巷	唯亭	昆山	陈墓
6 月 8 日	—	—	—	—	—	—	—
6 月 9 日	30.5	22.5	26.5	23.0	33.5	16.2	49.5
6 月 10 日	91.5	82.0	62.5	43.5	65.0	63.4	39.5
6 月 11 日	—	1.0	4.5	10.5	6.0	10.6	11.0
6 月 12 日	—	—	—	1.5	—	0.2	5.5
6 月 13 日	5.0	5.0	5.5	13.0	5.5	6.8	14.5
6 月 14 日	—	—	—	—	—	—	—
6 月 15 日	—	—	—	—	—	—	—
6 月 16 日	—	—	—	—	—	—	—
6 月 17 日	—	—	—	—	—	—	—

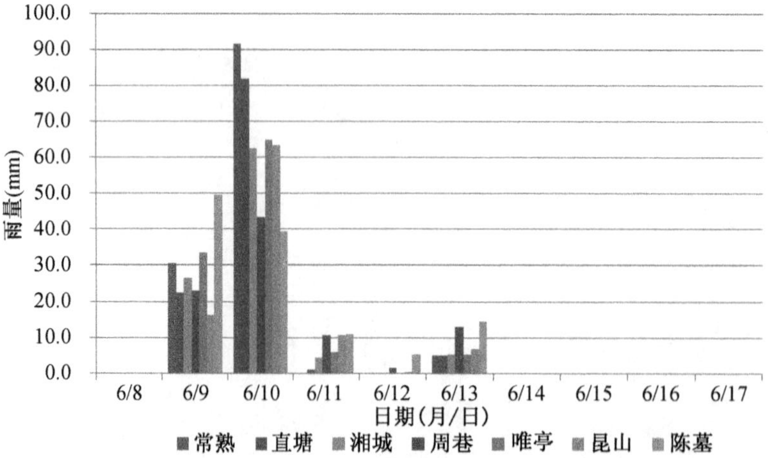

图 4.1-15 2017 年 6 月 8—17 日阳澄淀泖区主要站点降雨量图

降雨地面产流计算原理同 2.3.1.2 节中降雨地面产流计算原理。

根据计算得到，第二轮监测期间共产生约 1.340 亿 m^3 水进入河网。从降雨发生的时间上看，从第二轮监测的第 2 d 到第 6 d，历时 5 d，占第二轮监测时间的一半。从降雨强度上看，面雨量 110.3 mm，折合径流深 32.7 mm，雨量很大，可能会对后续监测过程中的河网水量、水质产生一定影响。

2. 水情分析

(1) 长江

2017 年 6 月 8—17 日，长江水位、流量总体呈上升趋势。其中，长江大通站 6 月 8 日 8 时水位 9.13 m，日平均流量 30 900 m^3/s；6 月 17 日 8 时水位 10.73 m，日平均流量 38 000 m^3/s。期间，平均水位 9.92 m，较去年同期降低 2.46 m，较非汛期调水试验期间升高 3.28 m；平均流量 29 910 m^3/s，较去年同期减少 13 930 m^3/s，较非汛期调水试验期间增加 9 950 m^3/s。见图 4.1-16。

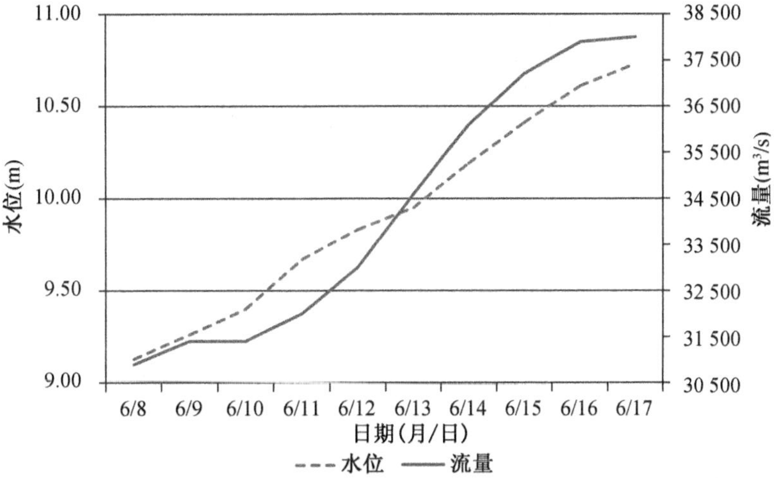

图 4.1-16　2017 年 6 月 8—17 日长江大通站水位、流量关系线图

2017 年 6 月 8—17 日，浒浦闸高高潮潮位 3.91～4.69 m 之间，低低潮潮位 1.52～2.00 m 之间，潮差 1.91～2.90 m 之间。其中，最高潮位 4.69 m，出现在 6 月 11 日(农历五月十七)；最低潮位 1.52 m，出现在 6 月 8 日(农历五月十四)。期间，6 月 9—11 日为大潮，6 月 8 日、6 月 12—16 日为中潮，6 月 17 日为小潮。见表 4.1-15 和图 4.1-17。

表 4.1-15　2017 年 6 月 8—17 日浒浦闸站潮位统计表　　单位：m

日期	高高潮	低低潮	潮差
6 月 8 日	4.25	1.52	2.73
6 月 9 日	4.41	1.54	2.87
6 月 10 日	4.26	2.00	2.26
6 月 11 日	4.69	1.79	2.90
6 月 12 日	4.57	1.90	2.67
6 月 13 日	4.58	1.86	2.72
6 月 14 日	4.42	1.86	2.56
6 月 15 日	4.20	1.82	2.38
6 月 16 日	4.04	1.93	2.11
6 月 17 日	3.91	2.00	1.91

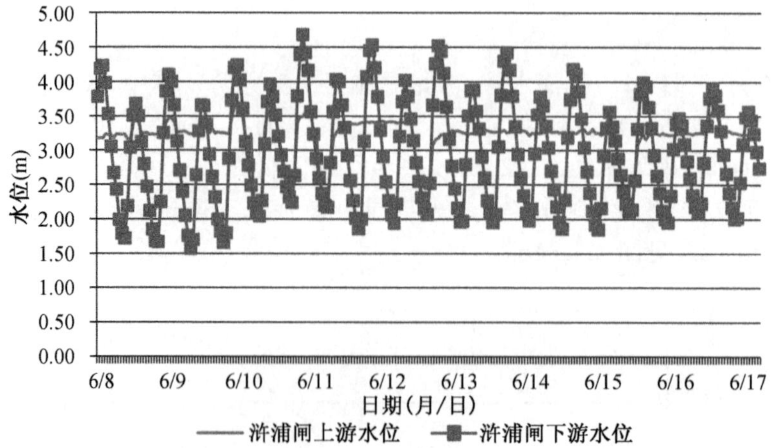

图 4.1-17　2017 年 6 月 8—17 日浒浦闸上、下游水位过程线图

（2）太湖

2017 年 6 月 8—17 日，太湖水位受降雨影响逐渐上升，平均水位 3.30 m。期间，最高水位 3.44 m，出现在 6 月 16 日；最低水位 3.13 m，出现在 6 月 8 日。太湖平均水位为小梅口、西山、夹浦、大浦口、望亭(太)五站每日 8 时水位取算术平均值所得，与水情报汛一致。见图 4.1-18。

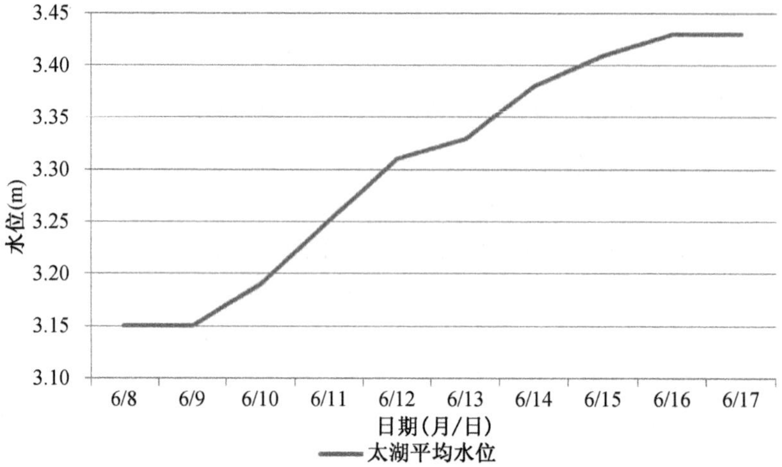

图 4.1-18　2017 年 6 月 8—17 日太湖平均水位过程线图

（3）引江济太及太浦河

2017 年 6 月 8—17 日，望亭立交出太湖水量 1 660 万 m^3，常熟枢纽向长江排水 1.748 亿 m^3，太浦闸出太湖水量 8 673 万 m^3。水量以出太湖为正。见表 4.1-16。

表 4.1-16　2017 年 6 月 8—17 日引江济太及太浦闸出湖水量情况统计表　单位：万 m^3

日期	望亭立交	常熟枢纽(望虞闸)	太浦闸
6 月 8 日	—	—	1 555
6 月 9 日	—	—	1 460

续 表

日期	望亭立交	常熟枢纽(望虞闸)	太浦闸
6月10日	—	1 530	1 261
6月11日	—	3 500	743.0
6月12日	—	2 480	—
6月13日	—	1 740	—
6月14日	—	1 820	200.4
6月15日	133.1	2 070	750.0
6月16日	636.8	2 170	—
6月17日	889.9	2 170	2 704
合计	1 660	17 480	8 673

(4) 阳澄淀泖区内部河网

2017 年 6 月 8—17 日,阳澄淀泖区内部河网水情稳定,水位受降雨影响先上升后下降。阳澄区湘城站 6 月 8 日出现最低水位 3.20 m,之后水位持续上升,6 月 11 日出现最高水位 3.53 m,平均水位 3.34 m。淀泖区陈墓站水位 6 月 8 日出现最低水位 3.02 m,6 月 14 日出现最高水位 3.36 m,持续 3 d,水位逐渐回落,平均水位 3.24 m。见表 4.1-17、图 4.1-19、图 4.1-20。

表 4.1-17　2017 年 6 月 8—17 日湘城站、陈墓站雨量、水位统计表

单位:雨量(mm);水位(m)

日期	湘城站		陈墓站	
	雨量	水位	雨量	水位
6月8日	—	3.20	—	3.04
6月9日	26.5	3.23	49.5	3.05
6月10日	62.5	3.30	39.5	3.14
6月11日	4.5	3.53	11.0	3.28
6月12日	—	3.47	5.5	3.30
6月13日	5.5	3.41	14.5	3.31
6月14日	—	3.36	—	3.36
6月15日	—	3.34	—	3.34
6月16日	—	3.31	—	3.30
6月17日	—	3.28	—	3.24

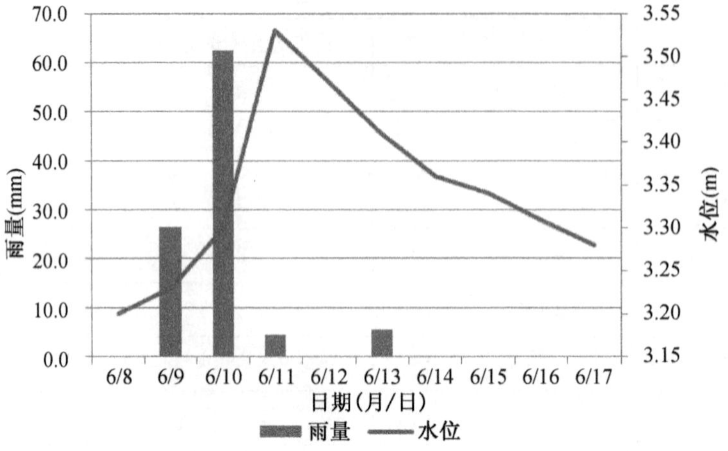

图 4.1-19　2017 年 6 月 8—17 日湘城站雨量、水位变化图

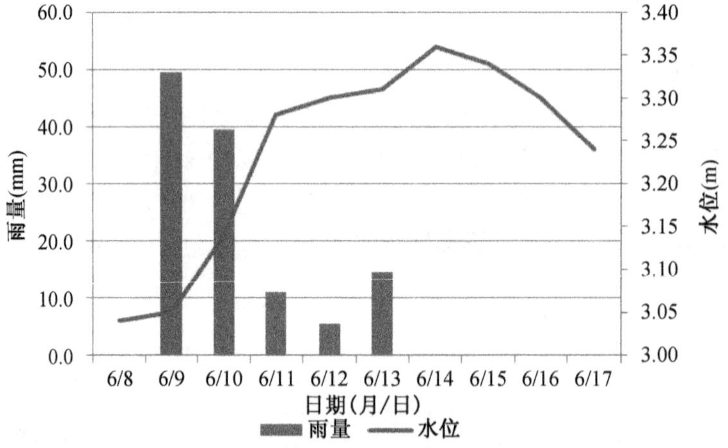

图 4.1-20　2017 年 6 月 8—17 日陈墓站雨量、水位变化图

第二轮监测期间，阳澄区引水量较小，主要受降雨影响，降雨期间，湘城站水位迅速抬升，较雨量延后一日，达到最高水位，降雨结束后，水位逐渐回落。

3. 阳澄淀泖区进出水量分析

(1) 沿江闸站

2017 年 6 月 8—17 日，沿江海洋泾、浒浦闸、白茆闸、荡茜枢纽、杨林闸、浏河闸开闸利用长江高潮引水，海洋泾、荡茜枢纽启用泵站抽引，海洋泾、浒浦闸、白茆闸、杨林闸、浏河闸利用长江低潮排水，其他口门根据区域情况适时控制。

2017 年 6 月 8—17 日，海洋泾、荡茜枢纽分别引水 537.3 万 m^3、137.1 万 m^3，分别占沿江闸站总引水量的 79.67%、20.33%，共引水 674.4 万 m^3；浒浦闸、白茆闸、杨林闸、浏河闸分别排水 1 020 万 m^3、1 487 万 m^3、179.0 万 m^3、3 306 万 m^3，分别占沿江闸站总排水量的 17.02%、24.82%、2.99%、55.17%，共排水 5 992 万 m^3。总体而言，第二轮监测沿江闸站以排水为主，共排水 5 318 万 m^3。水量引水为正。见表 4.1-18、图 4.1-21。

表 4.1-18　2017 年 6 月 8—17 日沿江闸站引排水量统计表　单位:万 m^3

日期	海洋泾	浒浦闸	白茆闸	荡茜枢纽	杨林闸	浏河闸	合计
6 月 8 日	18.86	236.0	400.0	71.17	383.0	394.0	1 503
6 月 9 日	40.18	305.0	112.0	65.92	305.0	463.0	1 291
6 月 10 日	−230.4	−749.0	−889.0	—	−503.0	−1 600	−3 971
6 月 11 日	−157.3	−348.0	−464.0	—	−402.0	−817.0	−2 188
6 月 12 日	108.0	−324.0	−464.0	—	—	—	−680.0
6 月 13 日	306.0	—	−373.0	—	−476.0	−979.0	−1 522
6 月 14 日	288.0	—	—	—	—	—	288.0
6 月 15 日	80.78	−316.0	—	—	216.0	—	−19.22
6 月 16 日	53.28	—	—	—	156.0	−767.0	−557.7
6 月 17 日	29.88	176.0	191.0	—	142.0	—	538.9
合计	537.3	−1 020	−1 487.00	137.1	−179.0	−3 306	−5 318

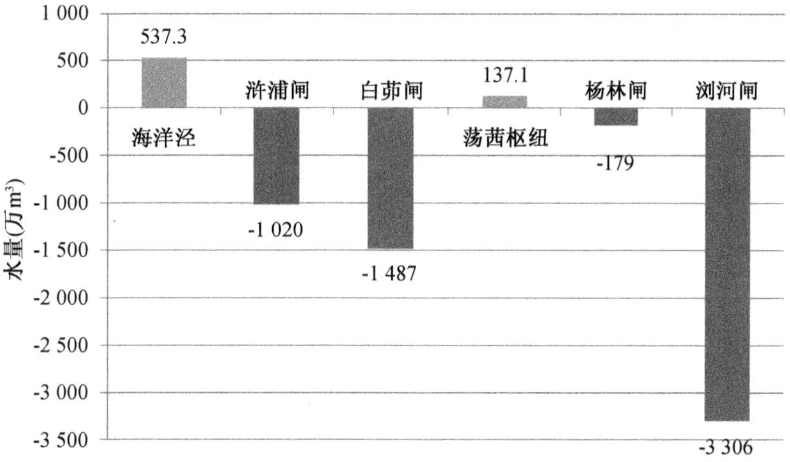

图 4.1-21　2017 年 6 月 8—17 日沿江闸站引排水量统计图

(2) 望虞河东岸口门

2017 年 6 月 8—17 日,望虞河东岸口门永昌泾桥断面前 3 d 引水,流量在 7.00～12.8 m^3/s 之间,流量出望虞河为正,流速在 0.08～0.15 m/s 之间,平均流速 0.12 m/s,共引水 277.3 万 m^3 入阳澄区;后 7 d 关闸,未引排水。其他口门根据区域情况适时控制。见表 4.1-19。

表 4.1-19　2017 年 6 月 8—17 日永昌泾桥断面引水情况统计表

单位:流速(m/s);流量(m^3/s);水量(万 m^3)

日期	流速	流量	水量
6 月 8 日	0.14	12.3	106.3
6 月 9 日	0.15	12.8	110.6
6 月 10 日	0.08	7.00	60.48
6 月 11 日	—	—	—

续 表

日期	流速		流量		水量	
6 月 12 日	—		—		—	
6 月 13 日	—		—		—	
6 月 14 日	—		—		—	
6 月 15 日	—		—		—	
6 月 16 日	—		—		—	
6 月 17 日	—		—		—	
	平均流速	0.12	平均流量	10.7	合计	277.3

(3) 东太湖口门

2017 年 6 月 8—17 日，瓜泾口日均出湖流量在 −69.6～55.1 m^3/s 之间，流量出湖为正，共引水 160.7 万 m^3 入淀泖区；吴家港桥断面日均出湖流量在 −5.78～23.7 m^3/s 之间，流量出湖为正，流速在 −0.09～0.36 m/s 之间，平均流速 0.12 m/s，共引水 721.7 万 m^3 入淀泖区；联湖桥断面日均出湖流量在 −11.2～7.79 m^3/s 之间，流量出湖为正，流速在 −0.23～0.18 m/s 之间，平均流速 0.12 m/s，共排水 120.2 万 m^3 出淀泖区。总体而言，东太湖口门以引水为主，共引水 762.2 万 m^3 入淀泖区。其他口门根据区域情况适时控制。详见表 4.1-20、表 4.1-21、图 4.1-22。

表 4.1-20　2017 年 6 月 8—17 日东太湖口门水位、流量表

单位：水位(m)；流量(m^3/s)

日期	瓜泾口		吴家港桥		联湖桥	
	水位	流量	水位	流量	水位	流量
6 月 8 日	3.11	30.6	3.13	23.7	3.12	7.79
6 月 9 日	3.10	31.7	3.14	8.51	3.11	4.95
6 月 10 日	3.15	29.6	3.47	—	3.26	—
6 月 11 日	3.27	−58.8	3.21	−5.78	3.26	−3.32
6 月 12 日	3.24	−69.6	3.28	—	3.25	−9.34
6 月 13 日	3.31	—	3.34	5.70	3.31	−11.2
6 月 14 日	3.16	—	3.38	12.5	3.43	−10.9
6 月 15 日	3.34	—	3.42	9.70	3.42	—
6 月 16 日	3.32	—	3.39	14.9	3.39	1.61
6 月 17 日	3.32	55.1	3.33	14.3	3.35	6.50

受 6 月 8—17 日强降雨影响，东太湖口门瓜泾口、联湖桥断面于 6 月 11—12 日进行排水，吴家港桥断面 6 月 11 日进行排水，因此出现负流量。

表 4.1-21 2017 年 6 月 8—17 日东太湖口门引排水量统计表 单位:万 m^3

日期	瓜泾口	吴家港桥	联湖桥	合计
6 月 8 日	264.4	204.8	67.31	536.5
6 月 9 日	273.9	73.53	42.77	390.2
6 月 10 日	255.7	—	—	255.7
6 月 11 日	−508.0	−49.94	−28.68	−586.7
6 月 12 日	−601.3	—	−80.70	−682.0
6 月 13 日	—	49.25	−96.77	−47.52
6 月 14 日	—	108.0	−94.18	13.82
6 月 15 日	—	83.81	—	83.81
6 月 16 日	—	128.7	13.91	142.7
6 月 17 日	476.1	123.6	56.16	655.8
合计	160.7	721.7	−120.2	762.2

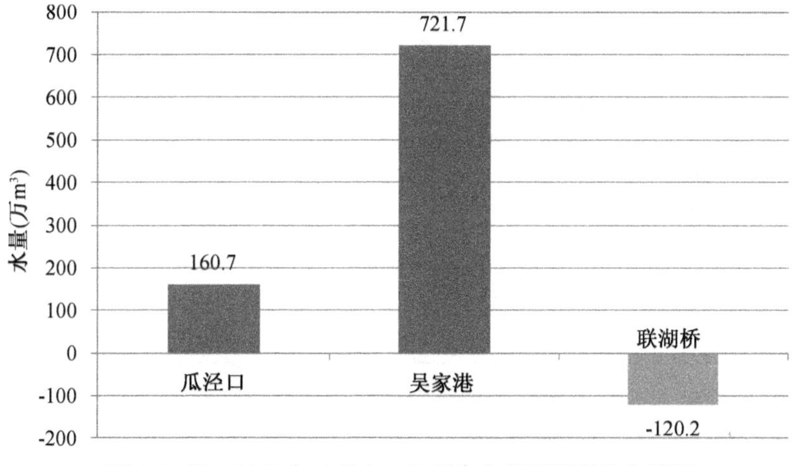

图 4.1-22 2017 年 6 月 8—17 日东太湖口门引排水量图

(4) 太浦河北岸口门

2017 年 6 月 8—17 日,太浦河北岸口门窑港桥断面日平均流量在−27.4～54.6 m^3/s 之间,流量入太浦河为正,流速在−0.39～0.80 m/s 之间,平均流速 0.42 m/s,共排水 2 381 万 m^3 出淀泖区。其他口门根据区域情况适时控制。详见表 4.1-22。

表 4.1-22 2017 年 6 月 8—17 日窑港桥断面引排水情况表

单位:流速(m/s);流量(m^3/s);水量(万 m^3)

日期	流速	流量	水量
6 月 8 日	0.80	48.6	419.9
6 月 9 日	0.64	38.8	335.2

续 表

日期	流速		流量		水量	
6月10日	0.74		48.0		414.7	
6月11日	0.75		50.9		439.8	
6月12日	0.80		54.6		471.7	
6月13日	0.42		30.0		259.2	
6月14日	0.20		15.0		129.6	
6月15日	0.24		17.1		147.7	
6月16日	—		—		—	
6月17日	−0.39		−27.4		−236.7	
	平均流速	0.42	平均流量	45.1	合计	2 381

(5) 省际边界

2017年6月8—17日，花桥吴淞江大桥断面日平均流量在−24.3～68.2 m^3/s之间，流量向东为正，流速在−0.13～0.36 m/s之间，平均流速0.23 m/s，共排水3 562万m^3出淀泖区；大朱砂桥断面日平均流量在0～92.5 m^3/s之间，流量向东为正，流速在0～0.31 m/s之间，平均流速0.17 m/s，共排水4 625万m^3出淀泖区。总体而言，省际边界共排水8 187万m^3出淀泖区。其他口门根据区域情况适时控制。详见表4.1-23、表4.1-24、图4.1-23。

表4.1-23　2017年6月8—17日省际边界断面水位、流量表

单位：水位(m)；流量(m^3/s)

日期	花桥吴淞江大桥		大朱砂桥	
	水位	流量	水位	流量
6月8日	3.02	54.0	2.98	81.5
6月9日	3.03	49.9	2.99	92.5
6月10日	3.28	−24.3	3.11	0
6月11日	3.22	32.3	3.26	73.8
6月12日	3.26	40.6	3.26	88.6
6月13日	3.25	68.2	3.30	63.6
6月14日	3.23	50.3	3.36	31.2
6月15日	3.22	59.0	3.33	62.3
6月16日	3.21	32.8	3.27	41.8
6月17日	3.16	49.5	3.22	0

表 4.1-24　2017 年 6 月 8—17 日省际边界引排水量统计表　单位:万 m^3

日期	花桥吴淞江大桥	大朱砂桥	合计
6 月 8 日	466.6	704.2	1 171
6 月 9 日	431.1	799.2	1 230
6 月 10 日	−210.0	—	−210.0
6 月 11 日	279.1	637.6	916.7
6 月 12 日	350.8	765.5	1 116
6 月 13 日	589.2	549.5	1 139
6 月 14 日	434.6	269.6	704.2
6 月 15 日	509.8	538.3	1 048
6 月 16 日	283.4	361.2	644.6
6 月 17 日	427.7	—	427.7
合计	3 562	4 625	8 187

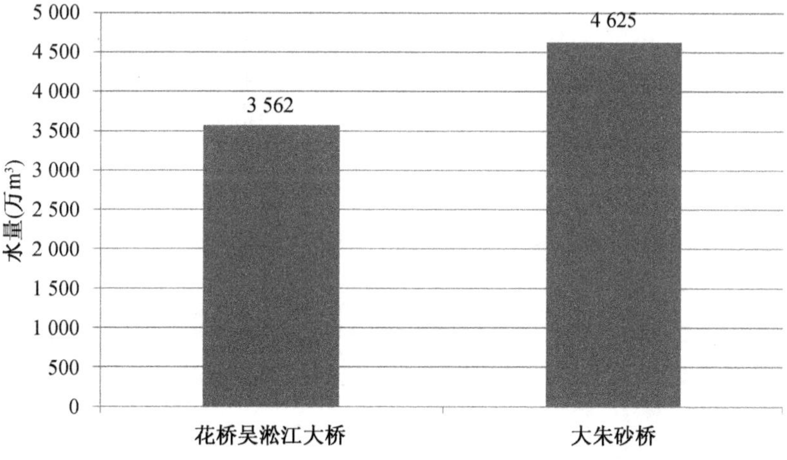

图 4.1-23　2017 年 6 月 8—17 日省际边界引排水量统计图

4. 阳澄淀泖区内部水流运动情况分析

(1) 阳澄区骨干河道

2017 年 6 月 8—17 日,元和塘常相交界断面日平均流量在−11.1～45.3 m^3/s 之间,流量向南为正,平均流速在−0.04～0.19 m/s 之间,平均流速 0.05 m/s;盐铁塘常太交界闸关闸;界泾河入湖口圣塘港桥断面日平均流量在 0～23.0 m^3/s 之间,流量向南为正,流速在 0～0.22 m/s 之间,平均流速 0.12 m/s,共引水 789.5 万 m^3 入阳澄湖,占入阳澄湖总水量(1 057万 m^3)的 74.67%;七浦塘桥断面日平均流量在−43.1～28.0 m^3/s 之间,流量向东为正,流速在−0.08～0.16 m/s 之间,平均流速 0.15 m/s,共引水 267.8 万 m^3 入阳澄湖,占入阳澄湖总水量(1 057 万 m^3)的 25.33%。见表 4.1-25、图 4.1-24、图 4.1-25。

表 4.1-25　2017 年 6 月 8—17 日阳澄区骨干河道断面水位、流量表

单位:水位(m);流量(m^3/s)

日期	元和塘常相交界		盐铁塘常太交界		界泾河入湖口		七浦塘桥	
	水位	流量	水位	流量	水位	流量	水位	流量
6 月 8 日	3.28	9.94	3.27	—	3.20	8.84	3.21	−19.9
6 月 9 日	3.32	11.7	3.32	—	3.23	9.40	3.23	−20.4
6 月 10 日	3.41	45.3	3.41	—	3.30	23.0	3.36	−43.1
6 月 11 日	3.66	11.1	3.39	—	3.53	21.2	3.50	20.7
6 月 12 日	3.59	11.0	3.48	—	3.47	10.9	3.46	20.7
6 月 13 日	3.51	18.6	3.36	—	3.41	7.14	3.41	28.0
6 月 14 日	3.41	7.88	3.37	—	3.36	10.9	3.34	24.9
6 月 15 日	3.33	4.90	3.37	—	3.34	—	3.34	12.8
6 月 16 日	3.31	5.23	3.36	—	3.31	—	3.32	−22.2
6 月 17 日	3.31	4.68	3.37	—	3.28	—	3.31	−32.5

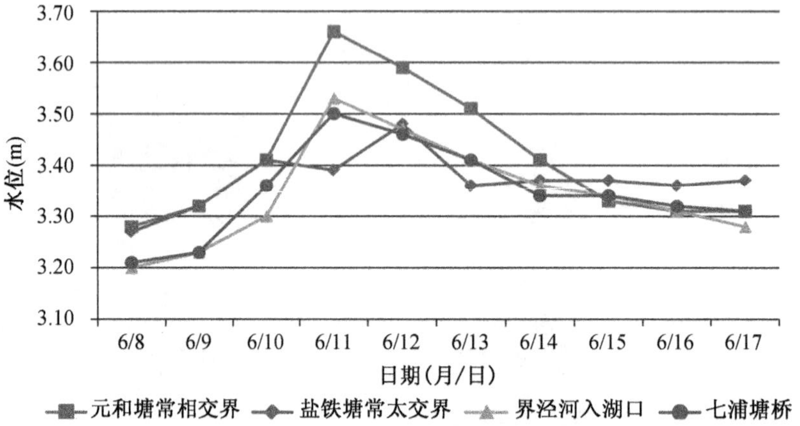

图 4.1-24　2017 年 6 月 8—17 日阳澄区骨干河道断面水位过程线图

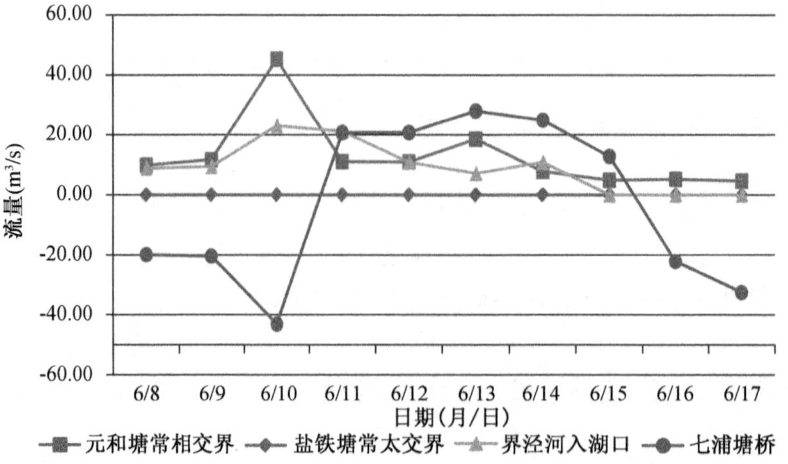

图 4.1-25　2017 年 6 月 8—17 日阳澄区骨干河道断面流量变化图

第二轮监测期间，阳澄区引水量较小，主要受降雨影响，降雨期间，阳澄区骨干河道监测断面水位迅速抬升，降雨结束后，水位逐渐回落。

七浦塘桥断面流量变化较大，流量向东为正，流量为负时引水入阳澄湖。七浦塘桥断面上游受七浦塘荡茜枢纽及七浦闸调度影响，下游受阳澄湖水位高低影响，同时距离张家港与七浦塘交汇处较近，也会受到张家港水量影响，所以流量时正时负，且变幅较大。

（2）淀泖区骨干河道

2017 年 6 月 8—17 日，界江大桥滞流；青阳港大桥断面日平均流量在－67.2～54.9 m^3/s 之间，流量向南为正，流速在－0.25～0.21 m/s 之间，平均流速 0.17 m/s；机场路大直港桥断面日平均流量在 0～43.1 m^3/s 之间，流量向南为正，流速在 0～0.20 m/s 之间，平均流速 0.13 m/s；牛长泾桥断面日平均流量在－10.1～17.0 m^3/s 之间，流量向南为正，流速在－0.07～0.15 m/s 之间，平均流速 0.11 m/s。见表 4.1-26、图 4.1-26、图 4.1-27。

表 4.1-26 2017 年 6 月 8—17 日淀泖区骨干河道断面水位、流量表

单位：水位(m)；流量(m^3/s)

日期	界江大桥		青阳港大桥		机场路大直港桥		牛长泾桥	
	水位	流量	水位	流量	水位	流量	水位	流量
6 月 8 日	3.03	—	3.09	52.2	3.03	39.6	2.96	17.0
6 月 9 日	3.04	—	3.10	54.9	3.04	34.5	2.97	15.7
6 月 10 日	3.19	—	3.16	－52.3	3.17	43.1	3.09	11.3
6 月 11 日	3.25	—	3.20	－67.2	3.24	14.3	3.22	13.4
6 月 12 日	3.27	—	3.31	37.2	3.28	27.9	3.20	—
6 月 13 日	3.29	—	3.30	34.4	3.29	19.9	3.26	—
6 月 14 日	3.29	—	3.28	－26.7	3.30	—	3.32	－10.1
6 月 15 日	3.29	—	3.30	－19.0	3.30	—	3.29	—
6 月 16 日	3.23	—	3.16	－59.7	3.24	—	3.24	—
6 月 17 日	3.21	—	3.18	48.9	3.18	18.0	3.16	—

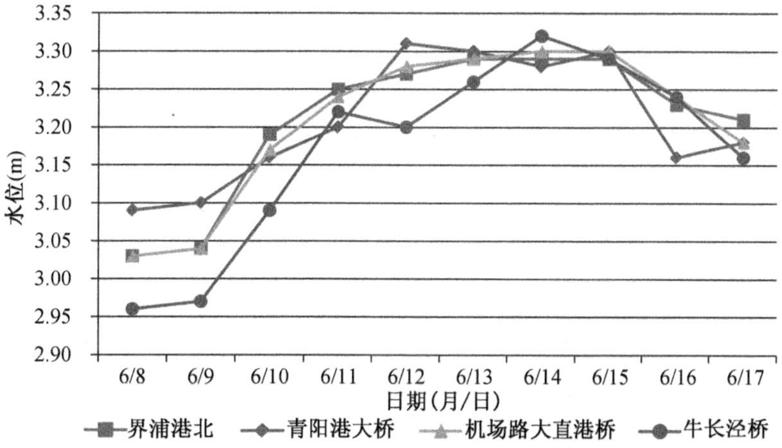

图 4.1-26 2017 年 6 月 8—17 日淀泖区骨干河道断面水位过程线图

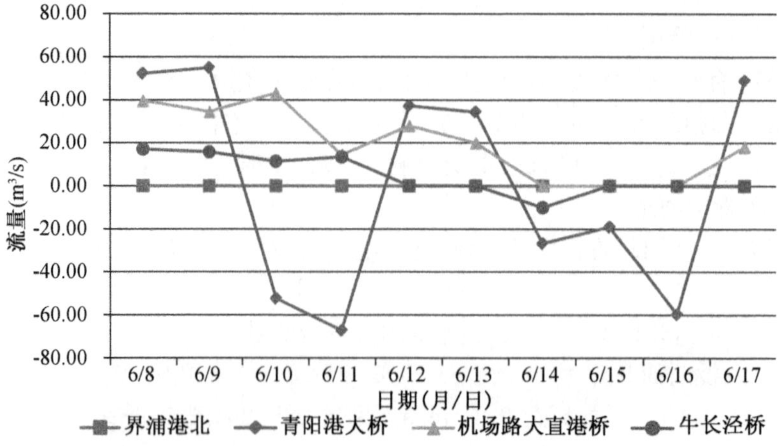

图 4.1-27　2017 年 6 月 8—17 日淀泖区骨干河道断面流量变化图

第二轮监测期间，受强降雨影响，降雨期间，淀泖区骨干河道监测断面水位迅速抬升，降雨结束后，水位逐渐回落。但由于淀泖区湖泊众多，骨干河流较少，排水能力较弱，水位下降速度较阳澄区骨干河道缓慢。

其中，青阳港大桥断面处于浏河与吴淞江之间，流量变化较大，流量时正时负，受浏河闸引排水影响较大。

第二轮监测期间区域骨干河道平均流量分布示意见图 4.1-28。

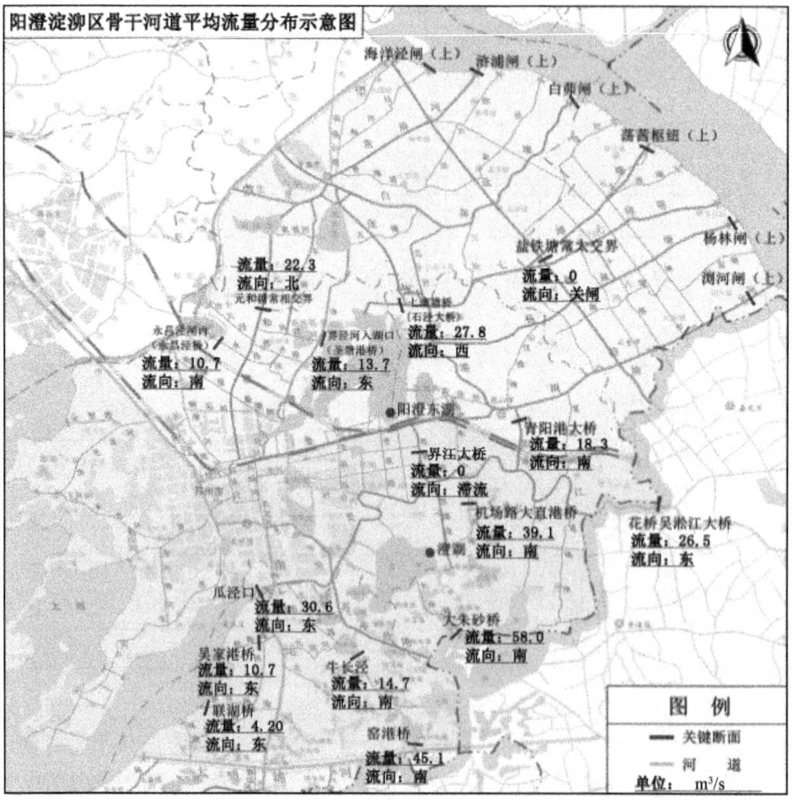

图 4.1-28　2017 年 6 月 8—17 日阳澄淀泖区骨干河道流量分布示意图

4.1.2　水量成果分析

4.1.2.1　水位分析

第一轮监测(2017 年 5 月 9—18 日)期间,受降雨和沿江闸站与望虞河东岸口门持续引水影响,阳澄区陈墓站水位持续上升,而淀泖区由于距离较远,受引水影响不明显,陈墓站受降雨影响水位出现抬升,然后逐渐回落。见图 4.1-29。

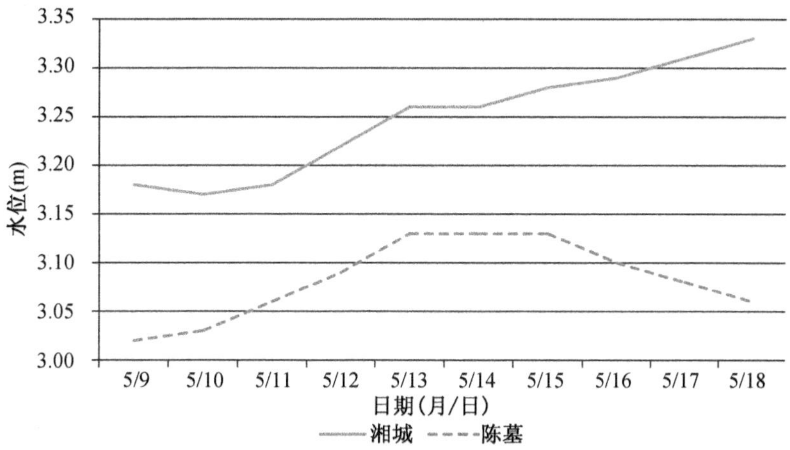

图 4.1-29　2017 年 5 月 9—18 日湘城、陈墓站水位过程线图

第二轮监测(2017 年 6 月 8—17 日)期间,由于受较强降雨影响,沿江闸站、望虞河东岸口门与东太湖口门引水量较小。阳澄淀泖区内部河网水位主要受降雨汇流影响,降雨期间水位出现大幅抬升,随后水位逐渐回落。见图 4.1-30。

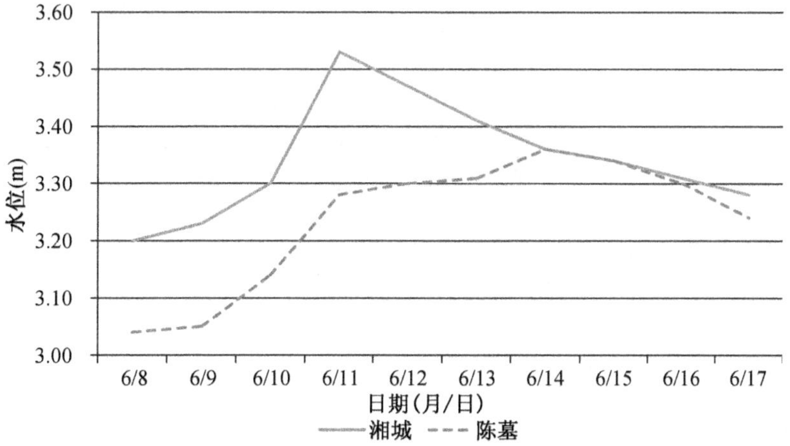

图 4.1-30　2017 年 6 月 8—17 日湘城、陈墓站水位过程线图

4.1.2.2　流速分析

根据流速监测资料,第一轮监测(2017 年 5 月 9—18 日)期间,71%的监测断面平均流速达到或超过 0.10 m/s;第二轮监测(2017 年 6 月 8—17 日)期间,79%的监测断面平均流速达到或超过 0.10 m/s。见表 4.1-27、图 4.1-31。

表 4.1-27　汛期监测期间阳澄淀泖区骨干河道流速统计表　　单位:m/s

断面	第一轮监测		第二轮监测	
	平均流速	最大流速	平均流速	最大流速
永昌泾桥	0.13	0.19	0.12	0.15
吴家港桥	0.16	0.25	0.12	0.36
联湖桥	0.14	0.34	0.12	0.23
圣塘港桥	0.07	0.12	0.12	0.22
七浦塘桥	0.29	0.79	0.15	0.16
元和塘常相交界	0.04	0.07	0.05	0.19
盐铁塘常太交界	0.27	0.27	—	—
青阳港大桥	0.17	0.26	0.17	0.25
界江大桥	0.03	0.05	—	—
大直港桥	0.14	0.16	0.13	0.20
吴淞江大桥	0.18	0.25	0.23	0.36
牛长泾桥	0.08	0.13	0.11	0.15
窑港桥	0.47	0.73	0.42	0.80
大朱砂桥	0.23	0.34	0.17	0.31

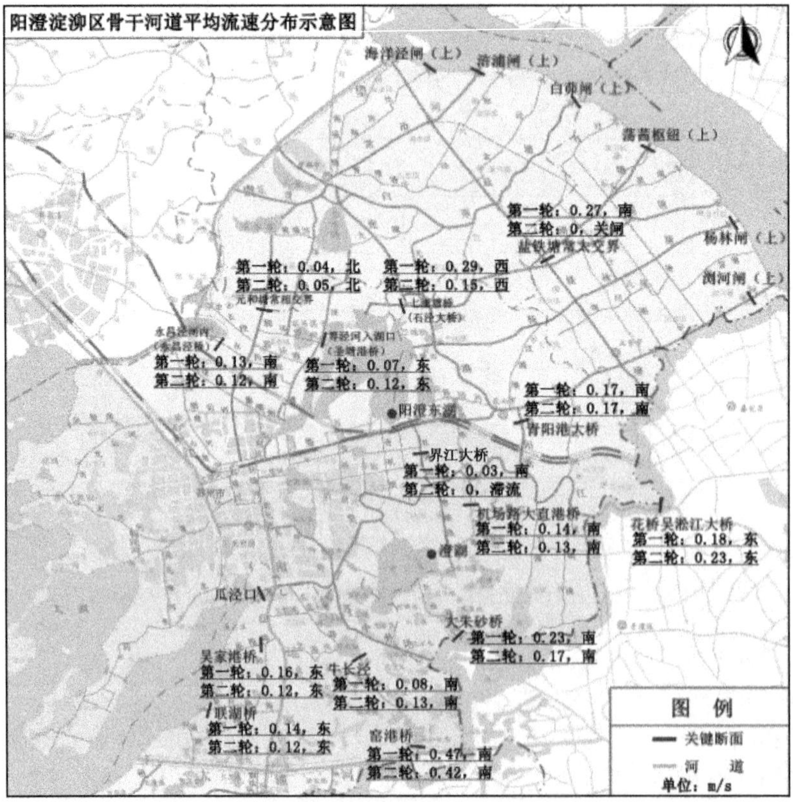

图 4.1-31　汛期监测期间阳澄淀泖区骨干河道流速分布示意图

4.1.2.3 水流格局分析

1. 第一轮监测期间

第一轮监测(2017 年 5 月 9—18 日)期间,阳澄区沿江闸站与望虞河东岸口门持续引水,水流进入阳澄区内部河道及阳澄湖,形成“自东向西、自北向南”的水流格局。随后,水流汇入娄江—浏河一线,再通过界浦港、青阳港等支流流入淀泖区。淀泖区东太湖口门引水,水流自西向东,流入吴淞江与江南运河,阳澄区来水也汇入吴淞江,水量一部分通过吴淞江和江南运河流出淀泖区,另一部分流入淀泖区腹部河网,形成“自西向东、自北向南”的水流格局。最后淀泖区腹部河网水流汇入淀山湖,再经拦路港排出。

综上,阳澄淀泖区整体形成“长江、太湖→阳澄湖及周边、淀泖区→拦路港”的水循环线路。见图 4.1-32。

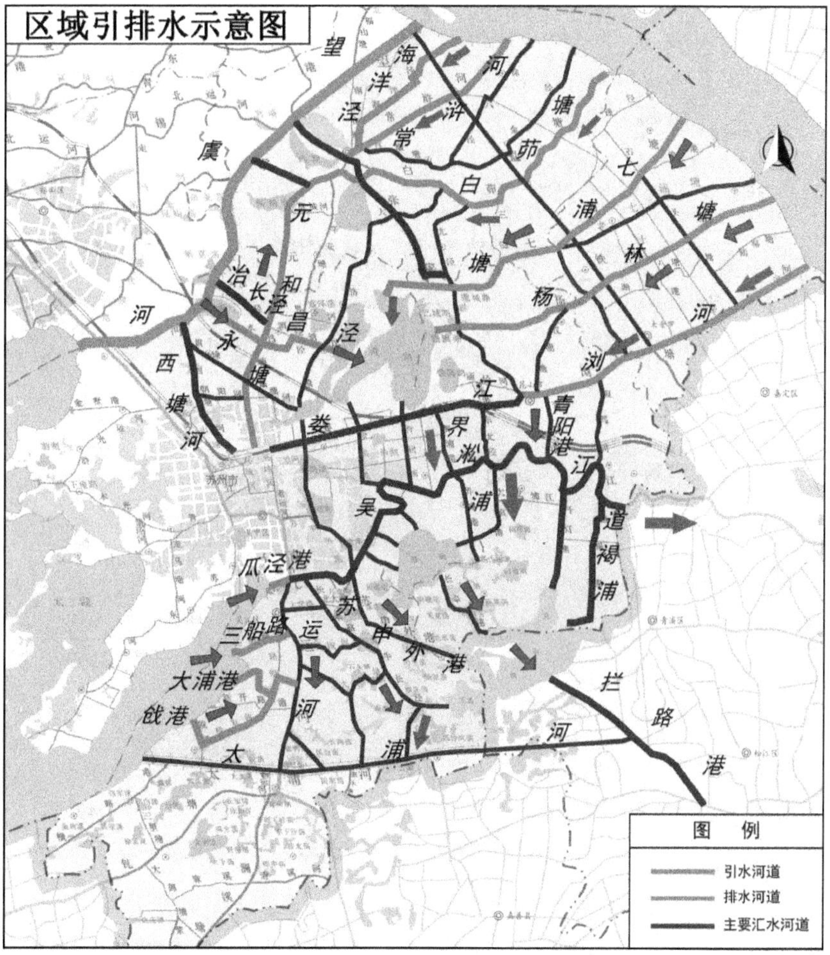

图 4.1-32 2017 年 5 月 9—18 日阳澄淀泖区引排水线路图

2. 第二轮监测期间

第二轮监测(2017 年 6 月 8—17 日)期间,6 月 8—9 日沿江闸站、望虞河东岸口门和东太湖口门全部引水,形成“大引大排”的水流格局;6 月 10—17 日,受强降雨影响,沿江闸站、望虞河东岸口门和东太湖口门视区域情况适时进行控制引排水或关闸。从整个时期和总体引排水量来看，阳澄湖以北地区，海洋泾引水，常浒河、白茆塘排水，形成“长江→区域腹部河网→常浒河、白茆塘→长江”的水循环线路；阳澄湖以南地区，荡茜枢纽、永昌泾、界泾河引水入阳澄湖，杨林塘、浏河排水，形成“长江、望虞河→阳澄区腹部、阳澄湖→杨林塘、浏河”的水循环线路；淀泖区东太湖口门瓜泾港、三船路港引水，北淀泖区省际边界排水，形成“太湖→淀泖区腹部→拦路港”的水循环线路。见图 4.1-33。

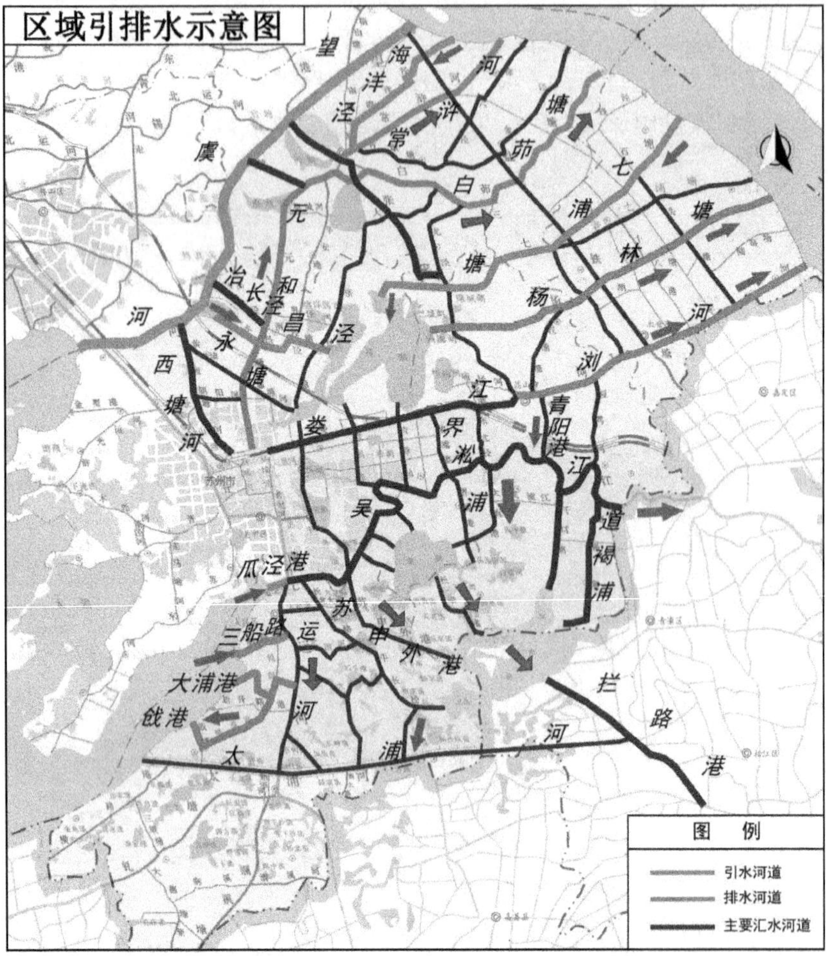

图 4.1-33　2017 年 6 月 8—17 日阳澄淀泖区引排水线路示意图

4.1.2.4　水量分析

1. 第一轮监测期间

第一轮监测（2017 年 5 月 9—18 日）期间，阳澄淀泖区平均面雨量 28.3 mm，折合水量 0.180 3 亿 m^3，占本轮监测期间阳澄淀泖区总进水量（1.570 亿 m^3）的 11.48%。

沿江闸站共引水 8 540 万 m^3，望虞河东岸口门共引水 994.6 万 m^3，东太湖口门共引水 4 366 万 m^3，分别占阳澄淀泖区总进水量（1.570 亿 m^3）的 54.39%、6.34%、27.81%，共引水 1.390 亿 m^3。

太浦河北岸口门共排水 2 562 万 m^3，省际边界共排水 8 692 万 m^3，共排水 1.125 亿 m^3。

综上所述，第一轮监测期间合计有 1.570 亿 m^3 水量进入阳澄淀泖区，包括降雨产流、引长江水量、引望虞河水量和引太湖水量；合计有 1.125 亿 m³ 水量流出阳澄淀泖区，包括排入太浦河水量和排出省际边界水量。

2. 第二轮监测期间

第二轮监测(2017 年 6 月 8—17 日)期间，阳澄淀泖区平均面雨量 110.3 mm，折合水量 1.340 亿 m³，占本轮监测期间，阳澄淀泖区总进水量(1.523 亿 m³)的 87.98%。

沿江闸站共引水 674.4 万 m³，望虞河东岸口门共引水 277.3 万 m³，东太湖口门共引水 882.4 万 m³，分别占阳澄淀泖区总进水量(1.523 亿 m³)的 4.43%、1.82%、5.79%，共引水 0.183 4 亿 m³。

沿江闸站共排水 599.2 万 m³，东太湖口门共排水 120.2 万 m³，太浦河北岸口门共排水 2 381 万 m³，省际边界共排水 8 187 万 m³，共排水 1.129 亿 m³。

综上所述，第二轮监测期间合计有 1.523 亿 m³ 水量进入阳澄淀泖区，包括降雨产流、引长江水量、引望虞河水量和引太湖水量；合计有 1.129 亿 m³ 水量流出阳澄淀泖区，包括排长江水量、排太湖水量、排太浦河水量和排出省际边界水量。详见表 4.1-28、图 4.1-34、图 4.1-35。

表 4.1-28 汛期监测期间阳澄淀泖区引排水量统计表 单位：万 m³

引排水量		第一轮监测	第二轮监测
引水量	降雨地面产流量	1 803	13 400
	引江水量	8 540	674.4
	引望虞河水量	994.6	277.3
	引太湖水量	4 366	882.4
	合计	15 700	15 230
排水量	排江水量	0	599.2
	排太湖水量	0	120.2
	排太浦河水量	2 562	2 381
	排出省际边界水量	8 692	8 187
	合计	11 250	11 290

4.2 水质监测与成果分析

本次监测时间安排在汛期开展，共分 2 轮：第一轮为 2017 年 5 月 9—18 日(农历四月十四至廿三)，共 10 d；第二轮为 2017 年 6 月 8—17 日(农历五月十四至廿三)，共 10 d。

根据监测方案的要求，为全面反映有序流动效果，以《地表水环境质量标准》(GB3 838—2002)为依据，对监测成果进行分区分析评价(其中总氮不参评)。为便于计算化学需氧量的平均值，本小节统一将未检出(<15.0 mg/L)处理为 7.5 mg/L 进行计算。

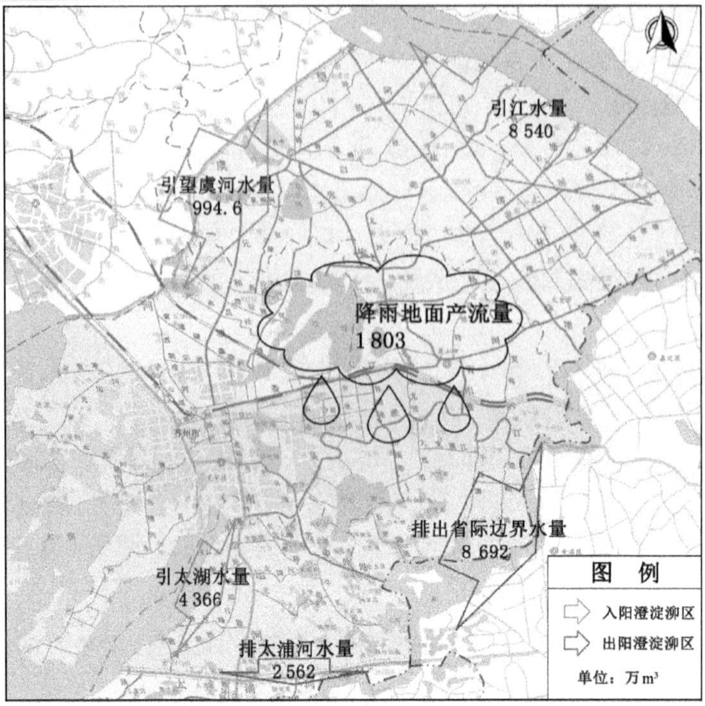

注：图中标注仅为示意，不代表具体范围。

图 4.1-34　2017 年 5 月 9—18 日阳澄淀泖区引排水量示意图

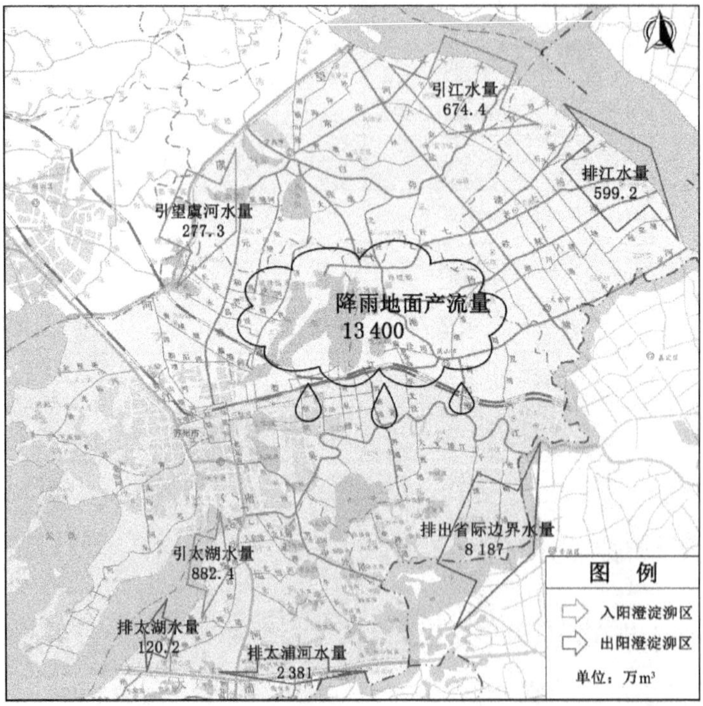

注：图中标注仅为示意，不代表具体范围。

图 4.1-35　2017 年 6 月 8—17 日阳澄淀泖区引排水量示意图

4.2.1 水质成果

4.2.1.1 第一轮水质监测成果

1. 沿江口门

本次汛期监测，沿江口门监测断面有6处，分别为海洋泾闸、浒浦闸（上）、白茆闸（上）、荡茜枢纽（上）、杨林塘（上）、浏河闸（上）。

以单项指标浓度来看，沿江口门区域溶解氧平均浓度为8.02 mg/L（Ⅰ类），范围为4.17～10.29 mg/L；高锰酸盐指数平均浓度为2.8 mg/L（Ⅱ类），范围为1.8～4.0 mg/L；化学需氧量平均浓度<15 mg/L（Ⅰ类）；总磷平均浓度为0.074 mg/L（Ⅱ类），范围为0.035～0.224 mg/L；氨氮平均浓度为0.22 mg/L（Ⅱ类），范围为0.10～1.64 mg/L；总氮平均浓度为2.02 mg/L，范围为1.27～3.58 mg/L。

以水质均值综合评价来看，Ⅱ、Ⅲ类水断面占比分别为83.3%、16.7%。海洋泾闸、浒浦闸（上）、白茆闸（上）、荡茜枢纽（上）、杨林塘（上）均为Ⅱ类水，浏河闸（上）为Ⅲ类水。水质监测成果及评价详见表4.2-1和表4.2-2。

表4.2-1 2017年5月沿江口门水质监测成果表

区域	河流名称	断面名称		水温	pH值	溶解氧	高锰酸盐指数	化学需氧量	总磷	氨氮	总氮
				℃	无量纲	mg/L					
沿江口门	海洋泾	海洋泾闸	均值	23.3	8.28	9.30	2.7	<15	0.065	0.15	1.97
			最大值	25.8	8.46	9.85	3.1	<15	0.080	0.17	3.11
			最小值	19.9	8.01	8.40	2.2	<15	0.051	0.11	1.32
	常浒河	浒浦闸（上）	均值	23.2	8.32	8.35	2.8	<15	0.067	0.14	1.96
			最大值	25.2	8.51	10.29	4.0	<15	0.090	0.21	3.35
			最小值	20.8	7.98	6.23	2.1	<15	0.050	0.10	1.27
	白茆塘	白茆闸（上）	均值	23.1	8.32	8.41	2.8	<15	0.068	0.15	1.94
			最大值	25.2	8.46	9.09	3.7	<15	0.075	0.32	2.49
			最小值	20.7	8.14	7.76	2.1	<15	0.061	0.10	1.29
	新荡茜	荡茜枢纽（上）	均值	22.5	8.31	8.29	2.7	<15	0.073	0.16	1.84
			最大值	24.0	8.47	9.82	3.6	<15	0.081	0.21	2.75
			最小值	20.7	8.12	7.52	1.8	<15	0.065	0.11	1.32
	杨林塘	杨林闸（上）	均值	23.3	8.11	7.20	2.8	<15	0.067	0.32	2.31
			最大值	25.4	8.42	7.98	3.7	<15	0.090	0.85	3.58
			最小值	20.5	7.59	5.25	1.9	<15	0.035	0.11	1.41
	浏河	浏河闸（上）	均值	23.2	8.08	6.60	3.0	<15	0.106	0.42	2.09
			最大值	25.2	8.36	7.60	4.0	<15	0.224	1.64	3.46
			最小值	20.9	7.59	4.17	2.1	<15	0.071	0.17	1.48

表 4.2-2　2017 年 5 月沿江口门水质类别评价表

河流名称	断面名称	溶解氧	高锰酸盐指数	化学需氧量	总磷	氨氮	综合评价
海洋泾	海洋泾闸	Ⅰ	Ⅱ	Ⅰ	Ⅱ	Ⅰ	Ⅱ
常浒河	浒浦闸(上)	Ⅰ	Ⅱ	Ⅰ	Ⅱ	Ⅰ	Ⅱ
白茆塘	白茆闸(上)	Ⅰ	Ⅱ	Ⅰ	Ⅱ	Ⅰ	Ⅱ
新荡茜	荡茜枢纽(上)	Ⅰ	Ⅱ	Ⅰ	Ⅱ	Ⅱ	Ⅱ
杨林塘	杨林闸(上)	Ⅱ	Ⅱ	Ⅰ	Ⅱ	Ⅱ	Ⅱ
浏河	浏河闸(上)	Ⅱ	Ⅱ	Ⅰ	Ⅲ	Ⅱ	Ⅲ

2. 东太湖口门

本次汛期监测、东太湖口门监测断面有 3 处，分别为瓜泾口、吴江港桥、联湖桥。

以单项指标浓度来看，东太湖口门区域溶解氧平均浓度为 7.44 mg/L(Ⅱ类)，范围为 3.90～8.81 mg/L；高锰酸盐指数平均浓度为 3.6(Ⅱ类)mg/L，范围在 2.2～4.6 mg/L；化学需氧量平均浓度<15 mg/L(Ⅰ类)，范围为 0～15.9 mg/L；总磷平均浓度为0.031 mg/L(Ⅱ类)，范围为 0.003～0.108 mg/L；氨氮平均浓度为 0.23 mg/L(Ⅱ类)，范围为 0.07～1.05 mg/L；总氮平均浓度为 1.72 mg/L，范围为 0.89～4.14 mg/L。

以水质均值综合评价来看，3 处均达到Ⅱ类水标准，断面占比为 100%。

水质监测成果和评价详见表 4.2-3 和表 4.2-4。

表 4.2-3　2017 年 5 月东太湖口门水质监测成果表

区域	河流名称	断面名称		水温	pH 值	溶解氧	高锰酸盐指数	化学需氧量	总磷	氨氮	总氮
				℃	无量纲	mg/L					
东太湖口门	瓜泾港	瓜泾口	均值	22.4	8.11	7.69	3.6	<15	0.038	0.30	1.98
			最大值	24.2	8.37	8.81	4.6	15.9	0.108	1.05	4.14
			最小值	20.3	7.67	3.90	2.2	<15	0.003	0.07	0.93
	吴家港	吴家港桥	均值	23.1	8.26	7.09	3.7	<15	0.030	0.20	1.59
			最大值	24.7	8.94	8.51	4.4	15.2	0.073	0.50	2.69
			最小值	20.5	7.82	5.57	3.2	<15	0.007	0.11	1.03
	大浦港	联湖桥	均值	23.0	8.14	7.55	3.6	<15	0.024	0.19	1.59
			最大值	24.5	8.38	8.80	4.2	<15	0.038	0.25	3.03
			最小值	20.5	7.88	6.28	2.6	<15	0.012	0.14	0.89

表 4.2-4　2017 年 5 月东太湖口门水质类别评价表

河流名称	断面名称	溶解氧	高锰酸盐指数	化学需氧量	总磷	氨氮	综合评价
瓜泾港	瓜泾口	Ⅰ	Ⅱ	Ⅰ	Ⅱ	Ⅱ	Ⅱ
吴家港	吴家港桥	Ⅱ	Ⅱ	Ⅰ	Ⅱ	Ⅱ	Ⅱ
大浦港	联湖桥	Ⅰ	Ⅱ	Ⅰ	Ⅱ	Ⅱ	Ⅱ

3. 阳澄区

本次汛期监测阳澄区河网监测断面有 7 处，分别为永昌泾桥、界泾河入湖口、阳澄东湖、七浦塘桥、元和塘常相交界、盐铁塘常太交界、青阳港桥。

以单项指标浓度来看，阳澄区域所监测的断面，溶解氧平均浓度为 6.35 mg/L（Ⅱ类），范围在 1.16～10.63 mg/L；高锰酸盐指数平均浓度为 4.7 mg/L（Ⅲ类），范围为 2.1～6.8 mg/L；化学需氧量平均浓度为 15.14 mg/L（Ⅲ类），范围为 0～23.5 mg/L；总磷平均浓度为 0.093 mg/L（Ⅱ类），范围为 0.010～0.418 mg/L；氨氮平均浓度为 0.65 mg/L（Ⅲ类），范围为 0.05～2.15 mg/L；总氮平均浓度为 3.60 mg/L，范围为 0.60～4.46 mg/L。

以水质均值综合评价来看，Ⅱ、Ⅲ、Ⅳ、Ⅴ类水断面占比分别为 14.3%、57.1%、14.3%、14.3%。其中永昌泾桥作为望虞河东岸口门断面，水质综合评价为Ⅱ类水；盐铁塘常太交界水质综合评价为Ⅳ类水；青阳港桥水质综合评价为Ⅴ类水；其余断面均为Ⅲ类水。水质监测成果和评价详见表 4.2-5 和表 4.2-6。

表 4.2-5　2017 年 5 月阳澄区水质监测成果表

区域	河流名称	断面名称		水温	pH 值	溶解氧	高锰酸盐指数	化学需氧量	总磷	氨氮	总氮
				℃	无量纲	mg/L					
阳澄区骨干河道	永昌泾	永昌泾桥	均值	22.9	8.30	8.86	3.5	<15	0.035	0.11	2.06
			最大值	25.4	8.60	10.63	4.5	15.6	0.065	0.25	2.51
			最小值	20.5	7.94	7.25	2.1	<15	0.015	0.05	1.52
	界泾河	界泾河入湖口	均值	23.1	7.96	6.21	5.3	17.7	0.048	0.43	2.73
			最大值	24.4	8.16	9.19	5.9	21.1	0.067	0.81	3.39
			最小值	20.7	7.68	4.52	4.7	<15	0.034	0.13	1.25
	阳澄湖	阳澄东湖	均值	24.0	8.10	8.31	5.0	16.8	0.025	0.15	1.54
			最大值	27.0	8.52	9.35	5.8	20.4	0.045	0.24	2.78
			最小值	20.4	7.43	6.96	3.9	<15	0.010	0.08	0.60
	七浦塘	七浦塘桥	均值	23.4	7.94	5.59	3.9	<15	0.091	0.49	2.28
			最大值	25.1	8.22	7.78	4.8	16.6	0.159	1.40	2.95
			最小值	21.7	7.73	3.93	2.6	<15	0.056	0.15	1.74
	元和塘	元和塘常相交界	均值	23.2	7.94	5.62	4.6	<15	0.051	0.74	2.86
			最大值	25.0	8.21	6.67	5.1	17.6	0.085	1.17	3.99
			最小值	20.7	7.67	4.12	4.1	<15	0.024	0.13	2.04
	盐铁塘	盐铁塘常太交界	均值	22.5	8.06	6.97	5.3	17.7	0.081	1.05	2.94
			最大值	24.4	8.31	9.65	6.6	23.2	0.108	2.15	4.06
			最小值	20.5	7.80	4.90	4.3	<15	0.056	0.13	1.19
	青阳港	青阳港大桥	均值	24.6	7.81	2.90	5.5	18.4	0.322	1.56	3.79
			最大值	27.9	8.15	8.55	6.8	23.5	0.418	2.02	4.46
			最小值	21.2	7.54	1.16	4.3	<15	0.226	0.68	1.91

表 4.2-6　2017 年 5 月阳澄区水质类别评价表

河流名称	断面名称	溶解氧	高锰酸盐指数	化学需氧量	总磷	氨氮	综合评价
永昌泾	永昌泾桥	Ⅰ	Ⅱ	Ⅰ	Ⅱ	Ⅰ	Ⅱ
界泾河	界泾河入湖口	Ⅱ	Ⅲ	Ⅲ	Ⅱ	Ⅱ	Ⅲ
阳澄湖	阳澄东湖	Ⅰ	Ⅲ	Ⅲ	Ⅲ	Ⅰ	Ⅲ
七浦塘	七浦塘桥	Ⅲ	Ⅱ	Ⅰ	Ⅱ	Ⅱ	Ⅲ
元和塘	元和塘常相交界	Ⅲ	Ⅲ	Ⅰ	Ⅱ	Ⅲ	Ⅲ
盐铁塘	盐铁塘常太交界	Ⅱ	Ⅲ	Ⅲ	Ⅱ	Ⅳ	Ⅳ
青阳港	青阳港大桥	Ⅴ	Ⅲ	Ⅲ	Ⅴ	Ⅴ	Ⅴ

4. 淀泖区

本次汛期监测淀泖区河网监测断面有 7 处，分别为界江大桥、机场路大直港桥、澄湖、牛长泾、大朱砂桥、花桥吴淞江大桥、窑港桥。

以单项指标浓度来看，淀泖区域河网所监测的断面，溶解氧平均浓度为 6.69 mg/L(Ⅱ类)，范围在 3.30～10.89 mg/L；高锰酸盐指数平均浓度为 5.1 mg/L(Ⅲ类)，范围为 3.2～6.8 mg/L；化学需氧量平均浓度为 16.5 mg/L(Ⅲ类)，范围为 0～23.9 mg/L；总磷平均浓度为 0.136 mg/L(Ⅱ类)，范围为 0.039～0.368 mg/L；氨氮平均浓度为 0.80 mg/L(Ⅲ类)，范围为 0.11～3.05 mg/L；总氮平均浓度为 2.69 mg/L，范围为 1.03～4.86 mg/L。

以水质均值综合评价来看，Ⅱ、Ⅲ、Ⅳ、Ⅴ、劣Ⅴ类水断面占比分别为 14.3%、42.9%、14.3%、14.3%、14.3%。其中窑港桥水质综合评价为Ⅱ类水，机场路大直港桥、牛长泾桥、大朱砂桥水质综合评价为Ⅲ类水，界江大桥水质综合评价为Ⅳ类水，澄湖水质综合评价为Ⅴ类水，花桥吴淞江大桥为劣Ⅴ类水。

水质监测成果详见表 4.2-7，水质类别评价详见表 4.2-8。

表 4.2-7　2017 年 5 月淀泖区水质监测成果表

区域	河流名称	断面名称		水温	pH 值	溶解氧	高锰酸盐指数	化学需氧量	总磷	氨氮	总氮
				℃	无量纲	mg/L					
淀泖区骨干河道	界浦江	界江大桥	均值	23.5	8.11	4.85	5.3	18.3	0.092	0.94	2.34
			最大值	25.0	8.40	5.66	5.9	20.4	0.128	1.58	3.29
			最小值	21.0	7.89	4.28	4.6	15.9	0.066	0.64	1.63
	大直港	机场路大直港桥	均值	23.8	8.03	6.49	5.1	17.5	0.116	0.90	2.79
			最大值	25.3	8.20	7.71	6.0	20.8	0.173	1.75	3.99
			最小值	21.3	7.86	5.59	4.4	15.2	0.073	0.30	1.76
	澄湖	澄湖	均值	24.4	8.05	7.78	4.8	<15	0.147	0.24	2.50
			最大值	28.2	8.37	10.81	5.7	19.7	0.199	0.82	3.35
			最小值	21.0	7.66	5.18	4.1	<15	0.091	0.11	1.38

续 表

区域	河流名称	断面名称		水温	pH 值	溶解氧	高锰酸盐指数	化学需氧量	总磷	氨氮	总氮
				℃	无量纲	mg/L					
淀泖区骨干河道	牛长泾	牛长泾桥	均值	23.3	8.03	8.27	5.7	19.9	0.155	0.60	2.71
			最大值	25.5	8.63	10.89	6.8	23.9	0.193	1.35	4.48
			最小值	20.0	7.67	6.69	5.1	17.6	0.082	0.23	1.47
	大、小朱砂	大朱砂桥	均值	23.7	8.09	9.00	4.7	＜15	0.073	0.18	2.29
			最大值	26.0	8.55	10.78	5.3	18.3	0.100	0.31	4.36
			最小值	20.7	7.77	7.71	4.3	＜15	0.051	0.13	1.03
	吴淞江	花桥吴淞江大桥	均值	24.6	7.89	3.99	5.9	20.3	0.301	2.45	4.13
			最大值	26.6	8.10	4.67	6.3	21.8	0.368	3.05	4.86
			最小值	21.4	7.60	3.30	5.3	18.3	0.252	1.64	3.56
	北窑港	窑港桥	均值	23.2	7.99	6.49	4.1	＜15	0.066	0.27	2.05
			最大值	25.6	8.14	7.75	5.7	19.7	0.154	0.39	3.70
			最小值	20.9	7.73	5.35	3.2	＜15	0.039	0.18	1.20

表 4.2-8 2017 年 5 月淀泖区水质类别评价表

河流名称	断面名称	溶解氧	高锰酸盐指数	化学需氧量	总磷	氨氮	综合评价
界浦江	界江大桥	Ⅳ	Ⅲ	Ⅲ	Ⅱ	Ⅲ	Ⅳ
大直港	机场路大直港桥	Ⅱ	Ⅲ	Ⅲ	Ⅲ	Ⅲ	Ⅲ
澄湖	澄湖	Ⅰ	Ⅲ	Ⅰ	Ⅴ	Ⅱ	Ⅴ
牛长泾	牛长泾桥	Ⅰ	Ⅲ	Ⅲ	Ⅲ	Ⅲ	Ⅲ
大、小朱砂	大朱砂桥	Ⅰ	Ⅲ	Ⅰ	Ⅱ	Ⅱ	Ⅲ
吴淞江	花桥吴淞江大桥	Ⅳ	Ⅲ	Ⅳ	Ⅴ	＞Ⅴ	＞Ⅴ
北窑港	窑港桥	Ⅱ	Ⅲ	Ⅰ	Ⅱ	Ⅱ	Ⅱ

4.2.1.2 第二轮水质监测成果

1. 沿江口门

沿江口门的 6 处监测断面，水质监测成果详见表 4.2-9，水质类别评价表详见表4.2-10。

以单项指标浓度来看，沿江口门区域溶解氧平均浓度为 5.24 mg/L(Ⅲ类)，范围为 1.98～8.57 mg/L；高锰酸盐指数平均浓度为 3.8 mg/L(Ⅱ类)，范围为 2.0～6.0 mg/L；化学需氧量平均浓度＜15 mg/L(Ⅰ类)，范围为 0～20.8 mg/L；总磷平均浓度为 0.161 mg/L(Ⅲ类)，范围为 0.031～0.428 mg/L；氨氮平均浓度为 0.78 mg/L(Ⅲ类)，范围为 0.08～2.34 mg/L；总氮平均浓度为 3.80 mg/L，范围为 1.59～6.21 mg/L。

表 4.2-9　2017 年 6 月沿江口门水质监测成果表

区域	河流名称	断面名称		水温	pH 值	溶解氧	高锰酸盐指数	化学需氧量	总磷	氨氮	总氮
				℃	无量纲	mg/L					
沿江口门	海洋泾	海洋泾闸	均值	25.4	8.37	6.16	3.4	<15	0.120	0.53	3.31
			最大值	27.5	8.69	8.57	4.9	16.6	0.179	1.00	5.12
			最小值	24.3	8.11	3.11	2.0	<15	0.038	0.09	2.00
	常浒河	浒浦闸（上）	均值	25.5	8.33	5.22	4.3	<15	0.137	0.78	3.79
			最大值	27.0	8.63	7.87	5.5	19.0	0.193	1.24	5.04
			最小值	24.1	8.13	2.67	2.2	<15	0.044	0.11	2.00
	白茆塘	白茆闸（上）	均值	25.5	8.29	4.64	4.6	15.8	0.187	1.00	4.55
			最大值	27.1	8.42	7.50	6.0	20.8	0.268	1.49	6.12
			最小值	24.5	8.15	2.11	2.2	<15	0.031	0.13	2.31
	新荡茜	荡茜枢纽（上）	均值	25.8	8.33	6.01	2.8	<15	0.093	0.22	2.71
			最大值	27.3	8.57	7.98	3.5	<15	0.135	0.52	4.89
			最小值	24.1	8.18	3.83	2.1	<15	0.034	0.10	1.59
	杨林塘	杨林闸（上）	均值	25.7	8.24	4.92	3.7	<15	0.157	0.78	3.90
			最大值	26.8	8.43	7.25	5.4	18.7	0.330	1.72	5.53
			最小值	24.6	8.11	2.50	2.1	<15	0.038	0.08	2.05
	浏河	浏河闸（上）	均值	25.4	8.29	4.47	3.8	<15	0.272	1.35	4.56
			最大值	26.3	8.43	7.78	4.8	16.6	0.428	2.34	6.21
			最小值	24.5	8.09	1.98	2.0	<15	0.071	0.13	2.03

表 4.2-10　2017 年 6 月沿江口门水质类别评价表

河流名称	断面名称	溶解氧	高锰酸盐指数	化学需氧量	总磷	氨氮	综合评价
海洋泾	海洋泾闸	Ⅱ	Ⅱ	Ⅰ	Ⅲ	Ⅲ	Ⅲ
常浒河	浒浦闸(上)	Ⅲ	Ⅲ	Ⅰ	Ⅲ	Ⅲ	Ⅲ
白茆塘	白茆闸(上)	Ⅳ	Ⅲ	Ⅲ	Ⅲ	Ⅳ	Ⅳ
新荡茜	荡茜枢纽(上)	Ⅱ	Ⅱ	Ⅰ	Ⅱ	Ⅱ	Ⅱ
杨林塘	杨林闸(上)	Ⅳ	Ⅱ	Ⅰ	Ⅲ	Ⅲ	Ⅳ
浏河	浏河闸(上)	Ⅳ	Ⅱ	Ⅰ	Ⅳ	Ⅳ	Ⅳ

以水质均值综合评价来看，Ⅱ、Ⅲ、Ⅳ类水断面占比分别为 16.7％、33.3％、50.0％。荡茜枢纽（上）为Ⅱ类水，海洋泾闸、浏河闸（上）为Ⅲ类水，白茆闸（上）、杨林塘（上）、浏河闸（上）为Ⅳ类水。

2. 东太湖口门

东太湖口门的 6 处监测断面，水质监测成果详见表 4.2-11，水质类别评价详见表 4.2-12。

表 4.2-11　2017 年 6 月东太湖口门水质监测成果表

区域	河流名称	断面名称		水温	pH 值	溶解氧	高锰酸盐指数	化学需氧量	总磷	氨氮	总氮
				℃	无量纲	mg/L					
东太湖口门	瓜泾港	瓜泾口	均值	24.4	8.19	5.06	5.6	18.3	0.107	1.20	4.27
			最大值	25.0	8.35	8.05	7.8	27.0	0.183	1.74	6.29
			最小值	23.6	8.07	2.06	3.8	<15	0.031	0.17	1.68
	吴家港	吴家港桥	均值	24.6	8.24	5.25	5.1	<15	0.086	1.04	3.59
			最大值	25.8	8.48	8.39	7.5	26.0	0.131	1.97	5.58
			最小值	23.8	8.10	2.18	3.5	<15	0.026	0.10	1.78
	大浦港	联湖桥	均值	24.3	8.21	5.33	4.4	<15	0.064	0.58	2.86
			最大值	25.0	8.51	8.19	6.0	20.8	0.150	1.45	4.88
			最小值	23.5	8.07	2.27	3.3	<15	0.020	0.10	1.70

表 4.2-12　2017 年 6 月东太湖口门水质类别评价表

河流名称	断面名称	溶解氧	高锰酸盐指数	化学需氧量	总磷	氨氮	综合评价
瓜泾港	瓜泾口	Ⅲ	Ⅲ	Ⅲ	Ⅲ	Ⅳ	Ⅳ
吴家港	吴家港桥	Ⅲ	Ⅲ	Ⅰ	Ⅱ	Ⅳ	Ⅳ
大浦港	联湖桥	Ⅲ	Ⅲ	Ⅰ	Ⅱ	Ⅲ	Ⅲ

以单项指标浓度来看，东太湖口门区域溶解氧平均浓度为 5.21 mg/L(Ⅲ类)，范围为 2.06～8.39 mg/L；高锰酸盐指数平均浓度为 5.0(Ⅱ类)mg/L，范围为 3.3～7.8 mg/L；化学需氧量平均浓度为 15 mg/L(Ⅰ类)，范围为 0～27.0 mg/L；总磷平均浓度为0.085 mg/L(Ⅲ类)，范围为 0.020～0.183 mg/L；氨氮平均浓度为 0.94 mg/L(Ⅲ类)，范围为 0.10～1.97 mg/L；总氮平均浓度为 3.57 mg/L，范围为 1.68～6.29 mg/L。

以水质均值综合评价来看，Ⅲ、Ⅳ类水断面占比分别为 33.3%、66.7%。联湖桥为Ⅲ类水，瓜泾口、吴家港桥为Ⅳ类水。

3. 阳澄区河网

阳澄区河网的 7 处监测断面，水质监测成果详见表 4.2-13，水质类别评价表详见表 4.2-14。

以单项指标浓度来看，东太湖口门区域溶解氧平均浓度为 4.98 mg/L(Ⅳ类)，范围为 0.97～9.05 mg/L；高锰酸盐指数平均浓度为 4.1 mg/L(Ⅲ类)，范围为 2.2～6.0 mg/L；化学需氧量平均浓度<15 mg/L(Ⅰ类)，范围为 0～20.8 mg/L；总磷平均浓度为0.121 mg/L(Ⅲ类)，范围为 0.024～0.345 mg/L；氨氮平均浓度为 0.57 mg/L(Ⅲ类)，范围为0.04～2.59 mg/L；总氮平均浓度为 2.98 mg/L，范围为 1.03～7.12 mg/L。

表 4.2-13 2017 年 6 月阳澄区水质监测成果表

区域	河流名称	断面名称		水温	pH 值	溶解氧	高锰酸盐指数	化学需氧量	总磷	氨氮	总氮
				℃	无量纲	mg/L					
阳澄区骨干河道	永昌泾	永昌泾桥	均值	24.7	8.32	6.09	3.1	<15	0.069	0.19	2.26
			最大值	25.4	8.63	8.60	3.5	<15	0.115	0.45	3.45
			最小值	24.1	8.05	2.93	2.7	<15	0.033	0.04	1.55
	界泾河	界泾河入湖口	均值	25.3	8.08	4.27	4.2	<15	0.085	0.32	2.27
			最大值	26.4	8.30	8.68	5.0	17.3	0.141	0.58	3.79
			最小值	24.2	7.78	2.02	2.2	<15	0.024	0.13	1.03
	阳澄湖	阳澄东湖	均值	25.3	8.24	6.90	4.7	16.3	0.053	0.14	1.80
			最大值	28.1	8.46	8.81	5.2	18.0	0.088	0.23	2.28
			最小值	23.6	8.04	6.05	4.4	15.2	0.028	0.07	1.31
	七浦塘	七浦塘桥	均值	25.7	8.18	6.22	3.5	<15	0.084	0.21	1.99
			最大值	28.0	8.51	9.05	4.2	<15	0.107	0.33	2.86
			最小值	24.3	7.93	3.99	2.3	<15	0.052	0.12	1.41
	元和塘	元和塘常相交界	均值	25.1	8.12	4.08	3.7	<15	0.065	0.47	2.68
			最大值	26.4	8.42	7.20	4.7	16.3	0.083	0.93	4.16
			最小值	24.3	7.81	0.97	2.6	<15	0.027	0.11	1.50
	盐铁塘	盐铁塘常太交界	均值	25.0	8.11	4.16	5.3	17.5	0.227	0.84	4.56
			最大值	25.9	8.34	7.21	6.0	20.8	0.345	1.20	6.59
			最小值	24.1	7.91	2.03	4.2	<15	0.075	0.16	2.94
	青阳港	青阳港大桥	均值	26.0	8.12	3.18	4.5	<15	0.265	1.84	5.28
			最大值	28.1	8.53	3.92	4.8	16.6	0.302	2.59	7.12
			最小值	23.6	7.80	2.43	4.0	<15	0.221	1.26	3.44

表 4.2-14 2017 年 6 月阳澄区水质类别评价表

河流名称	断面名称	溶解氧	高锰酸盐指数	化学需氧量	总磷	氨氮	综合评价
永昌泾	永昌泾桥	Ⅱ	Ⅱ	Ⅰ	Ⅱ	Ⅱ	Ⅱ
界泾河	界泾河入湖口	Ⅳ	Ⅲ	Ⅰ	Ⅱ	Ⅱ	Ⅳ
阳澄湖	阳澄东湖	Ⅱ	Ⅲ	Ⅲ	Ⅳ	Ⅰ	Ⅳ
七浦塘	七浦塘桥	Ⅱ	Ⅱ	Ⅰ	Ⅱ	Ⅱ	Ⅱ
元和塘	元和塘常相交界	Ⅳ	Ⅱ	Ⅰ	Ⅱ	Ⅱ	Ⅳ
盐铁塘	盐铁塘常太交界	Ⅳ	Ⅲ	Ⅲ	Ⅳ	Ⅲ	Ⅳ
青阳港	青阳港大桥	Ⅳ	Ⅲ	Ⅰ	Ⅳ	Ⅴ	Ⅴ

以水质均值综合评价来看，Ⅱ、Ⅳ、Ⅴ类水断面占比分别为 28.6%、57.1%、14.3%。永昌泾桥、七浦塘桥为Ⅱ类水，界泾河入湖口、阳澄东湖、元和塘常相交界、盐铁塘常太交界为Ⅳ类水；青阳港大桥为Ⅴ类水。

4. 淀泖区河网

淀泖区河网的 7 处监测断面，水质监测成果详见表 4.2-15，水质类别评价详见表4.2-16。

表 4.2-15　2017 年 6 月淀泖区水质监测成果表

区域	河流名称	断面名称		水温	pH 值	溶解氧	高锰酸盐指数	化学需氧量	总磷	氨氮	总氮
				℃	无量纲	mg/L					
淀泖区骨干河道	界浦江	界江大桥	均值	25.6	8.24	3.83	4.6	<15	0.168	0.77	3.26
			最大值	27.8	8.42	4.95	5.1	17.6	0.224	1.09	4.70
			最小值	24.2	8.03	3.11	4.2	<15	0.099	0.21	2.82
	大直港	机场路大直港桥	均值	26.0	8.31	4.56	4.7	15.5	0.164	0.77	3.11
			最大值	27.9	8.47	5.36	5.4	18.7	0.228	1.44	5.10
			最小值	24.3	7.93	3.98	4.2	<15	0.125	0.31	1.45
	澄湖	澄湖	均值	25.5	8.25	5.52	4.9	15.7	0.215	0.46	2.29
			最大值	27.3	8.40	8.54	5.6	19.4	0.262	1.01	3.75
			最小值	23.7	7.88	2.72	4.1	<15	0.169	0.15	1.32
	牛长泾	牛长泾桥	均值	24.6	8.28	7.31	5.6	19.4	0.129	0.90	3.02
			最大值	26.2	8.57	12.62	6.4	22.1	0.165	1.50	4.21
			最小值	23.5	7.90	3.48	4.8	16.6	0.086	0.38	1.52
	大、小朱砂	大朱砂桥	均值	25.1	8.32	6.28	4.2	<15	0.158	0.20	1.89
			最大值	26.9	8.51	7.99	4.4	15.2	0.207	0.27	2.62
			最小值	23.6	8.23	5.41	3.9	<15	0.115	0.11	1.58
	吴淞江	花桥吴淞江大桥	均值	26.4	8.24	3.40	4.8	<15	0.280	2.24	5.51
			最大值	27.9	8.45	4.48	5.8	20.1	0.347	2.46	6.95
			最小值	24.1	7.92	2.24	4.1	<15	0.217	1.91	4.16
	北窑港	窑港桥	均值	25.1	8.24	5.31	4.3	<15	0.099	0.42	2.43
			最大值	27.2	8.50	6.42	4.6	15.9	0.115	0.83	4.07
			最小值	24.0	7.99	3.73	4.1	<15	0.072	0.17	1.61

表 4.2-16　2017 年 6 月淀泖区水质类别评价表

河流名称	断面名称	溶解氧	高锰酸盐指数	化学需氧量	总磷	氨氮	综合评价
界浦江	界江大桥	Ⅳ	Ⅲ	Ⅰ	Ⅲ	Ⅲ	Ⅳ
大直港	机场路大直港桥	Ⅳ	Ⅲ	Ⅲ	Ⅲ	Ⅲ	Ⅳ
澄湖	澄湖	Ⅲ	Ⅲ	Ⅲ	＞Ⅴ	Ⅱ	＞Ⅴ
牛长泾	牛长泾桥	Ⅱ	Ⅲ	Ⅲ	Ⅲ	Ⅲ	Ⅲ
大、小朱砂	大朱砂桥	Ⅱ	Ⅲ	Ⅰ	Ⅲ	Ⅱ	Ⅲ
吴淞江	花桥吴淞江大桥	Ⅳ	Ⅲ	Ⅰ	Ⅳ	＞Ⅴ	＞Ⅴ
北窑港	窑港桥	Ⅲ	Ⅲ	Ⅰ	Ⅱ	Ⅱ	Ⅲ

以单项指标浓度来看，东太湖口门区域溶解氧平均浓度为 5.17 mg/L(Ⅲ类)，范围为 2.24～12.62 mg/L；高锰酸盐指数平均浓度为 4.7(Ⅲ类)mg/L，范围为 3.9～6.4 mg/L；化学需氧量平均浓度为 15 mg/L(Ⅰ类)，范围为 0～22.1 mg/L；总磷平均浓度为 0.173 mg/L(Ⅲ类)，范围为 0.072～0.347 mg/L；氨氮平均浓度为 0.82 mg/L(Ⅲ类)，范围为 0.11～2.46 mg/L；总氮平均浓度为 3.07 mg/L，范围为 1.32～6.95 mg/L。

以水质均值综合评价来看，Ⅲ、Ⅳ类、劣Ⅴ水断面占比分别为 42.9%、28.6%、28.6%。牛长泾桥、大朱砂桥、窑港桥为Ⅲ类水，界江大桥、机场路大直港桥为Ⅳ类水、澄湖、花桥吴淞江大桥为劣Ⅴ类水。

4.2.2　两轮监测成果比较

4.2.2.1　浓度比较

由于高锰酸盐指数和化学需氧量都是反映同一特性的指标，且两轮监测中化学需氧量的检测值多为未检出，因此不参与具体的比较分析。

下面分别对 5 月和 6 月两轮监测期间溶解氧、高锰酸盐指数、总磷、氨氮和总氮指标的浓度进行比较分析。

1. 沿江口门

从图 4.2-1 可以看到，沿江 6 个口门溶解氧均值都是 6 月明显小于 5 月，降幅范围是 27.4%～44.8%。其中，降幅最小的是荡茜枢纽(上)，降幅最大的是白茆闸(上)。区域溶解氧平均值 6 月较 5 月下降了 34.7%。

从图 4.2-2 可见，沿江 6 个口门高锰酸盐指数平均值 6 月都大于 5 月，升幅范围是 4.9%～63.8%。其中，升幅最小的是荡茜枢纽(上)，升幅最大的是白茆闸(上)，其次是浒浦闸(上)，杨林闸(上)和浏河闸(上)的降幅较为接近。区域高锰酸盐指数平均值 6 月较 5 月上升了 35.7%。

从图 4.2-3 可见，6 月份沿江各口门的总磷平均值均大于 5 月，升幅范围是 27.6%～176.9%。其中，升幅最小的是荡茜枢纽(上)，其次是海洋泾闸(83.5%)，其余 4 个口门总磷的升幅都超过了 100%，升幅最大的是白茆闸(上)。因此区域总磷平均值 6 月较 5 月的升幅达到了 117.6%。

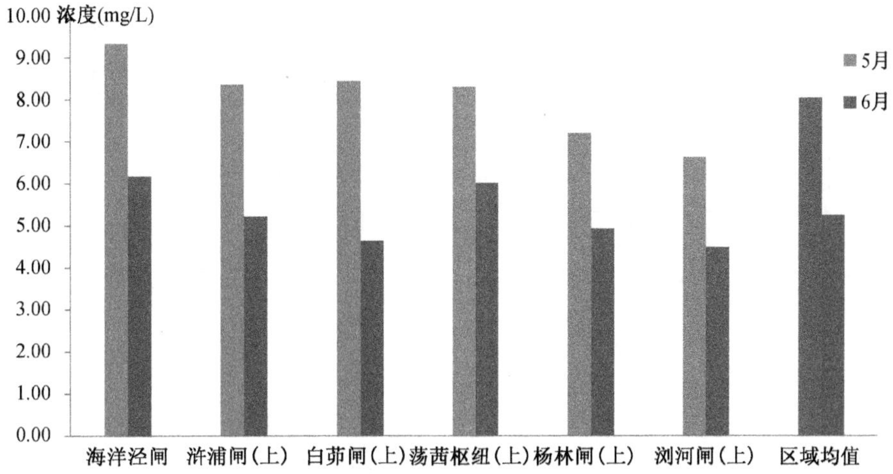

图 4.2-1　沿江口门溶解氧两轮汛期监测成果均值示意图

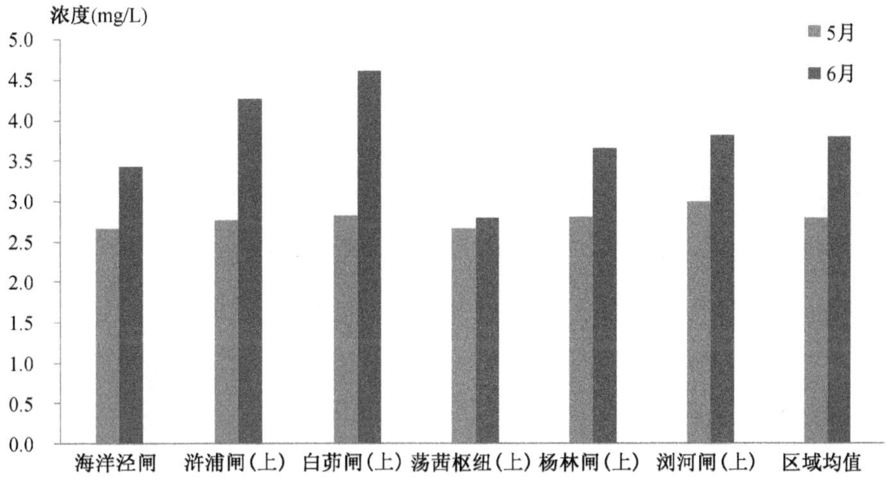

图 4.2-2　沿江口门高锰酸盐指数两轮汛期监测均值示意图

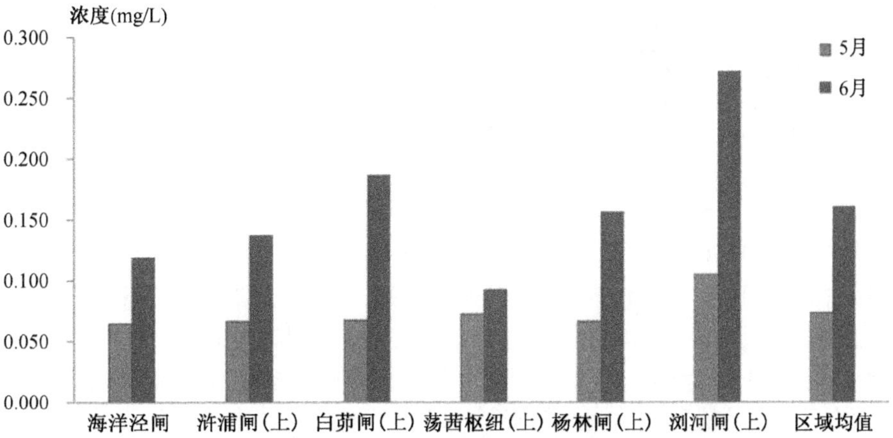

图 4.2-3　沿江口门总磷两轮汛期监测均值示意图

从图 4.2-4 可见,6 月份沿江各口门的氨氮平均值均大于 5 月,升幅范围是 35.6%～547.7%。其中,升幅最小的是荡茜枢纽(上),其余 5 个口门氨氮的升幅都超过了 100%,升幅最大的是白茆闸(上)。因此区域氨氮平均值 6 月较 5 月的升幅达到了 254.5%。

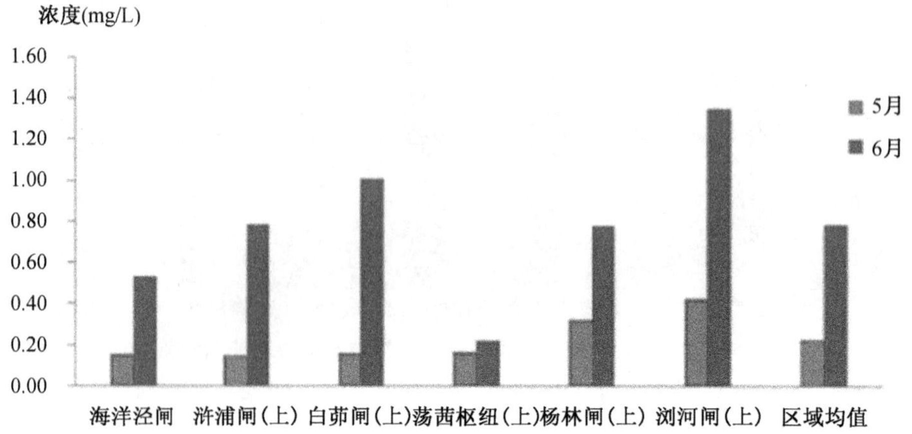

图 4.2-4　沿江口门氨氮两轮汛期监测均值示意图

从图 4.2-5 可见,6 月份沿江各口门的总氮平均值均大于 5 月,升幅范围是 47.3%～134.7%。其中,升幅最小的是荡茜枢纽(上),升幅最大的是白茆闸(上),其次是浏河闸(上)。区域总氮平均值 6 月较 5 月上升了 88.1%。

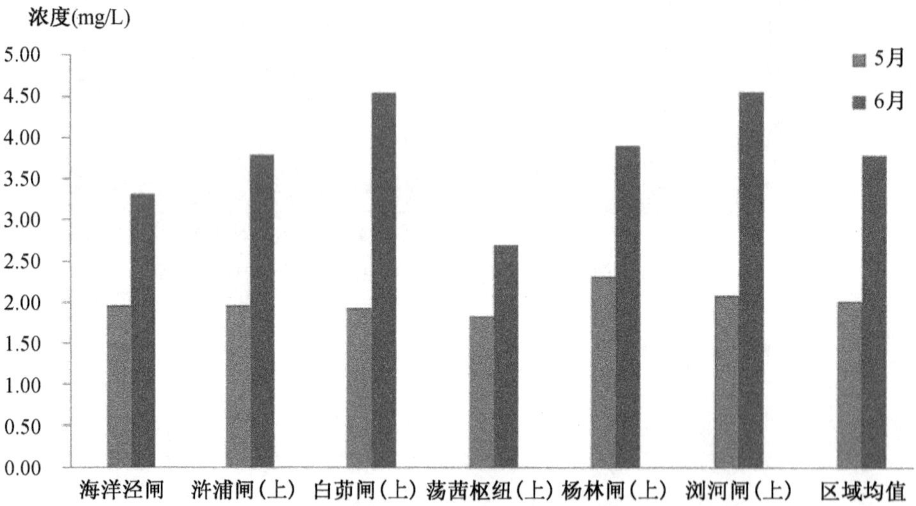

图 4.2-5　沿江口门总氮两轮汛期监测均值示意图

结合以上分析发现,沿江 6 个口门各项指标的浓度值 6 月份均劣于 5 月份,主要由于监测期间 5 月份沿江口门以开闸且引水为主,而 6 月份多为关闸状态且不时向长江排水。从 6 个指标的区域平均变幅来看,氨氮的变化幅度最大,上升达到 245.5%,其次是总磷,上升了 117.2%。

6 个沿江口门中,白茆闸(上)6 月份相比于 5 月份各指标的变化幅度均最大,6 月份白茆闸(上)仅在开始 2 d 进行引水,接着连续 4 d 进行排水,区域内河道的水质可能较差,从而直接影响了口门的水质,在之后连续 3 d 关闸的情况下,水体不流通,污染物无法得到有效的稀释降解,导致了 6 月监测期间的水质均值明显差于以引水为主的 5 月。

荡茜枢纽(上)各指标的变化幅度均最小,监测期间5月份该口门连续10 d进行引水,6月份仅在前2日进行引水,后面8日均处于关闸状态,是6个口门中唯一在6月份没有进行排水的。可能因为引水期间本底值较好,且连续关闸期间附近没有污染物汇入,导致荡茜枢纽(上)6月份相比于5月份各指标浓度变化幅度最小。

2. 东太湖口门

从图4.2-6可以看到,6月份东太湖口门溶解氧均值都明显小于5月份,降幅范围是26.0%~34.2%。其中,降幅最小的是吴家港桥,降幅最大的是瓜泾口。区域溶解氧平均值6月较5月下降了30.0%。

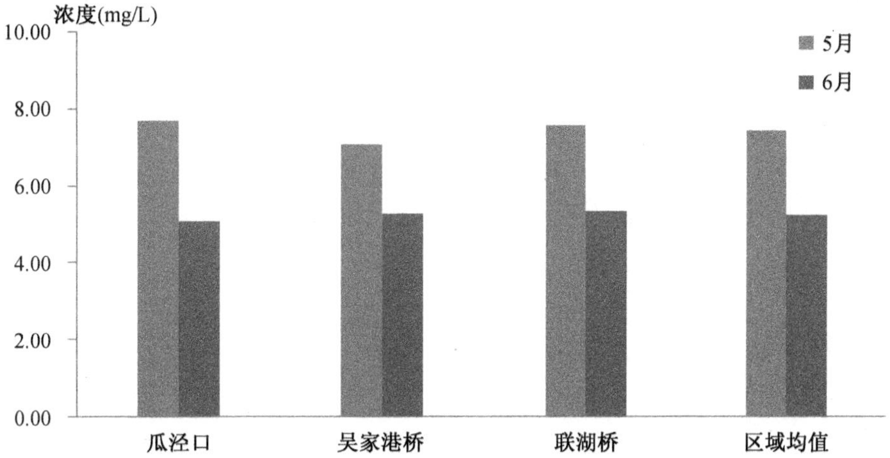

图4.2-6　东太湖口门溶解氧两轮汛期监测均值示意图

从图4.2-7可以看到,6月份东太湖口门高锰酸盐指数均值都大于5月份,升幅范围是22.9%~56.2%。其中,升幅最小的是联湖桥,升幅最大的是瓜泾口。区域高锰酸盐指数平均值6月较5月上升了38.9%。

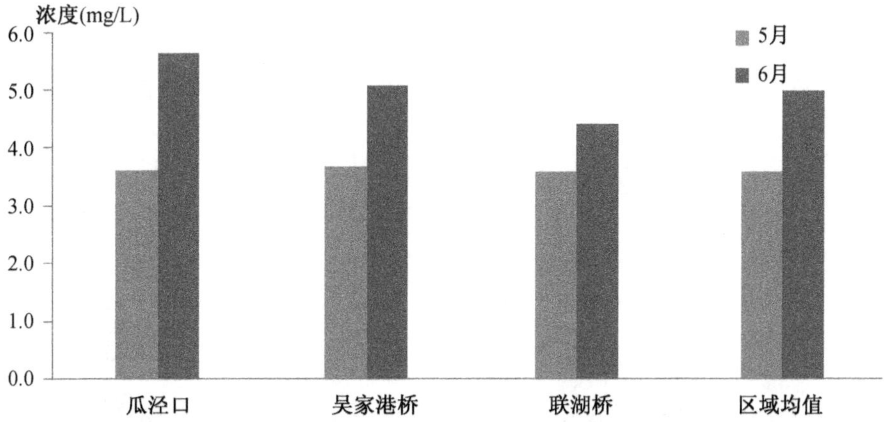

图4.2-7　东太湖口门高锰酸盐指数两轮汛期监测均值示意图

从图4.2-8可以看到,6月份东太湖口门总磷均值都大于5月份,升幅范围是160.7%~185.1%,即6月份的总磷均值都超过5月份均值的2倍。其中,升幅最小的是联湖桥,升幅最大的是瓜泾口。区域总磷平均值6月较5月上升了174.2%。

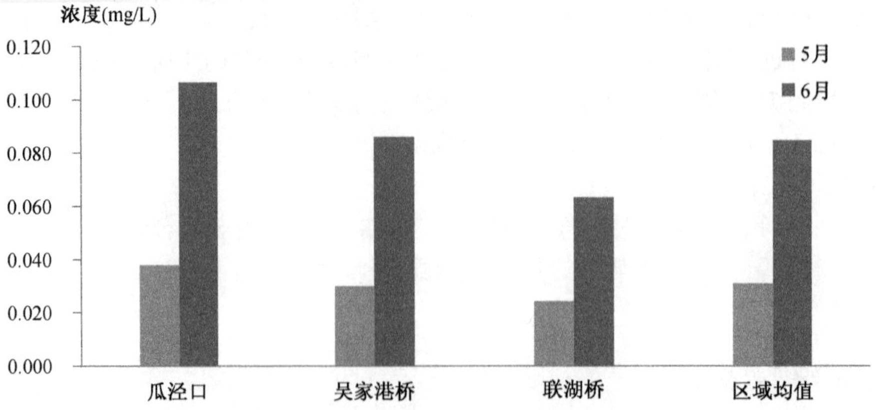

图 4.2-8　东太湖口门总磷两轮汛期监测均值示意图

从图 4.2-9 可以看到,6 月份东太湖口门氨氮均值都大于 5 月份,升幅范围是 298.7%～420.5%,也就是说 6 月份的氨氮均值也都超过 5 月份均值的 2 倍,甚至达到 5 倍。其中,升幅最小的是联湖桥,升幅最大的是吴家港桥。区域氨氮平均值 6 月较 5 月上升了 308.7%。

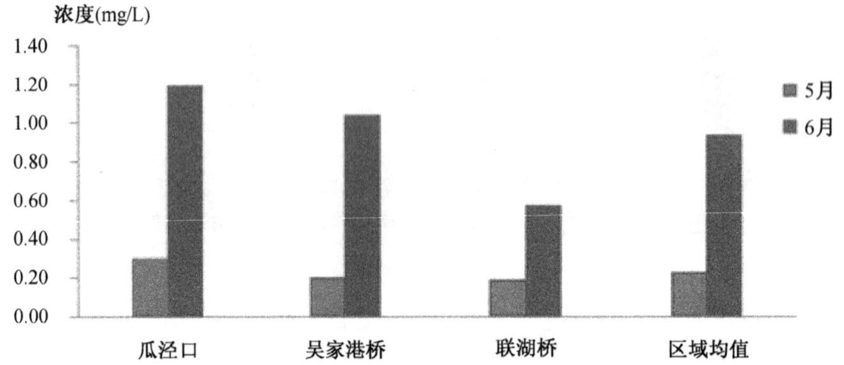

图 4.2-9　东太湖口门氨氮两轮汛期监测均值示意图

从图 4.2-10 可以看到,6 月份东太湖口门总氮均值都大于 5 月份,升幅范围是 80.1%～125.4%。其中,升幅最小的是联湖桥,升幅最大的是吴家港桥。区域总氮平均值 6 月较 5 月上升了 107.6%。

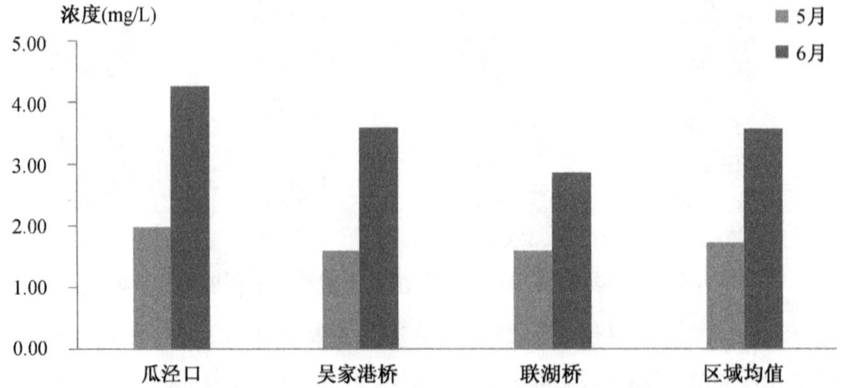

图 4.2-10　东太湖口门总氮两轮汛期监测均值示意图

结合以上分析发现，东太湖口门各项指标的浓度值6月份均劣于5月份，主要由于监测期间5月份东太湖三个口门基本都是开闸引太湖水的状态，而6月份开闸天数不到5月份的一半，并且存在排水情况。三个口门中，指标变化幅度最大的主要为瓜泾口，指标变化幅度最小的主要为联湖桥，吴家港桥的氮元素指标(氨氮和总氮)变化幅度最大。从6个指标的区域平均变幅来看，氨氮的变幅最大，上升达到308.7%，其次是总磷，上升了174.2%。

3. 阳澄区

阳澄区河网共监测7处断面，分别为永昌泾桥、界泾河入湖口、阳澄东湖、七浦塘桥、元和塘常相交界、盐铁塘常太交界、青阳港桥。

从图4.2-11可以看到，6月份阳澄区青阳港大桥和七浦塘桥的溶解氧均值大于5月份，分别上升了9.7%和11.3%；其他5个断面6月份均值小于5月份，降幅范围是17.0%～40.4%，降幅最小的是阳澄东湖，降幅最大的是盐铁塘常太交界。区域溶解氧平均值6月较5月下降了21.6%。

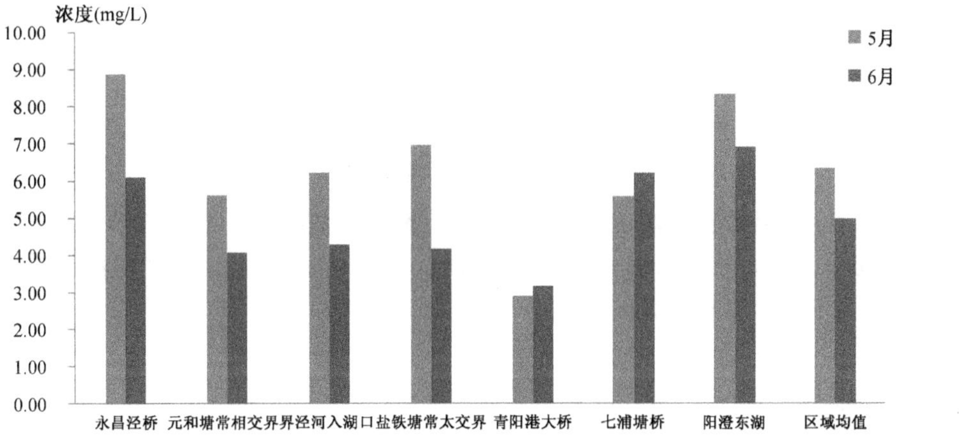

图4.2-11 阳澄区河网溶解氧两轮汛期监测均值示意图

从图4.2-12可以看到，6月份阳澄区7处断面的高锰酸盐指数平均值都小于5月份，降幅范围是0.8%～20.8%，降幅最小的是盐铁塘常太交界，降幅最大的是元和塘常相交界和界泾河入湖口。区域高锰酸盐指数平均值6月较5月下降了12.8%。

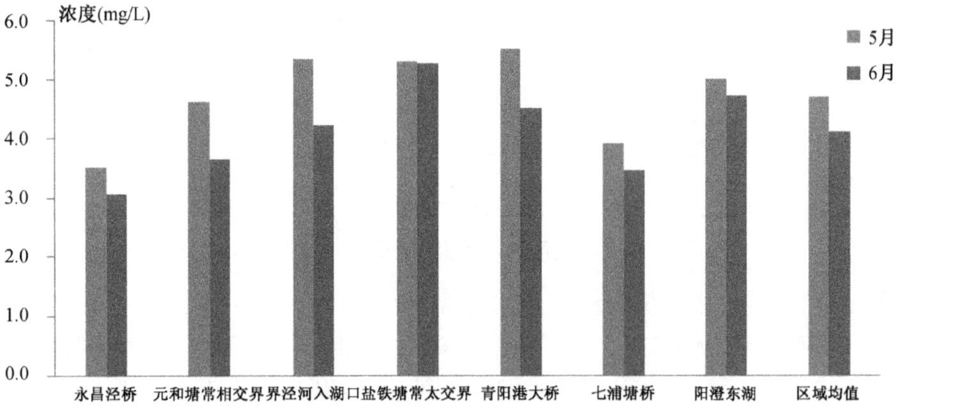

图4.2-12 阳澄区河网高锰酸盐指数两轮汛期监测均值示意图

从图 4.2-13 可以看到，6 月份阳澄区青阳港大桥和七浦塘桥的总磷均值小于 5 月份，分别下降了 17.9%和 8.3%；其他 5 个断面 6 月份均值大于 5 月份，升幅范围是 27.9%～180.4%，升幅最小的是元和塘常相交界，升幅最大的是盐铁塘常太交界。区域总磷平均值 6 月较 5 月上升了 30.1%。

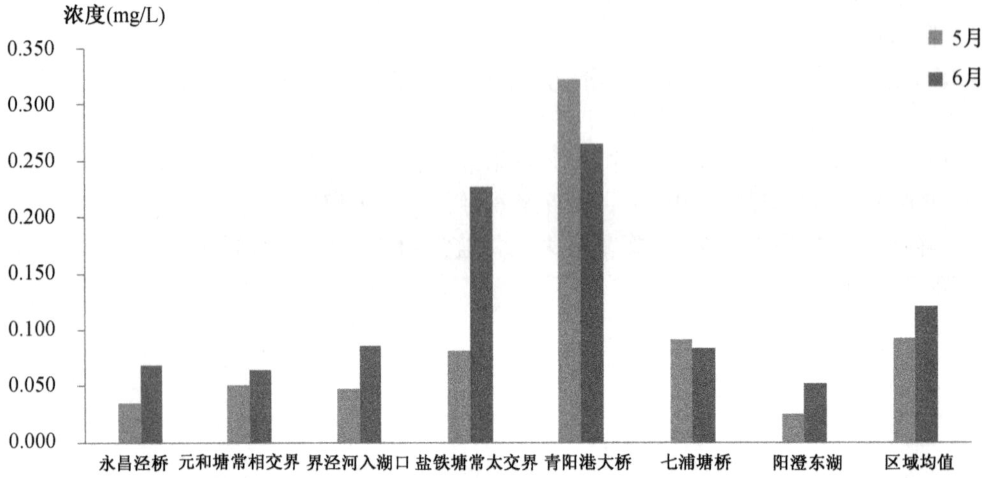

图 4.2-13　阳澄区河网总磷两轮汛期监测均值示意图

从图 4.2-14 可以看到，6 月份阳澄区仅永昌泾桥和青阳港大桥的氨氮均值大于 5 月份，分别上升了 75.2%、18.0%；其他断面 6 月份均值都小于 5 月份，降幅范围是 10.6%～57.5%，降幅最小的是阳澄东湖，降幅最大的是七浦塘桥。区域氨氮平均值 6 月较 5 月下降了 12.3%。

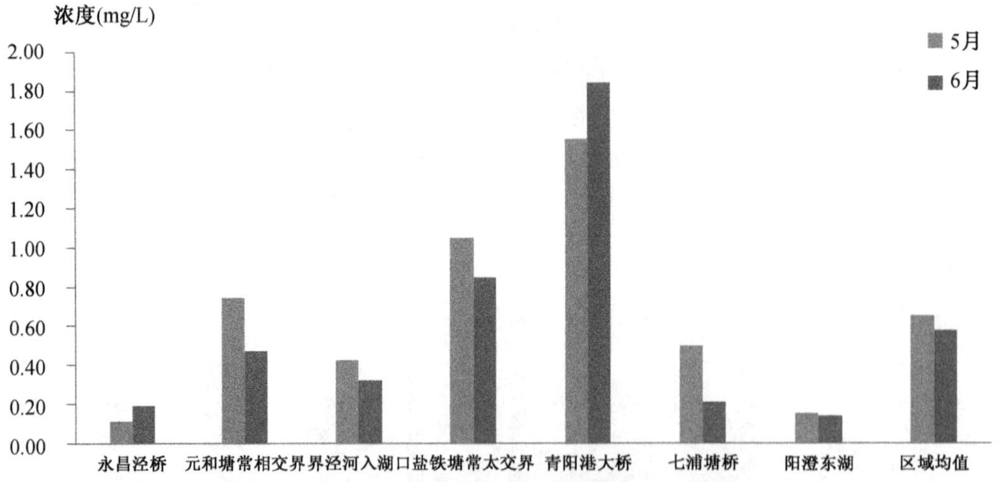

图 4.2-14　阳澄区河网氨氮两轮汛期监测均值示意图

由图 4.2-15 可见，6 月份阳澄区元和塘常相交界、界泾河入湖口和七浦塘的总氮均值小于 5 月份，降幅分别为 6.3%、16.8%和 12.6%；其他 4 个断面 6 月份均值都大于 5 月份，升幅范围是 10.0%～55.4%，升幅最小的是永昌泾桥，升幅最大的是盐铁塘常太交界。区域总氮平均值 6 月较 5 月上升了 14.6%。

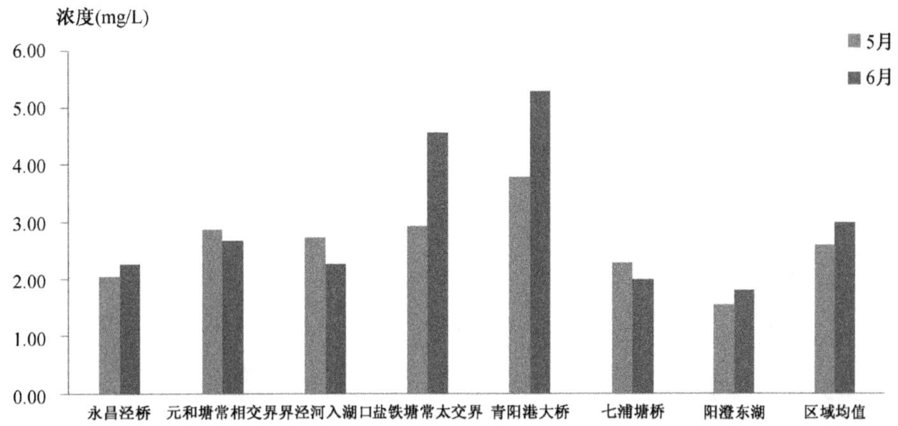

图 4.2-15 阳澄区河网总氮两轮汛期监测均值示意图

结合以上分析，发现阳澄区河网各指标的变化情况比沿江口门的变化情况要复杂得多。从区域浓度平均值来看，阳澄区河网的高锰酸盐指数和氨氮指标 6 月份优于 5 月份，溶解氧、总磷和总氮指标 6 月份劣于 5 月份，主要由于 6 月份进入夏季，温度升高引起水体的溶解氧下降，富营养化加重导致。从 6 个指标的区域平均变幅来看，总磷的变化幅度最大。

从单个河道的浓度变化看，七浦塘桥的各指标浓度均值 6 月份均优于 5 月份；盐铁塘常太交界处和阳澄东湖高锰酸盐指数和氨氮指标 6 月份优于 5 月份，溶解氧、总磷和总氮指标 6 月份劣于 5 月份，可能受望虞河来水的影响；永昌泾桥的高锰酸盐指数 6 月份优于 5 月份，其他指标 6 月份劣于 5 月份；元和塘常相交界和界泾河入湖口的溶解氧和总磷指标 6 月份劣于 5 月份，其他指标都是 6 月份更优；青阳港大桥则是氮元素指标（氨氮和总氮）6 月份劣于 5 月份，其他指标 6 月份更优。

4. 淀泖区

本次汛期监测淀泖区域河网监测断面有 7 处，分别为界江大桥、机场路大直港桥、澄湖、牛长泾桥、大朱砂桥、花桥吴淞江大桥、窑港桥。

从图 4.2-16 可以看到，6 月份淀泖区 7 处断面的溶解氧平均值都小于 5 月份，降幅范围是 11.6%～30.2%，降幅最小的是牛长泾桥，降幅最大的是大朱砂桥。区域溶解氧平均值 6 月较 5 月下降 22.7%。

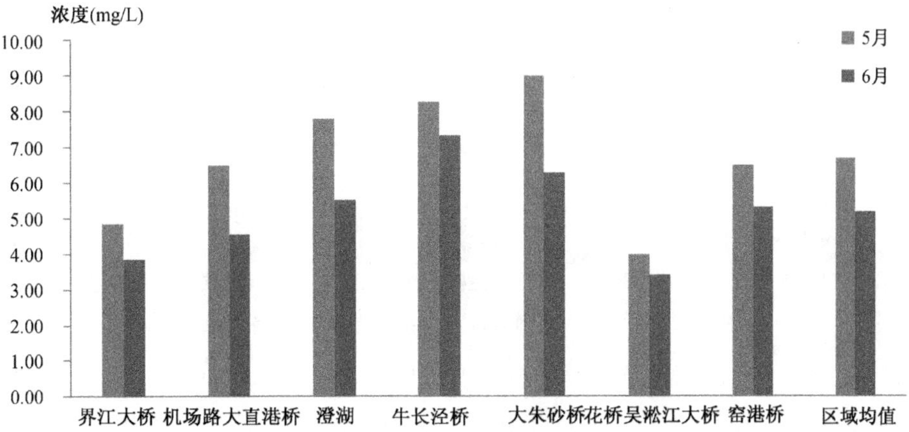

图 4.2-16 淀泖区河网溶解氧两轮汛期监测均值示意图

由图 4.2-17 可见，6 月份淀泖区澄湖和窑港桥的高锰酸盐指数均值大于 5 月份，升幅分别为 2.7%和 3.6%；其他 5 个断面 6 月份均值都小于 5 月份，降幅范围是 2.1%～18.4%，降幅最小的是牛长泾桥，降幅最大的是花桥吴淞江大桥。区域高锰酸盐指数平均值 6 月较 5 月下降了 7.8%。

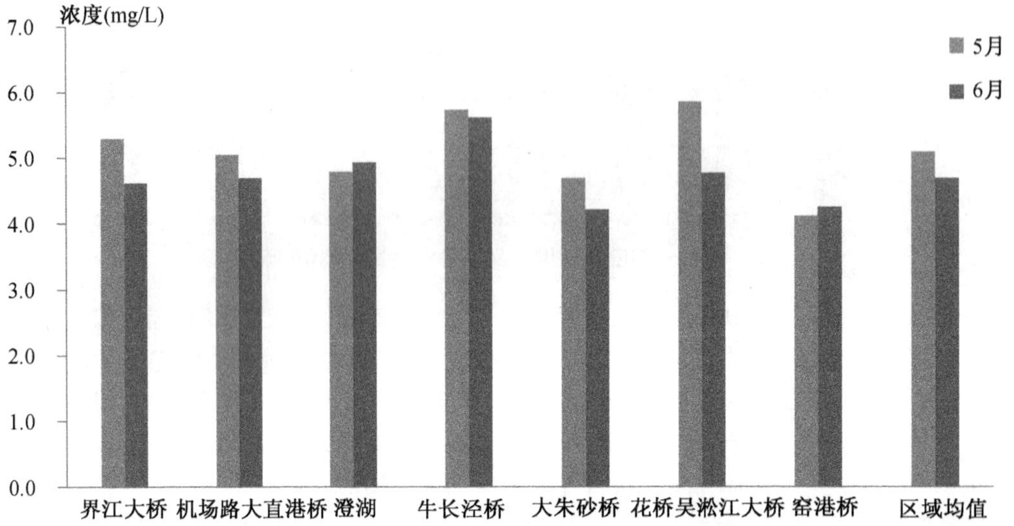

图 4.2-17　淀泖区河网高锰酸盐指数两轮汛期监测均值示意图

由图 4.2-18 可见，6 月份淀泖区牛长泾桥和花桥吴淞江大桥的总磷均值小于 5 月份，降幅分别为 16.7%和 7.0%；其他 5 个断面 6 月份均值都大于 5 月份，升幅范围是 41.7%～116%，升幅最小的是机场路大直港桥，升幅最大的是大朱砂桥。区域总磷平均值 6 月较 5 月上升了 27.2%。

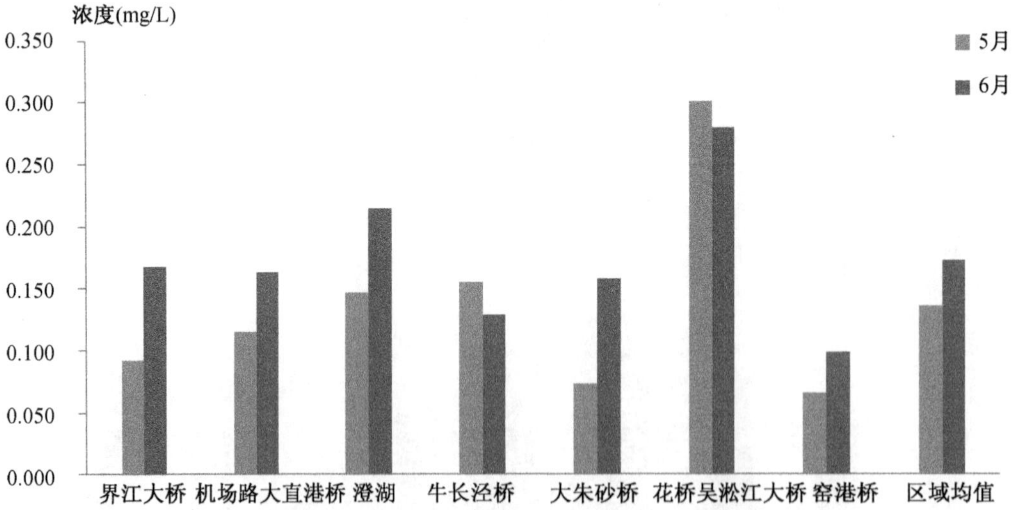

图 4.2-18　淀泖区河网总磷两轮汛期监测均值示意图

由图 4.2-19 可见，6 月份淀泖区界江大桥、机场路大直港桥和花桥吴淞江的氨氮均值小于 5 月份，降幅分别为 18.7%、14.8%和 8.7%；其他 4 个断面 6 月份均值都大于 5 月份，升幅范围是 7.6%～91.6%，升幅最小的是大朱砂桥，升幅最大的是澄湖。区域氨氮平均值 6 月较 5 月上升了 2.5%。

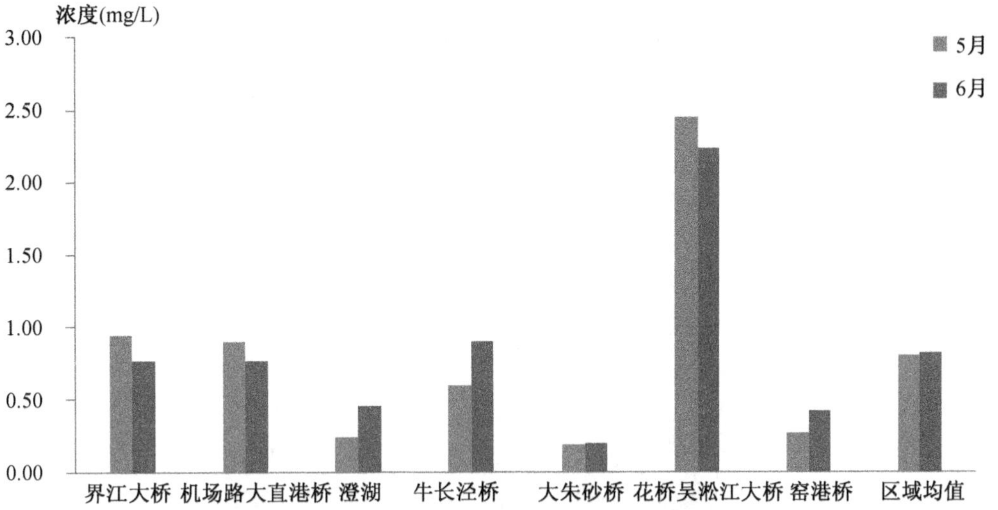

图 4.2-19 淀泖区河网氨氮两轮汛期监测均值示意图

由图 4.2-20 可见，6 月份淀泖区澄湖和大朱砂桥的总氮均值小于 5 月份，降幅分别为 8.2%和 17.4%；其他 4 个断面 6 月份均值都大于 5 月份，升幅范围是 7.6%～94.2%，升幅最小的是机场路大直港桥，升幅最大的是界江大桥。区域总氮平均值 6 月较 5 月上升了 14.1%。

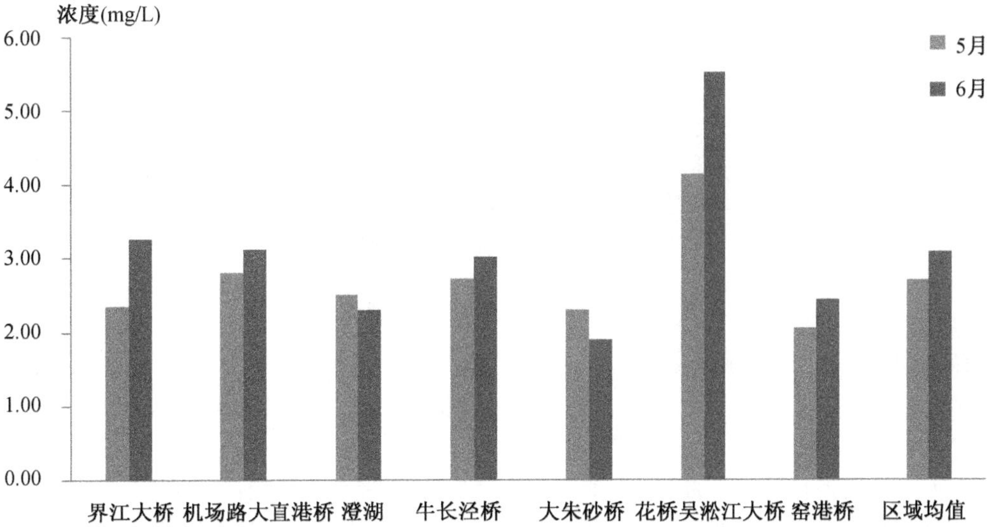

图 4.2-20 淀泖区河网总氮两轮汛期监测均值示意图

结合以上分析发现，淀泖区河网各指标的变化情况比东太湖口门的要复杂得多。从区域浓度平均值来看，淀泖区河网的高锰酸盐指数 6 月份基本优于 5 月份。从 6 个指标的区域平均变幅来看，总磷的变化幅度最大。

从单个河道的浓度变化看，界江大桥和机场路大直港桥高锰酸盐指数和氨氮 6 月优于

5月，其他指标6月更劣；澄湖仅仅总氮6月比5月略优，其他指标6月均变差；牛长泾桥高锰酸盐指数和总磷6月优于5月，其他指标6月更劣；大朱砂桥高锰酸盐指数和总氮6月优于5月，其他指标6月更劣；花桥吴淞江大桥高锰酸盐指数、氨氮和总磷6月优于5月，溶解氧和总氮指标在6月变差；窑港桥各指标值6月的都更劣。

4.2.2.2 水质评价比较

1. 阳澄淀泖区综合评价比较

比较分析5月和6月两轮汛期监测的水质均值综合评价。统计不同类别水体的占比情况，见图4.2-21和图4.2-22。

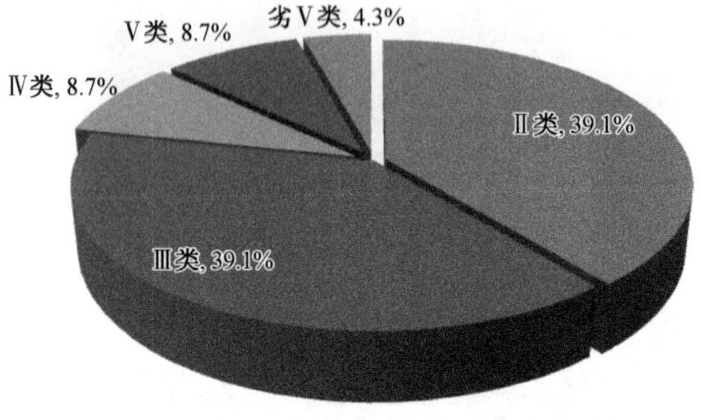

图4.2-21　第一轮监测期不同类别水体占比情况

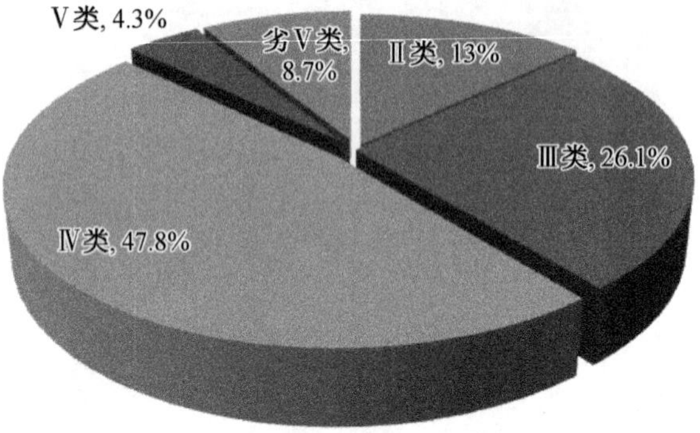

图4.2-22　第二轮监测期不同类别水体占比情况

阳澄淀泖区23个监测断面中，第一轮监测期Ⅱ类、Ⅲ类、Ⅳ类、Ⅴ类和劣Ⅴ类水断面占比分别为39.1%、39.1%、8.7%、8.7%和4.3%，Ⅲ类及优于Ⅲ类水断面占78.2%，即大部分断面为不低于Ⅲ类水。

第二轮监测期间Ⅱ类、Ⅲ类、Ⅳ类、Ⅴ类和劣Ⅴ类水断面占比分别为13%、26.1%、47.8%、4.3%和8.7%，Ⅲ类及优于Ⅲ类水断面占39.1%，与第一轮监测相比减少了39.1%，断面水质以Ⅳ类水为主。

可以看到，相比于6月份，5月份因各口门的引水量更大、历时更长，水质情况明显优于6月，受引水的影响程度更大。

2. 单项指标水质评价比较

选取溶解氧、高锰酸盐指数、氨氮和总磷4个重要的评价指标，分析各单项指标评价的类别分布。

从图 4.2-23 中可以看到，5 月份溶解氧评价主要集中在Ⅰ类和Ⅱ类，最差的为Ⅳ类；而 6 月则不存在Ⅰ类的评价，评价为Ⅱ类的占比维持不变，主要集中在Ⅳ类，还有个别为Ⅴ类。

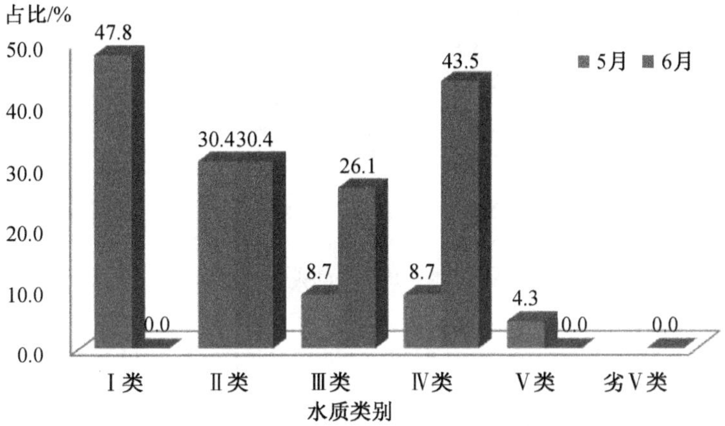

图 4.2-23 两轮汛期监测溶解氧类水质评价占比示意图

由图 4.2-24 可以看到，两轮汛期监测相比，高锰酸盐指数的评价变化较小，所有断面都维持在Ⅱ～Ⅲ类，第一轮监测期间Ⅱ类水的占比接近 50%，比第二轮监测期间的占比高了 17.4%。

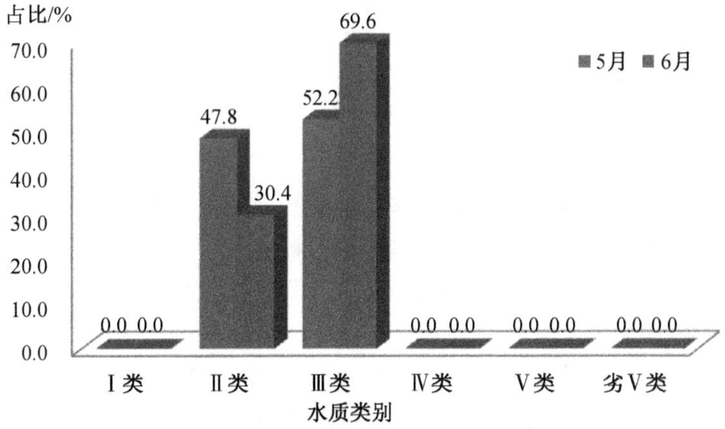

图 4.2-24 两轮汛期监测高锰酸盐指数水质评价占比示意图

由图 4.2-25 可以看到，两轮汛期监测期间，总磷指标均未达到Ⅰ类水，第一轮监测期间总磷评价主要集中在Ⅱ类，有少部分为Ⅴ类，第二轮监测期间Ⅱ类水减少了 34.8%，Ⅲ类水增加了 21.7%，Ⅳ类水由原来的 0 增加到 21.7%，虽然Ⅴ类水的断面没有了，但有个别断面的评价下降到了劣Ⅴ类。

由图 4.2-26 可以看到，氨氮的评价最为分散。两轮汛期监测相比，第一轮监测期间氨氮集中在Ⅱ～Ⅲ类水，主要为Ⅱ类，达到 56.5%；第二轮监测期间Ⅰ类水占比减少了8.7%，Ⅱ类水占比减少了 26.1%，Ⅲ类和Ⅳ类水占比都有了一定提升，Ⅴ类和劣Ⅴ类水占比维持不变。

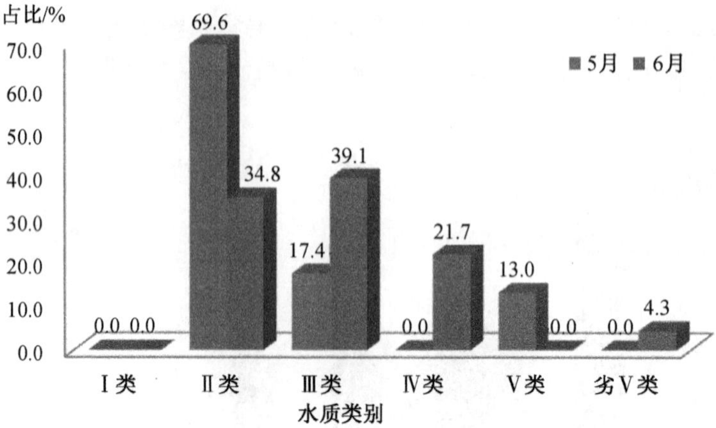

图 4.2-25　两轮汛期监测总磷水质评价占比示意图

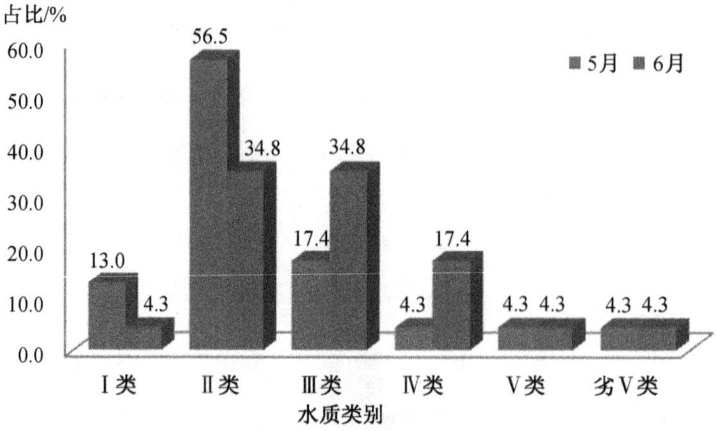

图 4.2-26　两轮汛期监测氨氮水质评价占比示意图

综合 4 个主要指标的变化情况，发现第一轮监测期间沿江口门和东太湖口门以引水为主，各指标主要集中在Ⅲ类及以上，第二轮监测期间，各口门引水减少，结合关闸或排水等情况，水质评价优于Ⅲ类的都有所减少，更多的往Ⅲ类和Ⅳ类水区间转移。

3. 监测断面综合评价比较

6 个沿江口门和 3 个东太湖口门由于第二轮监测期间和第一轮监测期间相比，闸门关闭状态增多，排水情况出现，引水次数大大减少，水质情况明显变差，因而第二轮监测期间该 9 个断面的综合水质评价都劣于第一轮监测期间，这里不再具体描述。

下面分别列出阳澄区 7 条骨干河道和淀泖区 7 条骨干河道的综合水质评价变化情况。

对于两轮汛期监测的综合评价都能达到Ⅲ类及其以上的断面，认为其水质评价“维持”，对于劣于Ⅲ类水的断面，两轮汛期监测的综合评价完全一样认为其水质评价“维持”。阳澄区符合“维持”条件的断面有 4 处，分别是永昌泾桥、七浦塘桥、盐铁塘常太交界和青阳港大桥；淀泖区符合“维持”条件的断面有 5 处，分别是界江大桥、牛长泾桥、大朱砂桥、窑港桥和花桥吴淞江大桥。详见表 4.2-17。

表 4.2-17 第二轮监测期间综合评价“维持”的断面列表

区域	河流名称	断面名称	5月	6月
阳澄区	永昌泾	永昌泾桥	Ⅱ	Ⅱ
	七浦塘	七浦塘桥	Ⅲ	Ⅱ
	盐铁塘	盐铁塘常太交界	Ⅳ	Ⅳ
	青阳港	青阳港大桥	Ⅴ	Ⅴ
淀泖区	界浦江	界江大桥	Ⅳ	Ⅳ
	牛长泾	牛长泾桥	Ⅲ	Ⅲ
	大、小朱砂	大朱砂桥	Ⅲ	Ⅲ
	北窑港	窑港桥	Ⅲ	Ⅲ
	吴淞江	花桥吴淞江大桥	＞Ⅴ	＞Ⅴ

当断面第二轮监测期间水质综合评价劣于第一轮监测期间的评价时，认为其“变差”，阳澄区有 3 处，分别为元和塘常相交界、界泾河入湖口和阳澄东湖，导致其水质评价变差的影响指标主要为溶解氧，阳澄东湖的主要影响指标为总磷；淀泖区有 2 处，为机场路大直港桥，主要变差影响指标为溶解氧，澄湖的主要污染指标为总磷。溶解氧的高低一方面受到水体流动的影响，另一方面受气温的影响也较大，6 月份监测时，区域内的口门有时处于关闸状态，并且 6 月与 5 月相比温度有了大幅度的提升，都是导致溶解氧指标变差的重要因素。

总磷主要反映骨干河道上游生活污染状况，受上游生活污染排放的影响，这部分影响为汛期监测中的不可控因素，阳澄东湖和澄湖 6 月份监测期间可能存在外源污染物的汇入导致水质评价变差。见表 4.2-18。

表 4.2-18 第二轮监测期间综合评价“变差”的断面列表

区域	河流名称	断面名称	5月	6月	主要影响指标
阳澄区	元和塘	元和塘常相交界	Ⅲ	Ⅳ	溶解氧
	界泾河	界泾河入湖口	Ⅲ	Ⅳ	溶解氧
	阳澄湖	阳澄东湖	Ⅲ	Ⅳ	总磷
淀泖区	大直港	机场路大直港桥	Ⅲ	Ⅳ	溶解氧
	澄湖	澄湖	＞Ⅴ	＞Ⅴ	总磷

由以上分析不难发现，6 月份各口门的开关闸、引排水变化对阳澄区骨干河道的影响更大，因此评价维持的断面数淀泖区更多，评价变差的断面数阳澄区更多。沿江口门引长江水对区域内的水质有很大的影响，阳澄区离长江口门更近，受到的影响程度也就更大，经过阳澄淀泖区错综复杂的河网调蓄作用，淀泖区河道受长江口门的引排水影响就相对削弱了很多，反而受附近污染源汇入的影响可能表现得更为及时和明显。

4.2.3 水质综合污染指数的相关分析

水质指数法，其方法是用水体各监测项目的监测值与其评价标准之比作为各单项污染标准指数。各单项标准指数计算公式为：

$$S_{ij}=\frac{C_{ij}}{C_{si}}$$

式中：S_{ij}为标准指数；C_{ij}为评价因子i在j点的实测浓度值(mg/L)；C_{si}为评价因子i的地表水水质标准(mg/L)。

水质综合污染指数由累加各标准指数的和除以项目数计算所得。

综合污染指数计算公式为：

$$P=\frac{1}{n}\sum_{i=1}^{n}S_{ij}$$

考虑本区域水体的有机污染特点，以及溶解氧受气压、水温等多重因素的影响，故在本次汛期水质监测成果中选取氨氮、高锰酸盐指数、总磷等3项指标，区域范围内统一以Ⅲ类水作为标准计算综合污染指数，进行评价分析。

1. 沿江口门

(1) 海洋泾

海洋泾闸5月平均综合污染指数为0.31，6月为0.57，6月较5月升幅为83.9%。从图4.2-27可见，5月综合污染指数为0.28～0.33之间；海洋泾持续引水，综合污染指数在0.3附近；同时在连续6 d引水量达到250万 m^3/d时，后期引水量小于100万 m^3/d时，综合污染物指数仍能维持在0.3。6月综合污染指数在0.2～0.8之间；第1—2日引水，综合污染指数低于0.3；第3—4日排水量在150万 m^3/d以上，综合污染指数约为0.8，第5—7日引水量逐渐上升，综合污染指数也随之下降至0.6附近。第8—10日引水量小于100万 m^3，综合污染指数高于0.6。图4.2-27中横坐标1～10与5月9—18日和6月8—17日相对应，下同。

海洋泾综合污染指数在0.3～0.8之间。持续引水，综合污染物指数在0.3附近；排水时段，综合污染物指数在0.8附近。在维持2 d的日引水量达到300万 m^3 情况下，综合污染指数可下降至0.5附近。

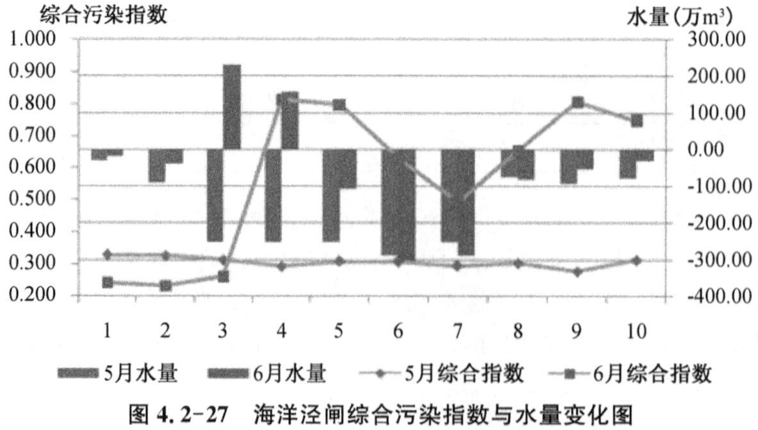

图4.2-27 海洋泾闸综合污染指数与水量变化图

(2) 浒浦闸(上)

浒浦闸(上)5月平均综合污染指数为0.31，6月为0.73，6月较5月升幅为135.5%。

从图 4.2-28 可见，5 月综合污染指数为 0.3～0.4 之间，浒浦闸(上)第 1—7 日持续引水，综合污染指数由 0.43 下降至 0.29，并在第 8—10 日关闸期间，综合污染指数维持在 0.3 附近。6 月综合污染指数为 0.2～1.0 之间，浒浦闸(上)第 1—2 日引水量在 200 万 m^3/d 以上，综合污染指数在 0.3 以下；第 3 日降雨，排水量达到 749 万 m^3，水质影响有一定的滞后性，在第 4 日综合污染指数接近 0.9；后期以排水或关闸为主，综合污染指数在 0.9 附近。

浒浦闸(上)综合污染指数在 0.3～1.0 之间。持续引水，综合污染指数在 0.3 附近。排水或关闸时段，综合污染指数在 0.78 以上。

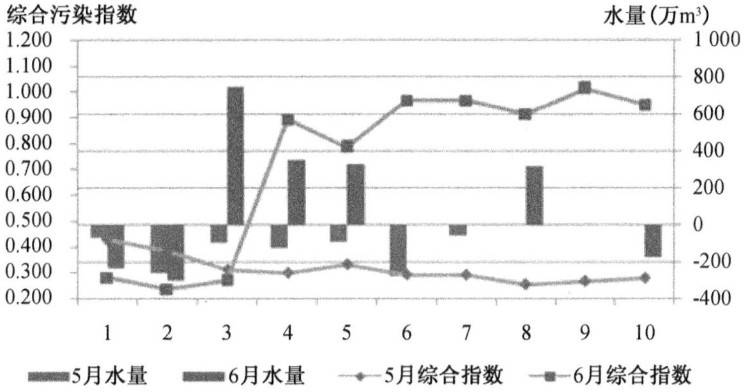

图 4.2-28　浒浦闸(上)闸综合污染指数与水量变化图

(3) 白茆闸(上)

白茆闸(上)5 月平均综合污染指数为 0.32，6 月为 0.90，6 月较 5 月升幅为 181.2%。从图 4.2-29 可见，白茆闸(上)综合污染指数为 0.3～0.4 之间，5 月第 1—7 日持续引水，综合污染指数由 0.39 下降至 0.30，并在第 8—10 日关闸期间，综合污染指数维持在 0.3 附近。6 月综合污染指数为 0.2～1.2 之间，白茆闸(上)第 1—2 日总引水量为 512 万 m^3，综合污染指数在 0.3 以下；第 3 日降雨，排水量达到 889 万 m^3，综合污染指数呈上升趋势，在第 4 日达到 1.0 以上；后期以排水或关闸为主，综合污染指数在 1.1 附近。

白茆闸(上)综合污染指数在 0.3～1.2 之间。持续引水，综合污染指数在 0.3 附近。排水或关闸时段，综合污染指数在 1.0 以上。

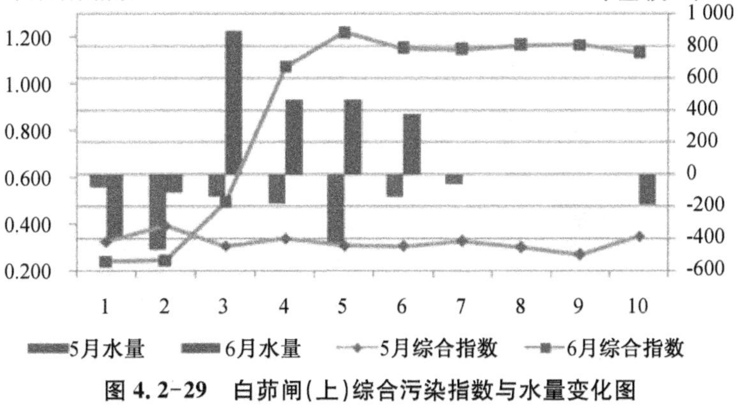

图 4.2-29　白茆闸(上)综合污染指数与水量变化图

(4) 荡茜枢纽(上)

荡茜枢纽(上)5月平均综合污染指数为0.32,6月为0.38,6月较5月升幅为18.8%。从图4.2-30可见,5月综合污染指数为0.3~0.4之间,5月第2—7日持续引水,综合污染指数由0.39下降至0.27,并在第8—10日关闸期间,综合污染指数维持在0.3附近。6月综合污染指数为0.2~0.6之间,第1—2日总引水量为137.1万 m^3,综合污染指数在0.3以下;第3日起关闸,综合污染指数呈上升趋势,最高达到0.57,后期有所回落。

荡茜枢纽(上)综合污染指数在0.3~0.6之间。持续引水,综合污染指数在0.3附近。关闸期间,综合污染指数有所上升,但在0.6以下。

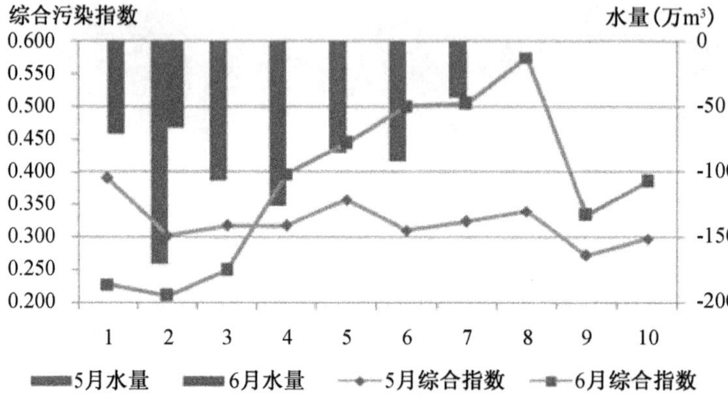

图 4.2-30 荡茜枢纽(上)综合污染指数与水量变化图

(5) 杨林闸(上)

杨林闸(上)5月平均综合污染指数为0.37,6月为0.72,6月较5月升幅为94.6%。从图4.2-31可见,杨林闸(上)5月综合污染指数在0.3~0.6之间,除第8日外均持续引水,综合污染指数在0.35附近,最大不超过0.6。6月综合污染指数在0.3~1.4之间,第1—2日日引水量超过300万 m^3,综合污染指数在0.25以下;第3—7日排水或关闸期内,综合污染指数超过0.8,最高达到1.4;第8—10日引水,综合污染指数回落至0.35附近。

杨林闸(上)综合污染指数在0.3~1.4之间。引水期间,综合污染指数在0.35附近。排水或关闸期间,综合污染指数在0.8以上。

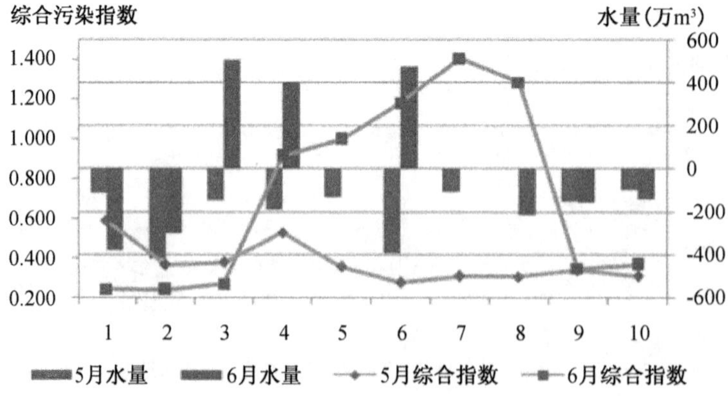

图 4.2-31 杨林闸(上)综合污染指数与水量变化图

(6) 浏河闸(上)

浏河闸(上)5月平均综合污染指数为0.48,6月为1.11,6月较5月升幅为131.3%。从图4.2-32可见,浏河闸(上)5月综合污染指数在0.3～1.1之间,除第8日外均持续引水,综合污染指数由1.14下降至0.38。6月综合污染指数在0.3～1.6之间,第1—2日日引水量超过350万m^3,综合污染指数由0.38下降至0.27;第3—7日排水或关闸期内,综合污染指数超过1.0,并持续上升至最高值1.64。

浏河闸(上)综合污染指数在0.3～1.6之间,持续引水,综合污染指数可降至0.38附近。排水或关闸期间,综合污染指数在1.0以上。

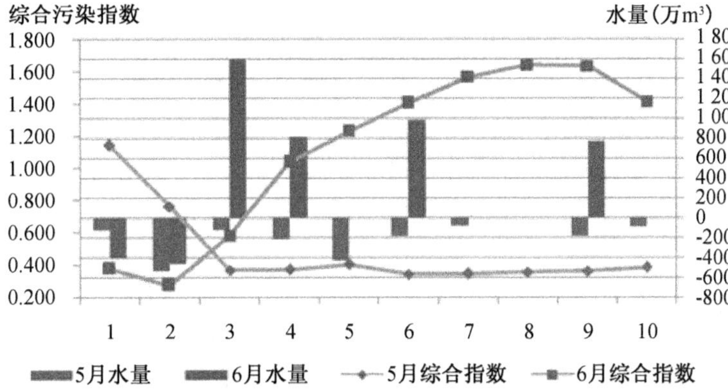

图4.2-32 浏河闸(上)综合污染指数与水量变化图

沿江各口门2轮监测,综合污染指数5月均值为0.35,6月均值为0.74,监测中后期5月引水量大于6月,因为6月降雨量较大,各口门处于关闸或排水状态,水质综合污染指数,5月明显优于6月。根据监测成果分析发现,各口门持续引水,综合污染指数在0.3附近。其中海洋泾引排水、荡茜枢纽引排或关闸时综合污染指数相对稳定,整个汛期监测期间不超过0.8;浒浦闸、白茆闸、杨林闸、浏河闸排水或关闸期间,综合污染指数达到0.8以上。

2. 东太湖口门

(1) 瓜泾口

瓜泾口5月平均综合污染指数为0.36,6月为0.89,6月较5月升幅为147.2%。从图4.2-33可见,瓜泾口5月综合污染指数在0.2～0.8之间,出太湖流量达到50.0 m^3/s,综合污染指数在0.3附近;在滞流及入太湖时,综合污染指数达到0.6以上。6月综合污染指数在0.3～1.3之间,出太湖流量持续达到30.0 m^3/s,综合污染指数由0.57降至0.3附近;入太湖流量为60.0 m^3/s左右及关闸时,综合污染指数在1.0～1.3之间。

瓜泾口综合污染指数在0.2～1.3之间。持续出太湖时,综合污染指数可降至0.3附近。滞流及入太湖时,综合污染指数在0.6以上。

(2) 吴家港桥

吴家港桥5月平均综合污染指数为0.32,6月为0.77,6月较5月升幅为140.6%。从图4.2-34可见,吴家港桥5月综合污染指数在0.3～0.5之间,汛期监测期间流向以出太湖为主,污染物综合指数在0.3附近;第5日(5月12日)降雨,综合指数在后两天略有升高,不超过0.5。6月综合污染指数在0.3～1.2之间,第1—2日,出太湖流量为23.7～8.51 m^3/s,综合污染指数在0.3附近;第4—6日降雨,且降雨量低于20 mm,综合污染指数在1.1～1.2;随着

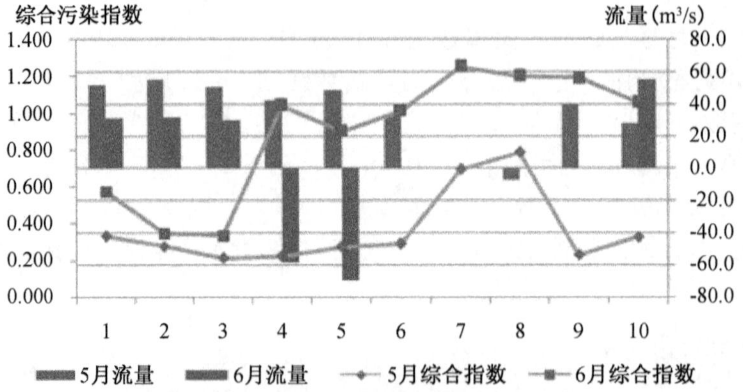

图 4.2-33　瓜泾口综合污染指数与流量变化图

第 7—10 日一直维持出太湖状态,综合污染指数逐步下降至 0.66。

吴家港桥综合污染指数在 0.3～1.2 之间。持续保持出太湖水时,综合污染指数可降至 0.3 附近。降雨量为 20 mm 以下时,综合污染指数在 1.1 附近。

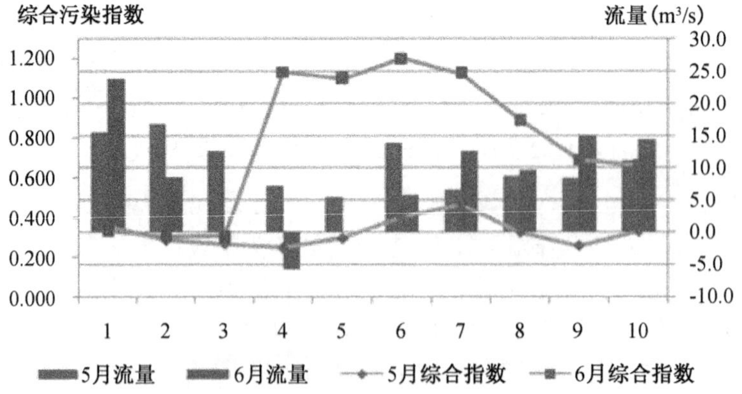

图 4.2-34　吴家港桥综合污染指数与流量变化图

(3) 联湖桥

联湖桥 5 月平均综合污染指数为 0.30,6 月为 0.54,6 月较 5 月升幅为 80.0%。从图 4.2-35 可见,联湖桥 5 月综合污染指数在 0.2～0.3 之间,汛期监测期间流向以出太湖为主,污染综合指数在 0.3 附近。6 月综合污染指数在 0.3～1.0 之间,第 1—3 日,出太湖流量为 4.95～7.79 m^3/s,综合污染指数在 0.3 附近;结合陈墓站提供的雨量情况,第 3—6 日降雨量小于 20 mm,在此期间,该断面处于滞流和入太湖状态,综合污染指数在 0.9 附近;随着后期太湖水的汇入,综合污染指数降至 0.5 以下。

联湖桥综合污染指数在 0.2～1.0 之间。持续出太湖时,综合污染指数在 0.3 附近;降雨量小于 20 mm,且在滞流或入太湖状态下,综合污染指数在 0.9 附近。

东太湖 3 处口门,综合污染指数 5 月均值为 0.33,6 月均值为 0.74。5 月出太湖水量大于 6 月,综合污染指数 5 月小于 6 月。通过监测成果分析发现,持续出太湖时,综合污染指数在 0.3 附近;降雨量小于 20 mm,且在滞流或入太湖状态下,综合污染指数在0.9 以上。

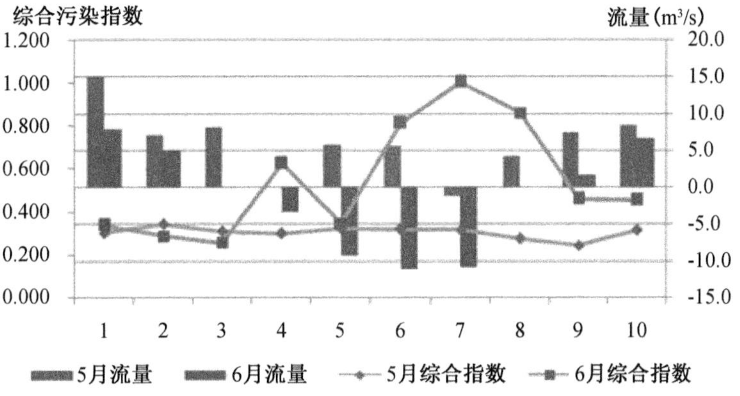

图 4.2-35　联湖桥综合污染指数与流量变化图

3. 阳澄区

(1) 永昌泾闸

永昌泾闸作为望虞河东岸口门,5 月平均综合污染指数为 0.29,6 月为 0.35,6 月较 5 月升幅为 20.7%。从图 4.2-36 可见,永昌泾闸 5 月综合污染指数在 0.2~0.3 之间,持续引望虞河水,流量在 7.50~16.6 m³/s,综合污染指数在 0.3 附近。6 月综合污染指数在 0.3~0.5 之间,第 1—3 日流量在 7.0~12.8 m³/s 间,综合污染指数在 0.3 以下;第 4 日起关闸,综合污染指数逐步上升至 0.35~0.5 之间。

永昌泾闸综合污染指数在 0.2~0.5 之间。引水期间,综合污染指数在 0.3 附近。持续滞流状态,综合污染指数在 0.35~0.50 之间。

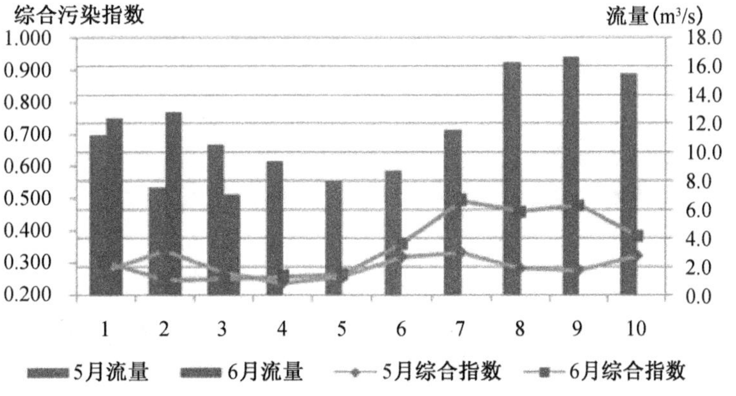

图 4.2-36　永昌泾闸综合污染指数与流量变化图

(2) 元和塘常相交界

元和塘常相交界 5 月平均综合污染指数为 0.59,6 月为 0.47,6 月较 5 月降幅为 20.3%。从图 4.2-37 可见,元和塘常相交界 5 月综合污染指数在 0.4~0.7 之间,流向向北,流量在 2.0~16.4 m³/s 之间。6 月综合污染指数在 0.2~0.7 之间,流向向北为主,流量在 4.90~45.3 m³/s 之间;监测期间第 1—3 日,综合污染指数在 0.3 以下;结合湘城站提供的降雨情况,该断面中后期综合污染指数增幅较大,为 0.6 以上。

元和塘常相交界综合污染指数在 0.2~0.7 之间。流向向北时,综合污染指数能维持在 0.6 以下,如遇降雨,且降雨量小于 20 mm,时,综合污染指数上升至 0.6 以上。

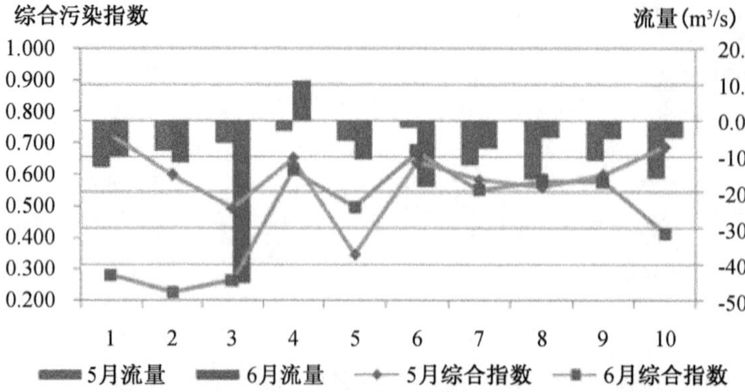

图 4.2-37 元和塘常相交界综合污染指数与流量变化图

(3) 界泾河入湖口

界泾河入湖口 5 月平均综合污染指数为 0.52,6 月为 0.48,6 月较 5 月降幅为 7.7%。从图 4.2-38 可见,界泾河入湖口 5 月综合污染指数在 0.4～0.6 之间,流向以向南为主,流量在 2.70～12.4 m^3/s 之间。6 月污染综合指数在 0.3～0.7 之间,流向以向南为主,流量在 7.14～23.0 m^3/s 之间,监测期间的前 3 日,综合污染指数在 0.4 以下;结合湘城站提供的降雨情况,第 4 日之后,综合污染指数有较大的增幅,达到 0.7。

界泾河入湖口综合污染指数在 0.3～0.7 之间。结合雨量情况,降雨量小于 20 mm 时,综合污染指数上升至 0.6 以上。

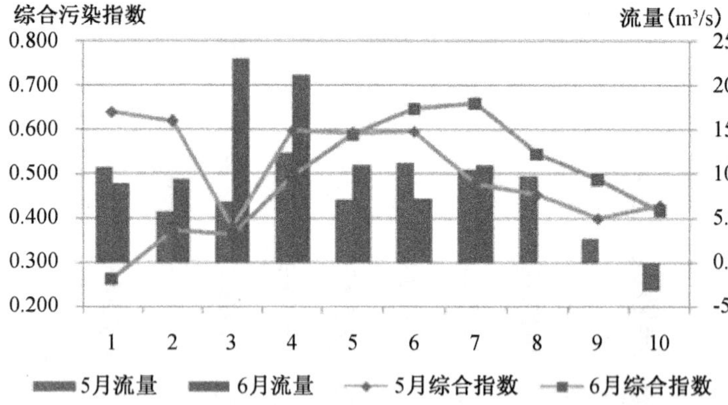

图 4.2-38 界泾河入湖口综合污染指数与流量变化图

(4) 盐铁塘常太交界

盐铁塘常太交界 5 月平均综合污染指数为 0.78,6 月为 0.95,6 月较 5 月增幅为21.8%。从图 4.2-39 可见,盐铁塘常太交界 5 月综合污染指数在 0.4～1.2 之间,受沿江口门持续引水,仅 11 日(第 3 日)流向向南,流量为 13.6 m^3/s,综合污染指数约为 0.6,并在 12—13 日降雨的情况下,综合污染指数保持在 0.6 以下。其余时段均滞流,综合污染指数在0.6～1.2 间。6 月监测期间均滞流,综合污染指数在 0.6～1.2 之间;结合直塘站提供的降雨情况,第 4 日之后,综合污染指数有较大的增幅,达到 1.0 以上。

盐铁塘常太交界综合污染指数范围在 0.4～1.2 之间,变化幅度较大,主要受上游来水及降雨面源的影响。

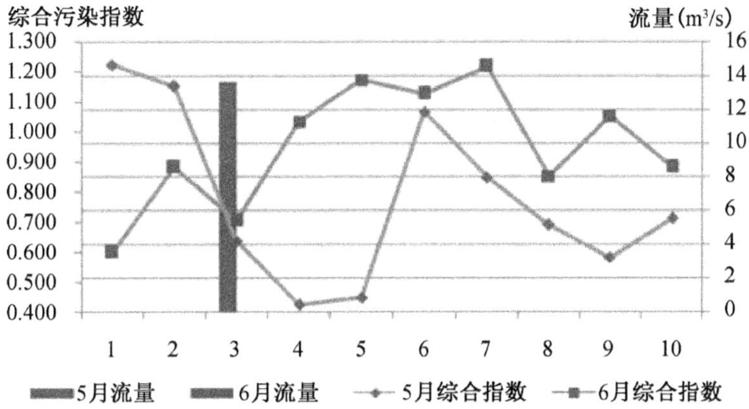

图 4.2-39 盐铁塘常太交界综合污染指数与流量变化图

（5）青阳港大桥

青阳港大桥 5 月平均综合污染指数为 1.36，6 月为 1.30，6 月较 5 月降幅为 4.4%。从图 4.2-40 可见，青阳港大桥 5 月综合污染指数在 1.0～1.6 之间，流向向南，流量在 19.8～65.4 m³/s 之间。6 月综合污染指数在 1.2～1.6 之间，流量在−67.2～54.9 m³/s 之间。结合昆山站提供的降雨情况，6 月第 3 日降雨量为 63.4 mm 之后，综合污染指数有较大的增幅，达到 1.6。

青阳港大桥综合污染指数范围在 1.0～1.6 之间，主要受周边污水汇入及降雨面源的影响。

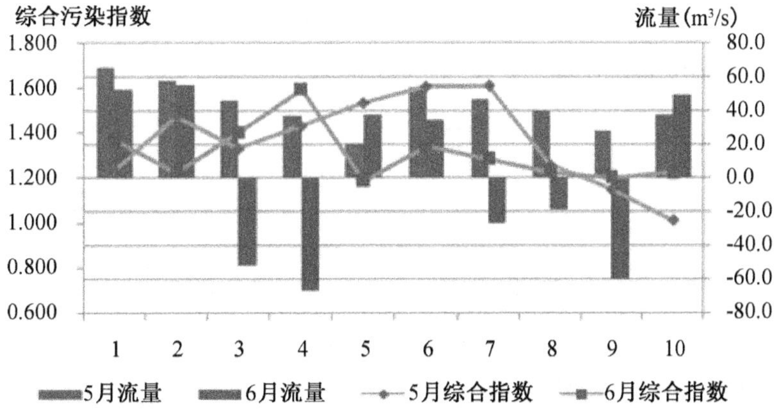

图 4.2-40 青阳港大桥综合污染指数与流量变化图

（6）七浦塘桥

七浦塘桥 5 月平均综合污染指数为 0.53，6 月为 0.40，6 月较 5 月降幅为 24.5%。从图 4.2-41 可见，七浦塘桥 5 月综合污染指数在 0.4～0.9 之间，流量在−136～27.2 m³/s 之间，最高值出现在第 4 日和第 5 日，结合湘城站提供的降雨情况，这两日的降雨量为 10～16 mm间。6 月综合污染指数在 0.3～0.5 之间，流量在−43.1～28.0 m³/s 之间。

七浦塘大桥常态下综合污染指数范围在 0.3～0.9 之间。本次降雨量在 10～16 mm 之间，综合污染指数达到 0.9。

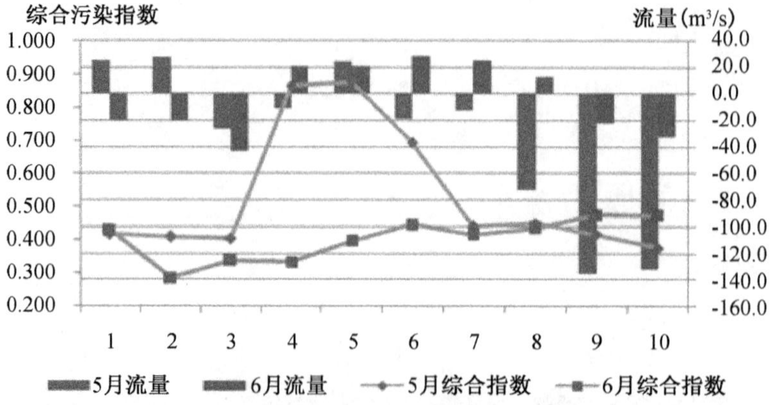

图 4.2-41　七浦塘桥综合污染指数与流量变化图

（7）阳澄东湖

阳澄东湖5月平均综合污染指数为0.50,6月为0.66,6月较5月增幅为32.0%。从图4.2-42可见,阳澄东湖5月综合污染指数在0.4～0.7之间,6月综合污染指数在0.5～0.9之间。6月引水量较5月少,综合污染指数偏高。

阳澄东湖综合污染指数范围在0.4～0.9之间,与降雨及上游来水水质水量有一定的关系。

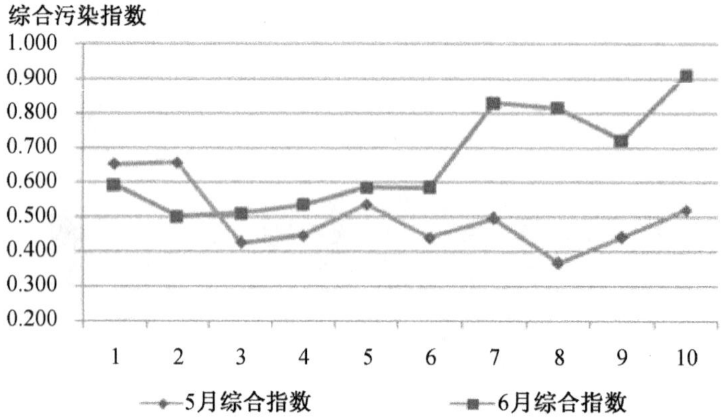

图 4.2-42　阳澄东湖综合污染指数变化图

阳澄区河网本次共监测断面7处。综合污染指数5月均值为1.10,6月均值为1.23,其中永昌泾闸、阳澄东湖和盐铁塘常太交界平均综合污染指数6月大于5月,其余4处综合污染指数6月小于5月。永昌泾闸和阳澄东湖综合污染指数分别在0.2～0.5和0.4～0.9之间,永昌泾闸为望虞河口门,受沿江口门引水的影响较大;阳澄东湖6月综合污染指数升高,与降雨及沿江引水量小有关。盐铁塘常太交界综合污染指数在0.4～1.2之间,本次监测发现,沿江口门持续引水,流向向南时,综合污染指数变优,降雨面源污染对综合污染指数变差有一定的影响。元和塘常相交界、界泾河入湖口和七浦塘桥综合污染指数在0.2～0.9之间,降雨量小于20 mm时,受到面源污染影响,综合污染指数达到0.6以上。青阳港桥综合污染指数在1.0～1.6之间,主要是周边污水的汇入及降雨面源的污染影响。

4. 淀泖区

(1) 界江大桥

界江大桥5月平均综合污染指数为0.76,6月为0.79,6月较5月增幅为3.9%。从图4.2-43可见,界江大桥5月综合污染指数在0.6～0.9之间,5月9日流量为13.7 m^3/s(流向向南),5月11日流量为1.97 m^3/s(流向向南),其余时段滞流。6月综合污染指数在0.6～0.9之间,监测期间均滞流。结合降雨、流量,综合污染指数变化受降雨因素影响不显著。

界江大桥综合污染指数范围在0.6～0.9之间,主要受周边污水汇入影响。

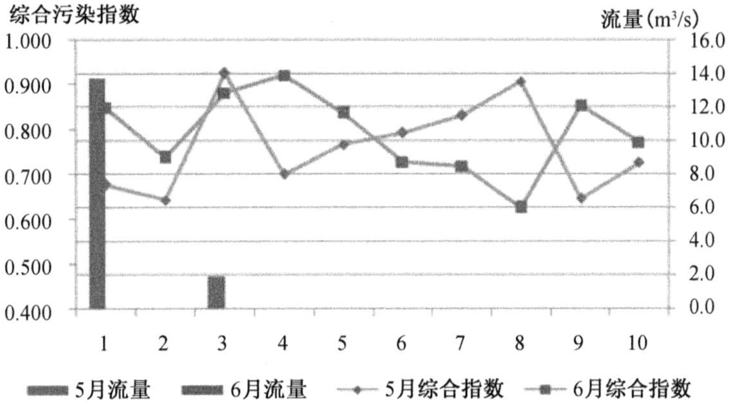

图 4.2-43　界江大桥综合污染指数与流量变化图

(2) 机场路大直港桥

机场路大直港桥5月平均综合污染指数为0.77,6月为0.79,6月较5月增幅为2.6%。从图4.2-44可见,机场路大直港桥5月综合污染指数在0.5～1.2之间,流向向南,流量为21.6～33.2 m^3/s。6月综合污染指数在0.6～1.1之间,流向以向南为主,流量为0～43.1 m^3/s;第1—3日,流量较大,结合降雨面源污染的汇入,综合污染指数达到1.1,后期滞流,综合污染指数有一定的下降。

机场路大直港桥综合污染指数范围在0.5～1.2之间。受上游水质及降雨面源污染的汇入影响较大。

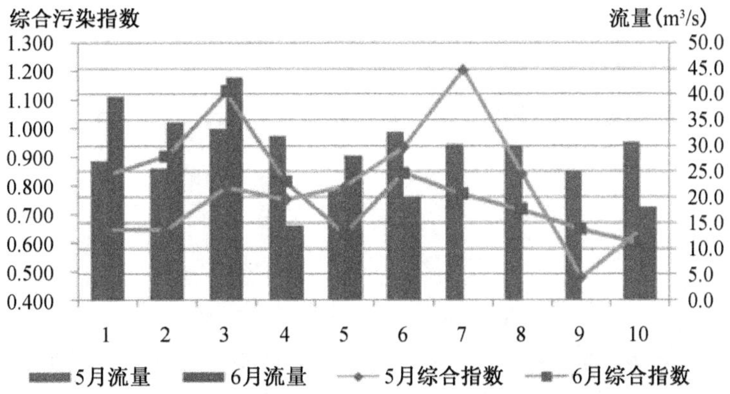

图 4.2-44　机场路大直港桥综合污染指数与流量变化图

(3) 澄湖

澄湖 5 月平均综合污染指数为 1.32,6 月为 1.86,6 月较 5 月增幅为 40.9%。从图 4.2-45 可见,澄湖 5 月综合污染指数在 1.1～1.7 之间。6 月综合污染指数在 1.4～2.4 之间。考虑 5 月各口门总引水量大于 6 月,且 6 月降雨量大于 5 月,6 月综合污染指数明显高于 5 月。

澄湖综合污染指数范围在 1.1～2.4 之间,变化幅度较大。各口门引水量及降雨量对其有一定的影响。

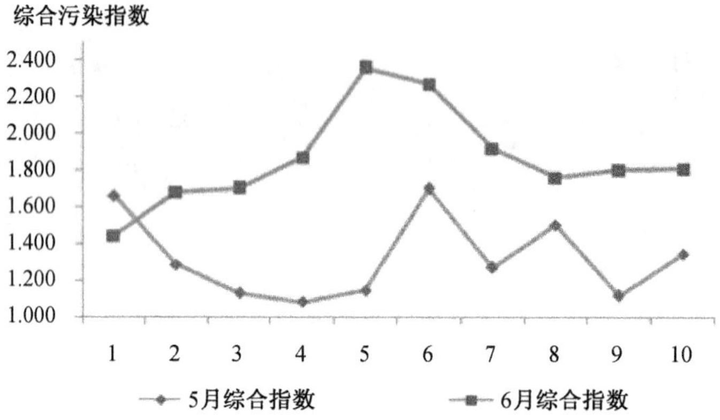

图 4.2-45 澄湖综合污染指数变化图

(4) 牛长泾桥

牛长泾桥 5 月平均综合污染指数为 0.78,6 月为 0.83,6 月较 5 月增幅为 6.4%。从图 4.2-46 可见,牛长泾桥 5 月综合污染指数在 0.5～1.0 间;在第 2—4 日综合污染指数0.8 以上,主要原因是降雨所带来的面源污染,且降雨量小于 15 mm。6 月综合污染指数在0.6～1.0 之间;在第 5—8 日水体滞流为主,综合污染指数在 0.8 以上,其中第 7 日流向向北,综合污染指数略有下降。

牛长泾桥综合污染指数范围在 0.5～1.1 间。考虑上游来水水质及陈墓站提供的雨量信息,雨量小于 15 mm 时,综合污染指数达到 0.8 以上;滞流状态下综合污染指数亦达到0.8 以上。

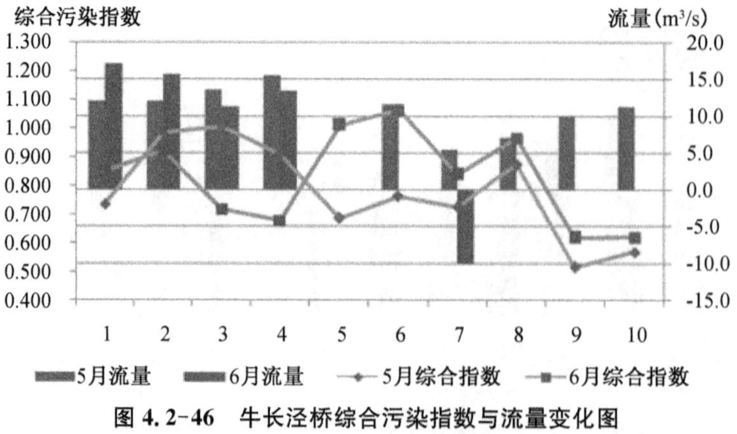

图 4.2-46 牛长泾桥综合污染指数与流量变化图

（5）大朱砂桥

大朱砂桥5月平均综合污染指数为0.44，6月为0.56，6月较5月增幅为27.3%。从图4.2-47可见，大朱砂桥5月综合污染指数在0.4～0.5间，流量在29.8～101 m^3/s之间。6月综合污染指数在0.5～0.7之间，流量在0～92.5 m^3/s之间。结合2轮监测前期，6月降雨量大于5月，综合污染指数6月高于5月。

大朱砂桥综合污染指数范围在0.4～0.7之间。降雨量对大朱砂桥综合污染指数有一定的影响。

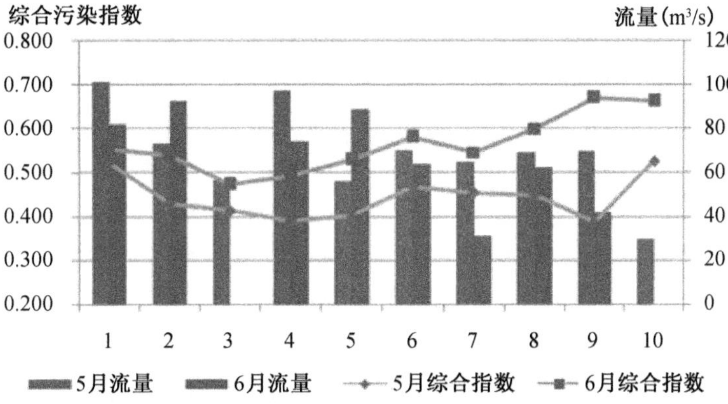

图4.2-47 大朱砂桥综合污染指数与流量变化图

（6）花桥吴淞江大桥

花桥吴淞江大桥5月平均综合污染指数为1.64，6月为1.48，6月较5月降幅为9.76%。从图4.2-48可见，花桥吴淞江大桥5月综合污染指数在1.5～1.9之间，流量在12.4～51.3 m^3/s之间。6月综合污染指数在1.3～1.6之间，流量在－24.3～68.2 m^3/s之间。

花桥吴淞江综合污染指数范围在1.3～1.9之间，呈不规则状，主要受周边污水汇入的影响。

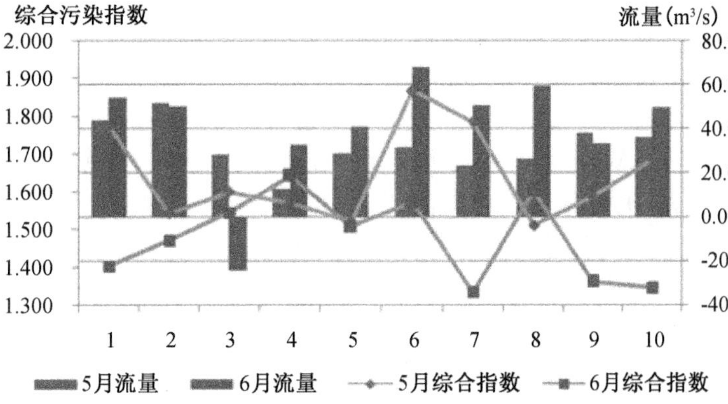

图4.2-48 花桥吴淞江大桥污染指数与流量变化图

（7）窑港桥

窑港桥5月平均综合污染指数为0.43，6月为0.54，6月较5月增幅为25.6%。从图4.2-49可见，窑港桥5月综合污染指数在0.3～0.5之间，流量在0～45.8 m^3/s之间。6月综合污染指数在 0.4～0.7 之间，流量在－27.4～54.6 m^3/s 之间。结合监测前期，6 月降雨量大于 5 月，综合污染指数 6 月高于 5 月。

窑港桥综合污染指数范围在 0.3～0.7 之间。降雨量对窑港桥综合污染指数有一定的影响。

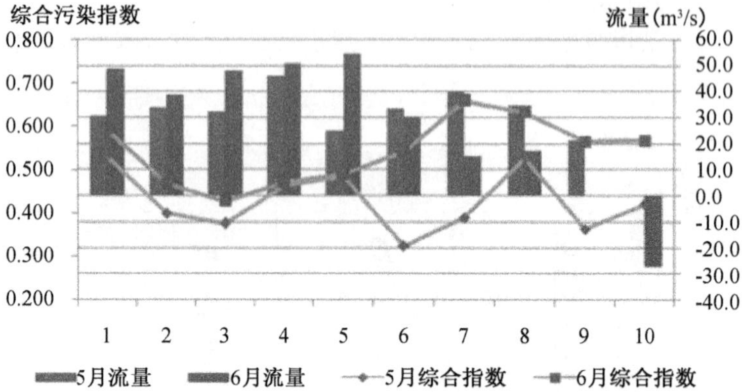

图 4.2-49 窑港桥污染指数与流量变化图

淀泖区河网本次共监测断面 7 处。综合污染指数 5 月均值为 0.77，6 月均值为 0.83，其中花桥吴淞江大桥 6 月综合污染指数小于 5 月，其余 6 处综合污染指数均大于 5 月。花桥吴淞江大桥综合污染指数在 1.3～1.9 之间，呈不规则状，主要受周边污水汇入影响。澄湖综合污染指数在 1.1～2.4 之间，综合污染指数 6 月大于 5 月，各口门引水及降雨量是影响因素。大朱砂桥和窑港桥水质综合污染指数在 0.3～0.7 之间，曲线趋势 6 月高于 5 月，主要是上游来水水质及降雨面源污染的影响。界江大桥、机场路大直港桥和牛长泾桥，水质综合指数曲线 6 月与 5 月呈交叉状，界江大桥影响因素为周边污水的汇入；机场路大直港桥和牛长泾桥主要为上游水质及降雨面源污染的影响。

5. 水质污染程度判别

根据本次阳澄淀泖区河网水质监测的 23 个站点，选取氨氮、高锰酸盐指数、总磷等 3 项指标，区域范围内统一以Ⅲ类水作为标准计算综合污染指数进行评价分析，以 5 月及 6 月水质均值计算，水质综合污染指数分布示意图详见图 4.2-50 和图 4.2-51。

根据水质综合污染指数的大小，可将水体分为合格、基本合格、污染和重污染四类。

合格：$P \leqslant 0.8$，各项水质指标基本上能达到相应的功能标准，即使有个别指标超标，但超标倍数较小(1 倍以内)，水体功能可以得到充分发挥，没有明显的制约因素。

基本合格：$0.8 < P \leqslant 1.0$，有少数指标超过相应类别的标准，但这些指标不直接影响到水体功能效应，水体功能没有受到明显损害，但在一定程度上受到某些因素(水质指标)的制约。

污染：$1.0 < P \leqslant 2.0$，由于综合指数已明显超过 1.0 的标准限制，多项指标值已超过相应的标准值，其水体功能明显受到制约，要充分发挥水体的原有功能需采取一定的工程性或非工程性措施，水质对应于其功能已受到污染。

重污染：$P > 2.0$，各项水体指标的总体均值已超过标准 1 倍以上，部分指标可能超过标准数倍，水体功能已受到严重危害，如不采取必要的措施，直接利用其水体功能可能是危险的。对这类水体必须采取必要的措施，或改变其功能，或付诸行动开展污染整治。

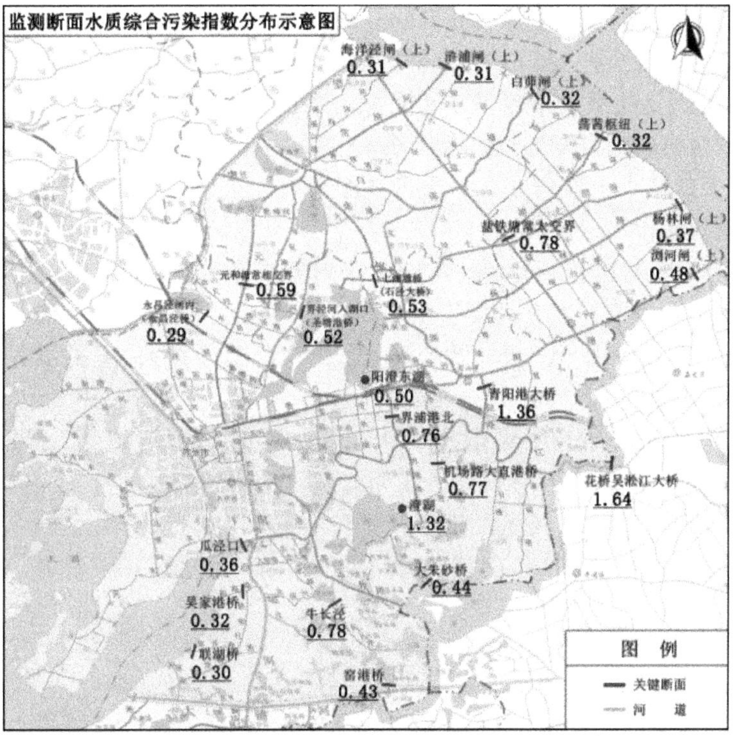

图 4.2-50 2017 年 5 月监测断面水质综合污染指数分布图

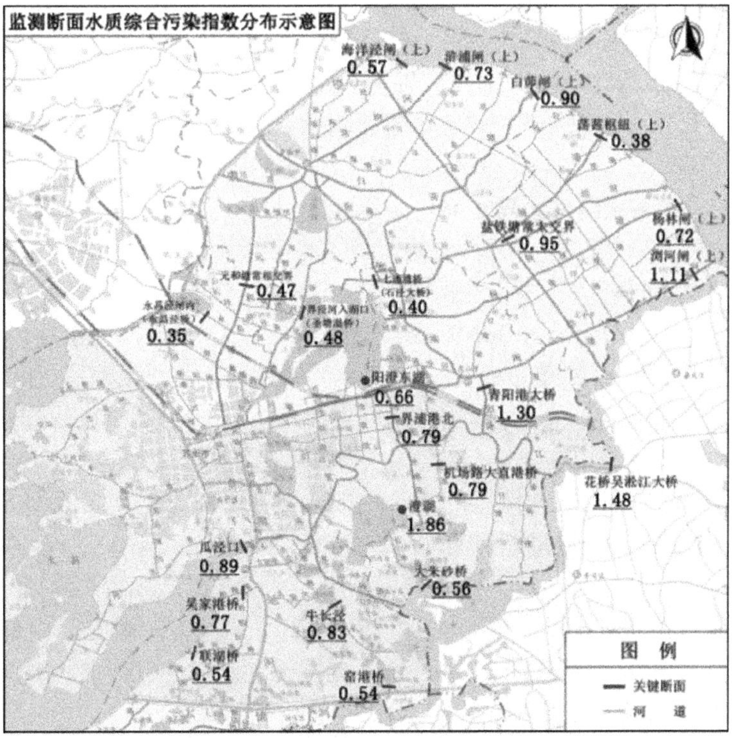

图 4.2-51 2017 年 6 月监测断面水质综合污染指数分布图

5月水质综合污染指数小于等于0.8的合格断面有20处，占87.0%；大于1.0且小于等于2.0的污染断面有3处，占13.0%，分别为澄湖、青阳港大桥、花桥吴淞江大桥。

6月水质综合污染指数小于等于0.8的合格断面有15处，占65.2%；大于0.8并小于等于1.0的基本合格断面有4处，占17.4%，分别为白茆闸(上)、瓜泾口、盐铁塘常太交界、牛长泾桥；大于1.0且小于等于2.0的受污染断面有4处，占17.4%，分别为浏河闸(上)、澄湖、青阳港大桥、花桥吴淞江大桥。

由于6月较5月沿江口门引水量少，同时降雨量较5月多，水质综合污染指数6月总体高于5月。水质综合污染指数6月高于5月的有18处，占78.3%；6月低于5月的有5处，占21.7%，分别为元和塘常相交界、界泾河入湖口、青阳港大桥、七浦塘桥和花桥吴淞江大桥。

本次区域内监测站点综合污染指数5月均值为0.60，6月均值为0.79，较5月增幅为30.8%，其中沿江口门、东太湖口门、阳澄区和淀泖区综合污染指数6月较5月增幅分别为108.5%、122.7%、11.3%和6.6%。考虑5月较6月降雨量少，引水量大，说明引水量与水环境改善密切相关，尤其对沿江口门和东太湖口门区域的水环境影响较大。

4.3 小结

(1) 降雨影响

第一轮监测(2017年5月9—18日)期间，阳澄淀泖区降雨面雨量28.3 mm，径流深4.4 mm，折合水量0.180 3亿 m^3。与区域闸站引水(1.390亿 m^3)相比，降雨量仅占阳澄淀泖区总进水量(1.570亿 m^3)的11.48%，对区域水量、水质影响较小。

第二轮监测(2017年6月8—17日)期间，阳澄淀泖区降雨面雨量110.3 mm，径流深32.7 mm，折合水量1.340亿 m^3。与区域闸站引水(0.183 4亿 m^3)相比，降雨量占阳澄淀泖区总进水量(1.523亿 m^3)的87.98%，对区域水利工程调度影响巨大，降雨期间各口门积极排水，引水较少，对区域河网水质也有一定影响。

(2) 引水影响

第一轮监测(2017年5月9—18日)期间，沿江闸站、望虞河东岸口门、东太湖口门分别引水8 540万 m^3、994.6万 m^3、4 366万 m^3，分别占阳澄淀泖区总进水量(1.570亿 m^3)的54.39%、6.34%、27.81%(降雨量占11.48%)，沿江闸站引水量最大。而沿江闸站中，海洋泾、浒浦闸、白茆闸、荡茜枢纽、杨林闸、浏河闸分别引水1 666万 m^3、999.0万 m^3、1 501万 m^3、625.5万 m^3、1 759万 m^3、1 989万 m^3，分别占沿江闸站总引水量(8 540万 m^3)的19.51%、11.70%、17.58%、7.32%、20.60%、23.29%，浏河闸引水量最大。阳澄湖入湖口门受上游引水影响，界泾河入湖口圣塘港桥断面共引水636.2万 m^3 入阳澄湖，占入阳澄湖总水量(3 521万 m^3)的18.07%；七浦塘桥断面共引水2 885万 m^3 入阳澄湖，占入阳澄湖总水量(3 521万 m^3)的81.93%。沿江闸站与望虞河东岸口门引水，使阳澄区内部河网及阳澄湖水位升高，形成南高北低的水势，促进水流进入淀泖区，促进淀泖区河网水体流动。同时，引水水质较好，有利于改善阳澄淀泖区内部水质。

第二轮监测(2017年6月8—17日)期间，沿江闸站、望虞河东岸口门、东太湖口门分别引水674.4万 m^3、277.3万 m^3、882.4万 m^3，分别占阳澄淀泖区总进水量(1.523亿 m^3)的

4.43%、1.82%、5.79%(降雨量占 87.98%)。受强降雨影响,沿江闸站除海洋泾和荡茜枢纽少量引水外,浒浦闸、白茆闸、杨林闸、浏河闸等都以排水为主。其中,浒浦闸、白茆闸、杨林闸、浏河闸分别排水 1 020 万 m^3、1 487 万 m^3、179.0 万 m^3、3 306 万 m^3,分别占沿江闸站总排水量(5 992 m^3)的17.02%、24.82%、2.99%、55.17%,浏河闸排水量最大。界泾河入湖口圣塘港桥断面共引水 789.5 万 m^3 入阳澄湖,占入阳澄湖总水量(1 057 万 m^3)的74.67%;七浦塘桥断面共引水 267.8 万 m^3 入阳澄湖,占入阳澄湖总水量(1 057 万 m^3)的25.33%。进入主汛期,受强降雨影响,沿江闸站引水较少,排水较多。

(3) 区域内部河网水量情况

第一轮监测(2017 年 5 月 9—18 日)期间,阳澄区沿江闸站与望虞河东岸口门持续引水,水流进入阳澄区内部河道及阳澄湖,形成"自东向西、自北向南"的水流格局。随后,水流汇入娄江—浏河一线,再流入淀泖区。淀泖区东太湖口门引水,水流自西向东,流入吴淞江与江南运河,阳澄区来水也汇入吴淞江,水量一部分通过吴淞江和江南运河流出淀泖区,另一部分流入淀泖区腹部河网,形成"自西向东、自北向南"的水流格局。最后淀泖区腹部河网水流汇入淀山湖,再经拦路港排出。阳澄淀泖区整体形成"长江、太湖→阳澄湖及周边、淀泖区→拦路港"的水循环线路。

第二轮监测(2017 年 6 月 8—17 日)期间,从整个时期和总体引排水量来看,阳澄湖以北地区,海洋泾引水,常浒河、白茆塘排水,形成"长江→区域腹部河网→常浒河、白茆塘→长江"的水循环线路;阳澄湖以南地区,荡茜枢纽、永昌泾、界泾河引水入阳澄湖,杨林塘、浏河排水,形成"长江、望虞河→阳澄区腹部、阳澄湖→杨林塘、浏河"的水循环线路;淀泖区东太湖口门瓜泾港、三船路港引水,北淀泖区省际边界排水,形成"太湖→淀泖区腹部→拦路港"的水循环线路。

阳澄区以阳澄湖为蓄水中心,东部河道连通长江,北部河道连通望虞河,区域内部骨干河道盐铁塘、元和塘分别被通江河道、通望虞河河道分割成多段,区域内河网水位、水量、流动性受沿江闸站及望虞河东岸口门引排水影响较大。因此,第一轮监测(2017 年 5 月 9—18 日)期间,阳澄区河网水位受持续引水影响不断上升,代表站湘城站 5 月 10 日出现最低水位 3.17 m,之后水位持续上升,5 月 18 日出现最高水位 3.33 m,平均水位 3.25 m;第二轮监测(2017 年 6 月 8—17 日)期间,雨量较大,引水量较小,降雨期间阳澄区河网水位迅速上升,后期水位逐渐消退,代表站湘城站 6 月 8 日出现最低水位 3.20 m,之后水位持续上升,6 月 11 日出现最高水位 3.53 m,平均水位 3.34 m。

淀泖区西部东太湖口门引水,北部吴淞江北岸承接阳澄区来水,外部来水水量一部分通过吴淞江干流、江南运河排出淀泖区,另一部分流入淀泖区腹部。淀泖区腹部被吴淞江、江南运河、太浦河半包围,湖泊众多却缺少骨干河道,水体流动性差,受降雨影响较大,两轮监测期间均呈现出降雨时期河网水位抬升,降雨结束水位逐渐下降。其中,第一轮监测期间陈墓站水位 5 月 9 日出现最低水位 3.02 m,5 月 13 日出现最高水位 3.13 m,持续 3 d,水位逐渐回落,平均水位 3.08 m;第二轮监测期间陈墓站水位 6 月 8 日出现最低水位 3.02 m,6 月 14 日出现最高水位 3.36 m,持续 3 d,水位逐渐回落,平均水位 3.24 m。

(4) 水质成果及变化情况

阳澄淀泖区 23 个监测断面中,第一轮监测期间大部分断面水质都不低于Ⅲ类水,Ⅲ类及优于Ⅲ类水断面占 78.2%,第二轮监测期间Ⅲ类及优于Ⅲ类水断面仅占 39.1%,与第一轮监测期间相比减少了 39.1%，断面水质转为以Ⅳ类水为主。

综合分析溶解氧、高锰酸盐指数、氨氮和总磷 4 个主要指标的变化情况，发现第一轮监测时各指标主要集中在Ⅲ类及以上，第二轮监测时，口门引水减少，结合关闸或排水等情况，水质评价优于Ⅲ类的都有所减少，更多地往Ⅲ类和Ⅳ类水区间转移。

水质综合污染指数第一轮小于等于 0.8 的合格断面占 87.0%，第二轮合格断面占65.2%，较第一轮减少了 21.8%。降雨及沿江口门关闸对区域水环境有一定的影响。

沿江口门：监测期间 5 月份以开闸且引水为主，6 月份多为关闸状态且不时向长江排水，6 月份各项指标的浓度、单项评价及水质综合评价均劣于 5 月份。6 个口门中，白茆闸(上)各指标的变化幅度最大，荡茜枢纽(上)各指标的变化幅度最小。从 6 个指标的区域平均变幅来看，氨氮的变化幅度最大，上升了 245.5%，其次是总磷，上升了 117.2%。

水质综合污染指数 5 月明显优于 6 月。根据监测成果观察发现，各口门持续引水，综合污染指数在 0.3 附近。其中海洋泾引排水、荡茜枢纽引排或关闸时综合污染指数相对稳定，整个汛期监测期间不超过 0.8；浒浦闸、白茆闸、杨林闸、浏河闸排水或关闸期间，综合污染指数达到 0.8 以上。

东太湖口门：5 月份基本都是开闸引太湖水的状态，而 6 月份开闸天数不到 5 月份的一半，并且存在排水情况。各项指标的浓度值、单项评价和水质综合评价 6 月份均劣于 5 月份。三个口门中，指标变化幅度最大的为瓜泾口，指标变化幅度最小的主要为联湖桥，吴家港桥的氮元素指标(氨氮和总氮)变化幅度最大。从 6 个指标的区域平均变幅来看，氨氮的变幅最大，上升了 308.7%，其次是总磷，上升了 174.2%。

东太湖 3 处口门，5 月出太湖水量大于 6 月，综合污染指数 5 月小于 6 月。通过监测成果观察，持续出太湖时，综合污染指数在 0.3 附近；降雨量小于 20 mm，且在滞流或入太湖状态下，综合污染指数在 0.9 以上。

阳澄区河网：各指标的变化情况比沿江口门的要复杂得多。从区域浓度平均值来看，阳澄区河网的高锰酸盐指数、化学需氧量和氨氮指标 6 月份优于 5 月份，溶解氧、总磷和总氮指标 6 月份劣于 5 月份，可能由于 6 月份进入夏季，温度升高引起水体的溶解氧下降，富营养化加重导致。从 6 个指标的区域平均变幅来看，总磷的变化幅度最大。

阳澄区河网本次监测的 7 处断面中，永昌泾闸、阳澄东湖和盐铁塘常太交界平均综合污染指数 6 月大于 5 月，其余 4 处综合污染指数 6 月小于 5 月。永昌泾闸和阳澄东湖综合污染指数分别在 0.2～0.5 和 0.4～0.9 之间，永昌泾闸为望虞河口门，受沿江口门引水的影响较大；阳澄东湖 6 月综合污染指数升高，与降雨及沿江引水量小有关。盐铁塘常太交界综合污染指数在 0.4～1.2 之间，本次监测发现，沿江口门持续引水，流向向南时，综合污染指数变优，降雨面源污染对综合污染指数变差有一定的影响。元和塘常相交界、界泾河入湖口和七浦塘桥综合污染指数在 0.2～0.9 之间，降雨量小于 20 mm 时，受到面源污染原因，综合污染指数达到 0.6 以上。青阳港桥综合污染指数在 1.0～1.6 之间，主要是周边污水的汇入及降雨面源的污染影响。

淀泖区河网：各指标的变化情况比东太湖口门的要复杂得多。从区域浓度平均值来看，淀泖区河网的高锰酸盐指数和化学需氧量指标 6 月份优于 5 月份。高锰酸盐指标(或化学需氧量指标)主要反映河道上游工业污染状况，主要受上游工业污染排放的影响。从淀泖区监测期间各指标的变化情况来看，6 月份区间内的工业排污有所减轻。从 6 个指标的区域平均变幅来看，总磷的变化幅度最大。

淀泖区河网本次监测的7处断面中，花桥吴淞江大桥6月综合污染指数小于5月，其余6处综合污染指数均大于5月。花桥吴淞江大桥综合污染指数在1.3～1.9之间，呈不规则状，主要受周边污水汇入影响。澄湖综合污染指数在1.1～2.4之间，综合污染指数6月大于5月，各口门引水及降雨量是影响因素。大朱砂桥和窑港桥水质综合污染指数在0.3～0.7之间，曲线趋势6月高于5月，主要是上游来水水质及降雨面源污染的影响。界江大桥、机场路大直港桥和牛长泾桥，水质综合指数曲线6月与5月呈交叉状，界江大桥影响因素为周边污水的汇入；机场路大直港桥和牛长泾桥主要为上游水质及降雨面源污染的影响。

（5）水量水质时空变化与相互关系

沿江闸站、望虞河东岸口门、东太湖口门等主要引排河道由于地理位置、节制闸形状、泵站设计能力等因素不同，引水能力不同，受本身所引水源的水量、水质的影响，水位、流量、水质变化较大，大多为引水期间水质改善，排水或关闸期间水质综合污染指数有所上升。

根据两轮汛期监测的水质分析发现，各口门的开关闸和引排水变化对阳澄区骨干河道的影响更大，因此评价“维持”的断面数淀泖区更多，评价变差的断面数阳澄区更多。沿江口门引长江水对区域内的水质有很大的影响，阳澄区离长江口门更近，受到的影响程度也就更大，经过阳澄淀泖区错综复杂的河网调蓄作用，淀泖区河道受长江口门的引排水影响就相对削弱了很多，反而受附近污染源汇入的影响可能表现得更为及时和明显。

究其原因，主要是水位、流量、水质变化与区域降水、各口门引水量影响和引水的时间、相对位置、距离远近、大小形状以及上下游水系都有密切关系。相对来说，引水量越大、历时越长、距离越近，受影响程度越大、水位流量变化越大、水质改善越快；上游支流越多、面源点源越多，水位流量变化越复杂，水质改善越慢。阳澄区骨干河道众多，受引排水影响明显；淀泖区湖泊众多，距离引江口门较远，受降雨和区间污染源汇入等影响更明显。

5 有序流动规律探索

利用阳澄淀泖区有序流动非汛期(3 月)和汛期(5 月、6 月)的监测资料,选取水量水质同步监测数据,分析水量的流速指标与主要水质指标之间的相关关系,探索水体有序流动流速-水质的响应机制。

5.1 相关关系计算

相关关系用来表明现象之间相互依存关系的密切程度。相关系数以数值的方式精确地反映两个变量之间线性相关的强弱程度及相关方向。本节选择 Pearson 相关系数 r 来计算流速与水质指标之间的相关关系。

1. 皮尔逊相关系数

皮尔逊相关系数又称皮尔逊积矩相关系数、简单相关系数,它描述了 2 个定距变量间联系的紧密程度,用于度量 2 个变量 X 和 Y 之间的相关(线性相关),样本的相关系数用 r 表示,总体相关系数用 ρ 表示。

若 $r>0$,表明 2 个变量是正相关,即一个变量的值越大,另一个变量的值也会越大;若 $r<0$,表明 2 个变量是负相关,即一个变量的值越大,另一个变量的值反而会越小。r 值介于−1 与 1 之间,绝对值越大表明相关性越强。

一般定义为:

$0.8< r \leqslant 1.0$ 极强相关

$0.6< r \leqslant 0.8$ 强相关

$0.4< r \leqslant 0.6$ 中等程度相关

$0.2< r \leqslant 0.4$ 弱相关

$0.0\leqslant r \leqslant 0.2$ 极弱相关或无相关

在实际分析中,相关系数大都是利用样本数据计算的,因而带有一定的随机性,因此也需要对相关关系的显著性进行检验,即判断样本相关系数 r 是否来自于 $\rho\neq 0$ 的总体,可以采用 t 检验或者 F 检验,此时的零假设和备择假设分别为 $H_0:\rho=0$,$H_A:\rho\neq 0$。

t 检验统计量 $t=r/S_r$,$df=n-2$;$S_r=\sqrt{\frac{1-r^2}{n-2}}$ 称为相关系数的标准误差。

2. 相关分析软件

采用 SPSS(Statistical Package for Social Science)软件进行分析。SPSS 是由美国 SPSS 公司自 20 世纪 80 年代初开发的大型统计学软件包。它集数据整理、分析过程、结果输出等功能于一身,使用 Windows 的窗口方式展示各种管理数据和分析方法的功能,清晰、直观,易学易用,涵盖面广。

SPSS 将自动计算 Pearson 相关系数,t 检验的统计量和对应的概率 P 值。当 $P<0.05$

时，拒绝零假设，说明两变量之间存在着显著的线性相关关系；当 $P \geqslant 0.05$ 时，接受零假设，表明两变量间不存在线性相关关系。

5.2 流速-水质相关性结果与分析

5.2.1 样本选择

有序流动试验非汛期(3 月)共计监测了 47 个断面，从 3 月 9 日至 3 月 23 日，水量为每天连续监测，水质为隔天监测，因此本轮共有 8 d 的水质水量同步数据。其中，沿江口门无法测得准确流速，部分断面一直关闸没有流速，以及湖泊等断面扣除，实际参与流速—水质相关分析的为 35 个断面 8 d 的流速水质同步数据。

汛期 5 月和 6 月进行监测，每月分别连续 10 d 进行水量水质同步监测，断面数精简为 23 个，用与非汛期相同的原则进行扣除后，本轮实际参与流速-水质相关分析的为 14 个断面 20 d 的流速水质同步数据。

由于非汛期和汛期进行监测期间，水体在常态流动下都被加以人为的水利工程调度，水体其实都是在一种有序流动的状态下，因此将汛期和非汛期两轮的流速水质同步数据结合，进行水体有序流动流速-水质的响应机制探索。

最后，采用共计 14 个断面的 28 组样本以及 21 个断面的 8 组样本进行流速-水质相关性计算分析。

5.2.2 相关性结果分析

选择溶解氧、高锰酸盐指数、氨氮和总磷 4 个主要水质指标，对每组样本分别进行流速-溶解氧、流速-高锰酸盐指数、流速-氨氮和流速-总磷的相关关系计算。

对于溶解氧指标，数值越大表明水质越好，因此流速-溶解氧相关系数为正时，表明流速越大，溶解氧指标越大，水质越改善。

对于高锰酸盐指数、氨氮和总磷三项指标，数值越大表明水质越差，当流速-高锰酸盐指数、流速-氨氮和流速-总磷的相关关系为正时，表明流速越大，各项指标值越大，水质恶化。因此当该三项相关系数为负时，表明随着流速的增大，水质有改善。

根据 SPSS 软件计算结果显示，35 个断面中共有 26 个断面的流速与 4 个水质指标相关关系均接受零假设，表明流速与各水质指标不存在线性相关关系。另 9 个断面的流速与部分水质指标存在相关关系。具体的相关系数见表 5.2-1。

表 5.2-1 流速-水质指标相关系数

序号	断面	流速-溶解氧	流速-高锰酸盐指数	流速-氨氮	流速-总磷
1	永昌泾闸	0.546	/	−0.569	−0.611
2	界泾河入湖口	−0.476	/	/	/
3	盐铁塘常太交界	/	−0.549	/	/
4	界江大桥	0.823	/	/	/
5	花桥吴淞江大桥	−0.711	−0.549	/	/

续 表

序号	断面	流速-溶解氧	流速-高锰酸盐指数	流速-氨氮	流速-总磷
6	大直港桥	/	/	0.458	/
7	窑港桥	/	/	−0.471	/
8	西三环湖桥	0.869	−0.881	−0.872	/
9	斜塘河桥	/	0.860	/	/

注：表中“/”表示不存在相关关系，故不体现相关系数。

1. 水质指标

(1) 溶解氧

呈现流速与溶解氧有相关关系的断面有5个，其中界泾河入湖口流速-溶解氧呈中等负相关关系，花桥吴淞江大桥流速-溶解氧呈强负相关关系，即流速越大，溶解氧越小；永昌泾闸、界江大桥和西三环湖桥的流速-溶解氧呈极强正相关关系，即流速越大，溶解氧越大，水质越改善。

(2) 高锰酸盐指数

呈现流速与高锰酸盐指数有相关关系的断面有4个，其中3个呈负相关关系，即随着流速增大高锰酸盐指数有所改善，分别为：盐铁塘常太交界和花桥吴淞江大桥，流速-高锰酸盐呈中等强度负相关，西三环湖桥呈极强相关；1个呈正相关关系，为斜塘河桥，呈极强正相关性，即高锰酸盐指数随着流速的增大呈恶化趋势。

(3) 氨氮

呈现流速与氨氮有相关关系的断面有4个，其中3个是负相关关系，即流速越大，氨氮有所改善，分别为：永昌泾闸和窑港桥，流速-氨氮呈中等强度负相关，西三环湖桥呈极强负相关；1个呈正相关关系，为大直港桥，呈中等强度正相关。

(4) 总磷

4个水质指标中，总磷与流速的相关性最小，35个断面中仅有永昌泾闸的流速-总磷呈中等强度相关关系，因此初步认为阳澄淀泖区有序流动时水体的流速变化与总磷指标的大小没有明显的关系。

综合以上对4个主要水质指标的分析，可以看出流速与溶解氧的相关性最大，其次是高锰酸盐指数和氨氮，与总磷的相关性很小。

2. 监测断面

表5.2-1的9个断面中，永昌泾闸和西三环湖桥4个水质指标中均有3个指标与流速存在相关关系，并且各指标随着流速的增大都呈改善变化。西三环湖桥的溶解氧、高锰酸盐指数和氨氮与流速都呈极强相关，表明流速提高时，断面水质有明显的改善。西三环湖桥为望虞河东岸的引水口门，当流速增大时，引望虞河的水量增大，随着望虞河优质水源的汇入，断面的水质得到明显改善。

永昌泾闸的溶解氧、氨氮和总磷与流速均呈中等强度相关，表明流速提高时，水质有相应的改善。永昌泾闸多数时候引望虞河水，因此总体看当流速增大时，水质有所改善；由于其与望虞河之间连接着漕湖，当开闸引水时，还需经过漕湖的调蓄作用出水，到达该断面的水质受到了漕湖水质的影响，且其流向有时为入望虞河，所以当流速增大时，该断面的水质情况受流向和漕湖水质情况等影响，不一定都表现出改善趋势，所以永昌泾闸各相关系数不如西三环湖桥的大，流速与各水质指标仅呈中等强度相关。

花桥吴淞江大桥有 2 个指标与流速存在相关关系，分别为溶解氧和高锰酸盐指数，其中流速-溶解氧呈强负相关，流速增大，溶解氧恶化；流速-高锰酸盐指数呈中等强度负相关，流速增大，高锰酸盐指数改善。仅当流速增大时，水质不一定会改善，因为水质情况同时受很多因素影响，如溶解氧指标与温度和压力也有很大的关系，因此认为水质的改善与流速之间不是单一的双向关系。

界泾河入湖口多为入阳澄湖，从流速-溶解氧为负相关来看，当流速增大时溶解氧变差，这可能受界泾河来水水质的影响。

盐铁塘常太交界的流速-高锰酸盐指数为中等强度负相关，当该断面流速增大时，高锰酸盐指数变小，有序流动试验期间，该断面大多数流向向南，主要为白茆塘来水，因此流速提高时，水体本身的自净能力加强，同时伴有优质的来水汇入，高锰酸盐指数得到改善。

界江大桥的流速-溶解氧为极强正相关，当流速增大时，溶解氧指标有明显改善。试验期间，界江大桥流向都为向南，流速增大时，水体流动性好，溶解氧指标得到有效改善，由于娄江来水对其水质有直接影响，因此其他水质指标与流速之间没有反映出显著的相关关系。

大直港桥的流速-氨氮为中等强度正相关，当流速增大时，氨氮指标变大，呈恶化趋势。试验期间，大直港桥流向向南，直接受吴淞江来水的影响，由于吴淞江的水质一直较差，当流速增大时，更多来自吴淞江的水流汇入，断面水质可能恶化。

窑港桥的流速-氨氮为中等强度负相关，当流速增大时，氨氮指标值减小，呈改善变化。调水试验期间，窑港桥流向向南，受三白荡来水的影响很大，三白荡的水质较好，因此当流速增大时，三白荡来水变多，水体流动性增强，水体的氨氮指标可能因此有改善。

斜塘河桥的流速-高锰酸盐指数为强正相关关系，表明当流速增大时，高锰酸盐指数也变大，该指标呈恶化趋势。由于斜塘河桥仅在非汛期(3 月)进行了 8 d 的监测，汛期未进行监测，所以只有相应的 8 组样本参与了相关关系计算，且 8 d 中有 5 d 水体滞流，流速为 0，因此认为该断面参与分析的样本数太少，且代表性不强，计算出的相关系数可参考性不强。

综合以上分析，发现西三环湖桥和永昌泾闸流速与水质存在较大的相关性，并且流速增加，水质改善，其中西三环湖桥的相关性更强。其他 7 个断面的流速仅与一两个水质指标存在相关关系，且仅为中等强度相关。

通过分析各个断面的实际情况，发现水质的改善在流速增大的基础上，很大程度取决于来水的水质情况，但即使在流速增大，来水水质较好的情况下，不少断面也仅有个别水质指标改善，很难实现整体水质改善的理想状况。由此可见，流速与水质之间的关系比较复杂，很难存在单一的响应关系。

3. 区域分布

从表 5.2-1 中各断面的地理位置来分析，西三环湖桥和永昌泾闸分别为望虞河东岸的口门，平时以引水为主，来水的水质情况最好，当流速提高时，断面的过水量增大、水体流动性更好，因此这两个断面的流速与大部分水质都表现出比较强的相关性，并且水质随流速增大呈改善变化。

界泾河入湖口为阳澄西湖的入湖河道，本次分析发现其流速-溶解氧呈负相关关系，流速增大，溶解氧降低，可能是水体流动带动更多的不利因素进入水体，反而导致水质指标呈现恶化趋势。

花桥吴淞江大桥为省际边界河道，且吴淞江现在主要为一条排污河道，水质一直较差，上文的分析中指出该断面当流速增大时，高锰酸盐指数有所改善，溶解氧有所恶化，其流速与水质指标表现出复杂不一的关系，由于其水体本身的污染负荷较大，流速增大对水质的综合改善作用有待进一步的研究。

其他为区域内的骨干汇水河道，其中界江大桥和斜塘河桥流速与水质指标的相关系数大于 0.8，呈极强相关，分析这两个断面的流速变化，都是大部分时间处于滞流状态，当水体流动起来时，某些水质指标即呈现明显的改善。剩余 3 个断面分别仅有 1 个水质指标与流速呈相关关系，并且相关系数都小于 0.6，考虑有序流动试验监测的时间和天数有限，每组断面的样本数有限，计算结果具有一定的片面性和随机性，针对这些断面的监测成果认为流速与水质的相关关系不大。

因此从区域上看，望虞河东岸口门的流速与水质指标间的相关性明显好于区域内骨干河道。对于沿程污染物较多或者自身污染负荷较大的河道，流速与水质之间的关系最为复杂，水质情况可能更多地受污染物含量的影响，流速改变所起的作用显得相对微弱。

5.3 监测成果与模拟成果对比分析

重点通过有序流动调度方案与现状调度方案模拟效果的对比分析，以及试验期间实测数据与模拟数据的对比分析，验证有序流动的实际效果。统计模拟方案的主要河道流速数据成果和实际观测时段平均流速(见表 5.3-1)，可以发现 3 月份除七浦塘闸和长牵路港平均流速较高，能达到模拟的平均流速外，其余河道平均流速均相对模拟计算流速较小，5 月和 6 月流速的监测平均值大于等于 3 月份监测平均值，其中七浦塘入湖段流速超过或与模拟计算流速持平，长牵路港平均流速则均超过模拟计算流速，其余河道流速较模拟计算流速偏小。出现偏差的原因，一是模拟计算本是原型的概化，存在一定偏差；二是实际监测时段内，受降雨等影响，无法严格按照设定的方案对工程进行调度。

表 5.3-1 各河道原位观测值与模拟计算值对比 单位：m/s

河道	模拟流速	3 月监测值		5 月监测值		6 月监测值	
		平均流速	最大流速	平均流速	最大流速	平均流速	最大流速
七浦塘闸	0.31	0.67	0.92	/	/	/	/
七浦塘(湖)	0.16	0.01	0.12	0.29	0.79	0.15	0.16
杨林塘	0.18	0.10	0.15	/	/	/	/
元和塘	0.08	0.04	0.07	0.04	0.07	0.05	0.19
张家港	0.09	0.05	0.19	/	/	/	/
永昌泾(闸)	0.45	0.10	0.15	0.13	0.19	0.12	0.15
永昌泾(湖)	0.27	0.02	0.04	/	/	/	/
娄江	0.09	0.02	0.07	/	/	/	/

续 表

河道	模拟流速	3月监测值		5月监测值		6月监测值	
		平均流速	最大流速	平均流速	最大流速	平均流速	最大流速
界浦港	0.11	0.05	0.08	0.03	0.05	/	/
苏申外港	0.13	0.10	0.21	/	/	/	/
长牵路港	0.14	0.15	0.30	0.23	0.34	0.17	0.31

由于原位观测时段中，3月份受降雨影响工程参与调度的时间较短，5月份则基本不受降雨影响，工程基本按引水方案参与调度，因此以3月监测期间数值为基准，5月监测期间数值为有序流动状态，进行河道水质改善程度分析，与模拟计算改善幅度进行对比（见表5.3-2），可以发现沿江口门水质改善程度均相对较高，而腹部骨干河道改善效果较弱，阳澄湖西侧河道断面水质较差。

表5.3-2 河道水质（NH_3-N）改善程度对比

河 道	断 面	实测改善幅度	模拟改善幅度
常浒河	浒浦闸（上）	−84.6%	−17.1%
白茆塘	白茆闸（上）	−81.9%	−12.0%
七浦塘	荡茜枢纽（上）	−30.4%	−36.1%
杨林塘	杨林闸（上）	−72.9%	−5.9%
浏河	浏河闸（上）	−10.6%	−28.6%
永昌泾	永昌泾闸内	0.0%	−31.5%
界泾河	界泾河入湖口	30.3%	
七浦塘	七浦塘桥	58.1%	−34.8%
元和塘	元和塘常相交界处	54.2%	0.0%
青阳港	青阳港大桥	4.0%	
界浦港	界江大桥	−32.4%	
大直港	机场路大直港桥	−41.2%	
牛长泾	牛长泾桥	−33.3%	−20.0%
大、小朱砂	大朱砂桥	−66.0%	−14.3%
吴淞江	花桥吴淞江大桥	−7.5%	−11.8%
平均值		−21.0%	−19.3%

注：负值为改善。

5.4 综合结果

对14个断面的28组样本以及21个断面的8组样本进行流速-水质相关性计算分析，

仅有 9 个断面的流速与部分水质指标存在相关关系。根据这个结果，首先认为流速与水质的相关性并不太强，主要由于水质是由许多因素表现出来的综合情况，其中例如流速之类的某个单一因素改变只可能对其产生影响，产生直接的相关关系很难。

但当尝试从计算出相关关系的断面和水质指标等角度去分析探索时，也发现了一定的规律。从指标的角度来看，本次有序流动试验期间流速与溶解氧的相关性最大，其次是高锰酸盐指数和氨氮，与总磷的相关性很小。从区域分布来看，望虞河东岸口门的流速与水质指标间的相关性明显好于区域内骨干河道。从断面来看，引水口门的流速与水质各指标相关性较强，流速提高，水质改善明显，并且距离引水来源更近的西三环湖桥各相关系数明显高于距离略远一些的永昌泾闸；本身滞流较多的河道，当水体有序流动时，水质的改善效果也更为明显；若河道自身水质较差，沿程污染物汇入较多，当水体流速增大时，水质变化情况较为复杂，具体的相关关系及变化规律有待更深入的研究。

另外，根据以上的分析不难发现，水质的改善在流速增大的基础上，很大程度取决于来水的水质情况，即使在流速增大，来水水质较好的情况下，若河道自身沿程有不确定的污染源汇入，水质也可能恶化。因此，区域内水环境改善的根本措施在于污染源的控制与治理，有序流动只能是一种辅助手段。

6 结论与建议

6.1 结论

选取阳澄淀泖区为典型区域，调研收集了阳澄淀泖区基础资料，在 2017 年 3 月 9—23 日开展了调水试验，定量分析了阳澄淀泖区河湖水体有序流动对水量水质调度的响应机理。通过对阳澄淀泖区开展水量水质原型观测试验，研究了阳澄淀泖区河湖水体流动规律，验证了典型区域河湖水体有序流动与水环境调度的响应机制，提出了阳澄淀泖区河湖水体有序流动的综合调度建议，并在后期的水利工程实际调度中成功应用了“多引多排”的调度方式。

结论一：通过非汛期调水试验和汛期水量水质监测，非汛期调水试验期间阳澄淀泖区进出水量基本相同，汛期水量水质监测从总量看，两个监测时段对比，进入阳澄淀泖区水量与排出水量基本相当；阳澄区河湖水位受沿江引排影响较大，而淀泖区受降雨影响较大；新七浦塘工程对引江水入阳澄湖起到重要作用；阳澄淀泖区整体呈现“自北向南”的水流格局。

非汛期调水试验期间监测成果表明，阳澄淀泖区降雨地表产流 0.524 5 亿 m^3，沿江闸站共引水 108.6 百万 m^3，望虞河东岸口门共引水 30.65 百万 m^3，东太湖口门共引水 29.55 百万 m^3，太浦河北岸口门共引水 6.584 百万 m^3，省际边界流入水量 2.942 百万 m^3，共引水 2.308 亿 m^3 进入阳澄淀泖区；沿江闸站共排水 13.01 百万 m^3，望虞河东岸口门共排水 5.009 百万 m^3，东太湖口门共排水 5.373 百万 m^3，太浦河北岸口门共排水 75.60 百万 m^3，省际边界共排水 181.2 百万 m^3，共排水 2.802 亿 m^3 出阳澄淀泖区。汛期调水试验期间监测成果表明，5 月份降雨较少，沿江口门、望虞河口门和环湖东太湖口门主要以引水为主，太浦河北岸口门及苏沪省际以排水为主；6 月份降雨较多，降雨期间区域水位出现升高，但均未超过警戒水位，因此沿江口门有引有排，引排总量相当，东太湖口门出现短期向太湖排水，太浦河北岸口门和省际边界排水量与 5 月份基本相当。七浦塘引水 26.04 百万 m^3 进入阳澄湖，占入阳澄湖总水量的 74.0%。

调水试验期间，在水利工程调度水体有序流动情况下，54%的监测断面流速换水改善期较引水准备期有所提高，67%的监测断面流速达到方案设计目标。

阳澄湖以北区域受海洋泾、常浒河、白茆塘和张家港影响较大，加大海洋泾和张家港的引水量，同时调度常浒河与白茆塘排水，使该区域的水体有序流动起来。阳澄湖及周边地区受七浦塘、杨林塘、永昌泾、西塘河影响较大。阳澄湖以南地区水流情况较为固定，“自北向南、自西向东”流动，阳澄湖水自北向南流入，东太湖引水自西向东流入，最后经过淀泖区腹部河道汇入东南湖泊。

阳澄区引水格局主要为阳澄区沿江口门、望虞河东岸口门引水，水流进入阳澄区内部河道及阳澄湖，形成“自东向西、自北向南”的水流格局。水流汇入娄江—浏河一线，再通过界浦港、青阳港等南北向河道流入淀泖区。淀泖区承接阳澄区来水，通过东太湖口门引水，形成“自西向东、自北向南”的水流格局，最后淀泖区腹部河网通过吴淞江、淀山湖—拦路港和太浦河北岸口门排出。阳澄淀泖区整体形成“长江、太湖→阳澄湖及周边、淀泖区→拦路港”的水循环线路。

结论二：沿江口门及东太湖口门的调水在加快阳澄淀泖区水体流动的同时，提升了河网水环境容量，改善了区域内的水环境。同时引水口门的调水水量与水环境改善程度密切相关。

非汛期调水试验监测成果表明，区域内水质综合评价累计达到Ⅲ类水断面个数占比为55.3%，较背景值上升了23.4%，较背景值改善的断面有29处，达到61.7%。调水期间水质类别以Ⅲ类和Ⅳ类为主，其中引水准备期以Ⅲ、Ⅳ、Ⅴ类水为主，换水改善期以Ⅱ、Ⅲ类水为主。换水改善期较引水准备期水质类别改善的断面有10处，占21.3%，主要为沿江口门、东太湖口门、阳澄湖及出入湖河道断面，阳澄区娄江娄江大桥断面和张家港通成河桥断面，淀泖区大直港河道断面。

根据子课题1中河湖受水区水质改善程度的指标，分析非汛期调水试验监测成果。以单项水质指标改善程度达到中级断面占比来看，高锰酸盐指数和总磷最高，其次为溶解氧，氨氮较低。高锰酸盐指数除淀泖区骨干河道断面，其余各区域均有较大范围的改善；总磷除沿江口门外，均有较大范围的改善；溶解氧改善较多的区域为望虞河东岸口门、沿江口门、省际边界河道区域；氨氮改善较高的区域为望虞河东岸口门和阳澄区骨干河道。综合水质指标改善程度达到中级的断面占比为100%的有三个区域，分别为望虞河东岸口门、阳澄湖及出入湖河道断面、省际边界河道断面。阳澄区骨干河道综合水质指标改善程度达到中级的断面占比为90.0%，淀泖区骨干河道断面综合水质指标改善程度达到中级的断面占比为66.7%，结合单项水质指标改善程度的赋分及区域覆盖情况，本次调水试验对望虞河东岸口门、阳澄湖及出入湖河道断面水质改善效果较为显著，对阳澄区骨干河道区域和省际边界河道断面水质有一定程度的改善，本次调水试验对淀泖区骨干河道区域水环境状况改善的效果一般。

汛期的2次调水试验监测成果表明，区域内水质类别5月以Ⅱ类和Ⅲ类为主，6月以Ⅳ类为主，达到Ⅲ类水断面占39.1%，较5月减少了39.1%。综合污染指数5月均值为0.60，6月均值为0.79，较5月增幅为30.8%，其中沿江口门、东太湖口门、阳澄区和淀泖区综合污染指数6月较5月增幅分别为108.5%、122.7%、11.3%和6.6%。考虑5月份降雨较少，沿江口门、望虞河口门和东太湖口门主要以引水为主，太浦河北岸口门及苏沪省际以排水为主；6月份降雨较多，沿江口门有引有排，东太湖口门出现短期向太湖排水，较5月引水量少的因素，说明引水量与水环境改善密切相关，尤其对沿江口门和东太湖口门区域的水环境影响较大。

结合本次非汛期和汛期有序流动的监测结果发现，非汛期时，要坚持让水体进行长期的有序流动，区域水环境的改善效果明显；汛期时，在水体顺势流动的情况下，结合大引大排措施，区域水环境的改善效果明显。

结论三：根据江苏省太湖水利规划设计研究院子课题二提出的“适度引排”方案以及调水试验目标，阳澄淀泖区调度水位满足要求且河网水位在适宜范围内；67%的监测断面流速达到方案设计目标；溶解氧浓度指标满足方案设计目标。

结论四：有序流动格局下，大部分断面流速与水质不存在线性相关关系，但引水口门以及原本滞流频繁的断面流速与水质指标呈现线性相关，其中流速-溶解氧的相关性最强，即

通过适当调度，加快水体流动，较易使溶解氧指标得到改善。

从指标的角度来看，本次有序流动试验期间流速与溶解氧的相关性最大，其次是高锰酸盐指数和氨氮，与总磷的相关性很小。根据本次调水试验目标，90%以上的断面达到了溶解氧与流速对应的控制要求，该试验结果恰能体现，加快水体流动时溶解氧指标更易得到有效改善。

从区域分布来看，望虞河东岸口门的流速与水质指标间的相关性明显好于区域内骨干河道。从断面来看，引水口门的流速与水质各指标相关性较强，流速提高，水质改善明显，并且距离引水来源更近的西三环湖桥各相关系数明显高于距离略远一些的永昌泾闸；本身滞流较多的河道，当水体有序流动时，水质的改善效果也更为明显；若河道自身水质较差，沿程污染物汇入较多，当水体流速增大时，水质变化情况较为复杂，具体的相关关系及变化规律有待更深入的研究。

总体来看，流速与水质的显著相关性并不强，主要由于水质是由许多因素表现出来的综合情况，其中例如流速之类的某个单一因素改变只可能对其产生影响，产生直接的相关关系很难。

结论五：调水引流仅是水环境改善的辅助手段，主要能促进水体流动、加快换水效率，根本措施还在于控源截污。

水质的改善在流速增大的基础上，很大程度取决于来水的水质情况。结合本次试验非汛期和汛期的水质分析成果，在适度引排的情况下，骨干河道的水质并不能整体得到明显改善，很多断面存在一些指标改善，另一些指标恶化并存的情况。当流速增大时，来水的水质较差，劣于河道的原水水质，水质必然恶化；即使在流速增大且来水水质较好的情况下，若河道自身有不确定的污染源汇入，水质也可能恶化。因此，区域内水环境改善的根本措施在于污染源的控制与治理，有序流动只能是一种辅助手段。

6.2 建议

(1) 结合本次调水试验，继续优化调度方案。目前调度方案对周塘河桥、杨林塘、吴淞江、盐铁塘、石头塘、青阳港、牛长泾等河道无明显效果，针对如何改善上述区域水质进行进一步研究。为对试验前后的水质水量进行对比分析，建议在试验前加测一次背景值。充分考虑水流延迟效应，适当延长监测时间；充分考虑数据代表性，适当加密监测频次。

(2) 为完善有序流动调度方案，建议在进行调度中，沿江地区充分考虑区域防洪以及航运安全，结合区域实际情况以及水位、潮位高低合理控制闸门开闭及开启高度，同时针对排水河道等进行合理调度，统筹兼顾，建议将白茆塘、浏河等河道作为引排结合河道进行调度；在淀泖区内部，发现东太湖口门引水对淀泖区水环境影响不显著，考虑东太湖引水经大运河被削减等因素，建议在大运河淀泖区段选建过水通道，以期更有效增加区域水环境容量。

(3) 本次典型区域有序流动试验范围主要包括望虞河以东、太浦河以北的苏州市辖区，设置监测断面时主要以区域内主要骨干河道和口门为主，其中江南运河与阳澄淀泖区的水量交换、阳澄区与淀泖区的水量交换无法进行详细分析，因此监测时段水量平衡出现差值。建议后续研究工作增加江南运河和娄江-浏河与区域的水量交换监测。

主要参考文献

[1] 陆志华，蔡梅，王元元，等. 浅谈平原河网地区生态友好型调度——以太湖流域为例[J]. 浙江水利科技，2017，45(5)：1-3.

[2] 陈红，戴晶晶. 水利工程有序引排改善太湖流域水环境作用初步研究[J]. 水利规划与设计，2011(4)：8-11.

[3] 梁吉业，冯晨娇，宋鹏. 大数据相关分析综述[J]. 计算机学报，2016，39(01)：1-18.

[4] 王涓，吴旭鸣，王爱凤. 应用皮尔逊相关系数算法查找异常电能表用户[J]. 电力需求侧管理，2014，16(02)：52-54.

[5] 吴月芽，张根福. 1950 年代以来太湖流域水环境变迁与驱动因素[J]. 经济地理，2014，34(11)：151-157.

[6] 王柳艳. 太湖流域腹部地区水系结构、河湖连通及功能分析[D]. 南京：南京大学，2013.

[7] 展永兴，季轶华，沈利. 调水引流在太湖水环境综合治理中的作用分析[J]. 中国水利，2010 (4)：53-55.

[8] 翟淑华，张红举，胡维平. 引江济太调水效果评估[J]. 中国水利，2008(1)：21-23.

[9] 王桂风，宋丽花，李灿灿. 江苏省武澄锡虞区水量调度方案研究[J]. 江苏水利，2016 (10)：67-72.

[10] 朱勇. 调水引流工程改善太湖流域水环境效果研究——以新孟河延伸拓浚工程为例[J]. 人民珠江，2014(4)：37-40.

[11] 高建中. 江阴市实施调水改善城区水环境的实践与思考[J]. 江苏水利，2006(5)：36-36.

[12] 刘宁. 响应水质型缺水社会需求的跨流域调水浅析[J]. 中国水利，2006(1)：14-19.

[13] 张良平，王珏，徐骏. 调水改善武澄锡虞区河网水质效果评估[J]. 人民长江，2009，40(7)：30-32.

[14] 安国安，林兰钰，邹世英. 基于综合指数法的城市河流水环境质量排名探讨[J]. 2016，32(6)：50-57.

[15] 应荣弟，顾彩红. 崇明岛引清调水试验及水质改善效果分析[J]. 上海建设科技，2010(5)：59-62.

[16] 马小雪，王腊春. 引江调水对平原河网区水环境质量的影响[J]. 浙江农业学报，2015，27(6)：1048-1055.

[17] 许有鹏. 长江三角洲地区城市化对流域水系与水文过程的影响[M]. 北京：科学出版社，2012.

[18] 高俊峰，闻余华. 太湖流域土地利用变化对流域产水量的影响[J]. 地理学报，2002，57(2)：194-200.

[19] 诸发文,陆志华等.太湖流域平原河网区水系联通行评价[J].水利水运工程学报,2017(4):52-58.

[20] 韦忠,王晓杰.调引长江水改善常州地区水环境效果分析[J].人民长江,2013,44(5):78-81.